Modellierung und Python-Simulation von Magneten für Anwendungen in der Leistungselektronik

Shivkumar V. Iyer

Modellierung und Python-Simulation von Magneten für Anwendungen in der Leistungselektronik

Springer Vieweg

Shivkumar V. Iyer
Hamburg, Deutschland

ISBN 978-3-031-58988-1 ISBN 978-3-031-58989-8 (eBook)
https://doi.org/10.1007/978-3-031-58989-8

Die Deutsche Nationalbibliothek verzeichnet diese Publikation in der Deutschen Nationalbibliografie; detaillierte bibliografische Daten sind im Internet über https://portal.dnb.de abrufbar.

Übersetzung der englischen Ausgabe: „Modeling and Python Simulation of Magnetics for Power Electronics Applications“ von Shivkumar V. Iyer, © The Editor(s) (if applicable) and The Author(s), under exclusive license to Springer Nature Switzerland AG 2022. Veröffentlicht durch Springer International Publishing. Alle Rechte vorbehalten.

Dieses Buch ist eine Übersetzung des Originals in Englisch „Modeling and Python Simulation of Magnetics for Power Electronics Applications“ von Shivkumar V. Iyer, publiziert durch Springer Nature Switzerland AG im Jahr 2022. Die Übersetzung erfolgte mit Hilfe von künstlicher Intelligenz (maschinelle Übersetzung). Eine anschließende Überarbeitung im Satzbetrieb erfolgte vor allem in inhaltlicher Hinsicht, so dass sich das Buch stilistisch anders lesen wird als eine herkömmliche Übersetzung. Springer Nature arbeitet kontinuierlich an der Weiterentwicklung von Werkzeugen für die Produktion von Büchern und an den damit verbundenen Technologien zur Unterstützung der Autoren.

Planung/Lektorat: Charles Glaser
Springer Vieweg ist ein Imprint der eingetragenen Gesellschaft Springer Nature Switzerland AG und ist ein Teil von Springer Nature.
Die Anschrift der Gesellschaft ist: Gewerbestrasse 11, 6330 Cham, Switzerland

Vorwort

Jeder Elektroingenieur beschäftigt sich mit Magnetik, sei es in Form von bloßen Induktoren oder Transformatoren oder vielleicht sogar mit Motoren und Generatoren. Es ist schwer vorstellbar, dass es eine Anwendung im Elektroingenieurwesen ohne magnetische Komponenten gibt. Trotz der allgegenwärtigen Präsenz von Magnetik im Elektroingenieurwesen haben viele Elektroingenieure kein tiefgehendes Verständnis für die Arbeitsweise magnetischer Komponenten. Darüber hinaus ist es trotz der erhöhten Verfügbarkeit von Dokumentationen zur Magnetik, die von Herstellern bereitgestellt werden, immer noch schwierig, Dokumentationen zu finden, die es einem Ingenieur ermöglichen, ein profundes Wissen über die Magnetik aus diesen Anwendungsnotizen zu gewinnen.

Eine der größten Herausforderungen beim Lernen über Elektromagnetismus besteht darin, dass es sich um ein Phänomen handelt, das schwer wahrzunehmen ist. Das Erlernen von Magnetismus nur durch Gleichungen und mathematische Analyse führt nicht zu einem Verständnis von Elektromagnetismus. In diesem Buch wird ein visueller Ansatz zur Auffassung von Elektromagnetismus gewählt, indem zu den grundlegenden Gesetzen der Physik zurückgekehrt und das magnetische Feld, das in den magnetischen Komponenten, die in der Elektrotechnik verwendet werden, erzeugt wird, vorgestellt wird. In diesem Buch werden nur die grundlegenden Gesetze der Physik genutzt, die seit fast 200 Jahren bekannt sind, um die Funktion von Magneten zu interpretieren.

Dieses Buch verwendet Simulation als Lernwerkzeug. Darüber hinaus sind die Simulationen im Buch durch die Verwendung des kostenlosen und Open-Source-Schaltungssimulators Python Power Electronics für einen Leser in jedem Teil der Welt universell zugänglich. In diesem Buch werden die grundlegenden Gesetze der Physik eingesetzt, um Simulationsmodelle für magnetische Komponenten zu erstellen. Daher baut das Buch durch den Prozess der Simulationen eine Brücke zwischen der Welt der Elektrotechnik und der Elektromagnetik. Simulationen ermöglichen es dem Leser, Simulationsmodelle zu ändern und die Auswirkungen zu untersuchen, ohne Angst vor physischen Schäden, die in der Hardware auftreten könnten.

Dieses Buch ist nicht als „schwere“ Lektüre gedacht. Dies ist beabsichtigt, da die Zielgruppe dieser Bücher nicht nur Studenten der Energietechnik, sondern auch praktizierende Elektroingenieure sind. Dieses Buch verwendet hauptsächlich einen Prozess der Diskussion und Fragestellung, anstatt bloßer mathematischer Analyse, um das Konzept des Elektromagnetismus zu beschreiben. Es werden in jedem Fall verschiedene Szenarien und Variationen untersucht, die dem Leser helfen, grundlegende Gesetze unter verschiedenen Bedingungen anzuwenden und die Ergebnisse zu interpretieren. Durch das Hin- und Herwechseln zwischen Simulationen und Theorie bietet das Buch eine praxisnahe Lernerfahrung sowohl für Studenten der Elektrotechnik als auch für praktizierende Ingenieure.

Hamburg, Deutschland Shivkumar V. Iyer

Danksagungen

Ich möchte Janamejaya C dafür danken, dass er ein treuer Anhänger des Projekts ist, und für seine ständige Ermutigung. Ich möchte Krishnan Srinivasarengan, Awhan Pattnaik und Hareesh Chitikena für ihre Unterstützung und Motivation danken. Ich möchte Ramdas Murdeshwar für seine kontinuierliche Unterstützung danken, während ich meine Online-Kurse entwickelte und dieses Buch schrieb. Ich möchte Prof. Bin Wu dafür danken, dass er ein unterstützender Mentor war, als ich mich darauf vorbereitete, Autor von technischen Büchern zu werden. Ich möchte allen Unterstützern und Anhängern des Python-Power-Electronics-Projekts danken, die gesehen haben, wie dieses Projekt von einem bloßen Nebenprojekt zu einer vollwertigen Bildungsplattform herangewachsen ist. Und mein größter Dank gilt Rakhat für ihre ständige Unterstützung, Ermutigung und Geduld, während ich unzählige Stunden an diesem Buchprojekt verbrachte.

Inhaltsverzeichnis

Kapitel 1
Einleitung

1.1 Warum ein weiteres Buch über Magnetismus?

Jeder Leser, der den Titel dieses Buches überfliegt, wird sofort diese Frage stellen: „Gibt es einen Bedarf, ein weiteres Buch über die Simulation von Magnetismus zu veröffentlichen?“ Entweder enthält dieses Buch eine Sammlung von Simulationen, die bereits in vielen anderen Büchern zu finden sind, oder es stammt aus der Dokumentation von Simulationssoftware, die fertige Modelle für magnetische Komponenten anbietet. Dieser Abschnitt wird diese Frage beantworten. Um diese Frage zu beantworten, werde ich meine eigenen Erfahrungen als Leistungstechniker beschreiben, die mich dazu motiviert haben, dieses Buch zu schreiben. Ich bin fest davon überzeugt, dass viele andere Leistungstechniker ähnliche Erfahrungen gemacht haben und dieses Buch für die Leistungsgemeinschaft von erheblichem Nutzen sein wird.

Als Studenten lernen alle Elektroingenieure in grundlegenden Kursen, die uns in die Elektrotechnik einführen, über magnetische Komponenten wie Induktoren, gekoppelte Induktoren und Transformatoren [1, 2]. In diesen Kursen lernen wir, wie man elektrische Schaltungen und Systeme mit Hilfe von grundlegenden Netzwerkgesetzen analysiert. Wir lernen auch, wie man eine elektrische Schaltung oder ein System durch ein äquivalentes Netzwerk darstellt, das dann mit diesen grundlegenden Netzwerkgesetzen analysiert werden kann. Wenn wir zu fortgeschritteneren Kursen übergehen, wenden wir unser Grundwissen an, um über den Aufbau und die Funktionsweise von elektrischen Maschinen wie Transformatoren, Motoren und Generatoren zu lernen [3, 4]. Daher haben wir als Studenten eine erhebliche Auseinandersetzung mit Magnetismus in der Elektrotechnik aus theoretischer Perspektive. Zusätzlich lernen wir auch die praktischen Aspekte von Maschinen durch Laborversuche.

Trotz all dieser Kurse haben die meisten Elektroingenieure Schwierigkeiten, ein tieferes Verständnis für magnetische Komponenten, insbesondere für Transformatoren, Motoren und Generatoren, zu erlangen. Dies liegt zum Teil an der

S. V. Iyer, *Modellierung und Python-Simulation von Magneten für Anwendungen in der Leistungselektronik*, https://doi.org/10.1007/978-3-031-58989-8_1

inhärenten Schwierigkeit, ein Phänomen wie Magnetismus wahrzunehmen, wenn die Kraftlinien (oder Flusslinien) des Magnetfeldes etwas schwierig zu visualisieren sind. Heutzutage gibt es Software, die es uns ermöglicht, die Flusslinien von Magnetfeldern darzustellen [5]. Diese Software wird intensiv bei der Konstruktion von elektrischen Maschinen wie Motoren und Generatoren eingesetzt, da eine genaue Kartierung des Magnetfeldes dazu beiträgt, die Leistung dieser Maschinen zu verbessern. Diese Software verwendet ziemlich spezialisierte Techniken, um zu diesen Lösungen zu gelangen. Darüber hinaus sind diese Softwareprogramme in der Regel proprietär und nicht an allen Universitäten verfügbar und selbst wenn sie verfügbar sind, sind sie möglicherweise nicht für Studienarbeiten von Studenten zugänglich.

Ohne in die Details des Magnetismus einzutauchen, bieten die meisten Simulationssoftware, mit denen man eine elektrische Schaltung simulieren kann, fertige Simulationsmodelle der meisten magnetischen Komponenten wie Induktoren, Transformatoren, Motoren und Generatoren an [6–9]. Fortgeschrittene Simulationssoftware bietet auch Simulationsmodelle von ziemlich fortgeschrittenen Maschinen an. Mit dieser Software kann ein Student eine Schaltung simulieren, die eine elektrische Maschine enthält, ohne allzu viel Aufwand. Alles, was man tun muss, ist, die Komponente aus der Bibliothek der Simulationssoftware in ein Schaltbild zu ziehen und abzulegen. Obwohl die Simulation von Schaltungen mit Maschinen jetzt viel einfacher ist, helfen diese Simulationen nicht, das Innenleben der Maschinen in der Simulation zu verstehen.

An dieser Stelle möchte ich meine Erfahrungen erzählen und warum ich die Grundlagen von Magnetismus und Elektrotechnik neu lernen musste. Nach meinem Studium verbrachte ich viele Jahre als Doktorand, in denen ich Forschungen zur Verbesserung der Stromqualität und zu Mikronetzen durchführte. Ich führte Simulationen mit proprietärer Simulationssoftware durch, die eingebaute Modelle von Transformatoren und manchmal auch von Induktionsmotoren verwendete. Alles, was ich tun musste, war, die Parameter des Transformators in ein Dialogfeld einzugeben, das Felder zur Angabe der Leistungsbewertung, der Spannungsbewertungen der Wicklungen und optional auch der Leckinduktanz und der Magnetisierungsinduktanz enthielt. Darüber hinaus musste ich nur noch den Transformator mit dem Rest der Schaltung verbinden. Während meiner Zeit als Doktorand muss ich fast hundert Simulationsstudien durchgeführt haben, ohne jemals wissen zu müssen, was das Simulationsmodell enthielt, da alles, was ich brauchte, die Transformation von Spannung und Strom war, die von der Transformatorkomponente bereitgestellt wurde.

Später, als ich in der F&E-Abteilung eines Unternehmens arbeitete, wurde mir ein Projekt zugewiesen, bei dem ich einen 5-kW-Gleichstrom-Wechselstrom-Wandler entwerfen sollte, der eine 12-V-Batterie von einem 120-V-Wechselstromnetz aufladen und entladen sollte. Dieser Gleichstrom-Wechselstrom-Wandler würde einen 20-kHz-H-Brückenwandler enthalten, der über einen Hochfrequenztransformator mit dem Netz verbunden war. Zunächst konnte ein 5–10 kVA, 12 V:120 V, 20-kHz-Hochfrequenztransformator nicht direkt gekauft werden. Ich musste einige Hersteller kontaktieren, um den Transformator zu entwerfen und herzustellen. Ein Hersteller war bereit, den Transformator anzufertigen und reichte nach einer Woche den ersten Entwurf für meine Zustimmung ein. Und das war der Moment, in dem ich merkte, dass ich absolut keine Ahnung hatte, wie ich den vom Hersteller eingereichten Entwurf überprüfen konnte. Wenn ich den Entwurf ohne gründliche Überprüfung genehmigen würde, wäre ich verantwortlich, wenn der Wandler nicht funktionieren würde und ein anderer Transformator hergestellt werden müsste.

Glücklicherweise konnte ich im Internet nach Artikeln über Transformator-Design suchen [10–15]. Ich las viele Artikel, die von praktizierenden Ingenieuren, Professoren und Elektronikenthusiasten geschrieben wurden, sowie Design-Notizen, die von einigen Unternehmen veröffentlicht wurden, die Transformatorkerne herstellten. Nach mehreren Tagen des Lesens schaffte ich es schließlich, die Formeln zusammenzustellen, die zur Konstruktion des Transformators benötigt wurden. Obwohl es mir gelang, das Design des Herstellers zu überprüfen, hatte ich kaum verstanden, warum diese Formeln verwendet wurden und warum sie überhaupt so waren, wie sie waren. Da wurde mir klar, dass ich in großen Schwierigkeiten wäre, wenn ich in der Zukunft ein sehr spezielles Design eines Transformators benötigen würde. Man sollte nicht eine Reihe von Formeln wie eine Reihe von Geboten befolgen müssen, um zu einem Design zu gelangen. Da Transformatoren und andere magnetische Komponenten von Leistungstechnikern intensiv genutzt werden, ist ein tieferes Wissen über ihre Funktionsweise ziemlich wichtig.

In den letzten Jahren, nachdem ich Online-Lehrer und Autor geworden bin, habe ich nach und nach die Liste der Themen überarbeitet, die ich für eine tiefere Literatur benötigte. In diesem Buch habe ich darüber geschrieben, wie man magnetische Komponenten wie Induktoren und gekoppelte Induktoren und eine elektrische Maschine wie einen Transformator simulieren und analysieren kann. Das Buch beschreibt nicht den Designprozess von magnetischen Komponenten, da dieser oft eng mit der Anwendung verknüpft ist. Vielmehr konzentriert sich das Buch darauf, zu verstehen, wie Magnetismus in der Elektrotechnik eine Rolle spielt, indem es nur die grundlegendsten Gesetze der Physik verwendet, die in der Schule gelernt werden.

Wie unterscheidet sich dieses Buch von anderen Büchern zu diesem Thema? Dieses Buch wurde von einem Leistungstechniker für Leistungstechniker geschrieben. Es gibt Bücher über Magnetismus, die detaillierte Lösungen zur Kartierung des Magnetfeldes präsentieren. Dieses Buch wird diese Techniken nicht abdecken, da für statische elektrische Maschinen ein solches Detailniveau des Magnetfeldes oft unnötig ist. Dieses Buch wird von gleichmäßigen Magnetfeldern und linearen magnetischen Eigenschaften ausgehen, die oft beim Design von Magnetik verwendet werden. Dieses Buch wird dem Leser beschreiben, wie wir eine Brücke zwischen Elektrizität und Magnetismus bauen können, indem wir elektrische Größen mit magnetischen Größen verbinden und Ausdrücke zwischen ihnen formulieren.

Als Elektroingenieure sind wir mit der Spannung vertraut, die aufgebracht wird, um ein System zu betreiben, und der Spannung, die an bestimmten

Klemmen messbar ist. Dieses Buch wird jedoch dem Leser helfen, die Lücken zu füllen – wie führt das erzeugte Magnetfeld zu diesen induzierten Spannungen. Mit Code-Beispielen in Python und einer detaillierten Beschreibung, wie Simulationsmodelle schrittweise entwickelt werden können, wird dieses Buch dem Leser die Werkzeuge an die Hand geben, um das Funktionieren von magnetischen Komponenten durch Simulation und Beispiel zu lernen. Der wichtigste Aspekt dieses Buches ist, wie es die Funktionsweise eines Transformators mit mehreren Wicklungen beschreibt, indem es nur ein paar grundlegende Gesetze der Physik verwendet, und dem Leser beschreibt, wie diese Gesetze angewendet werden können, um den Betrieb von magnetischen Maschinen zu verstehen.

1.2 Die Bedeutung des Magnetismus in der Elektrotechnik

Im vorherigen Abschnitt habe ich den Grund beschrieben, warum ich dieses Buch geschrieben habe. In diesem Abschnitt sprechen wir darüber, warum Magnetismus in der Elektrotechnik wichtig ist. Bevor wir auf die Bedeutung des Magnetismus eingehen, lassen Sie uns allgemein darüber sprechen, wie wir die Geräte wahrnehmen, die wir jeden Tag benutzen. In der heutigen Zeit ist jeder von einer Vielzahl von Geräten und Systemen umgeben, und die meisten von uns würden nicht erkennen, welche Art von Geräten dies sind, und wo Magnetismus eine Rolle spielen könnte. Magnetismus könnte für die Funktion dieser Geräte von entscheidender Bedeutung sein und in einigen Fällen könnte jedes von ihnen erzeugte Magnetfeld auch eine Belästigung sein.

Für die überwiegende Mehrheit von uns, die nicht in diesem Bereich arbeitet, ist der Umgang mit schweren elektrischen Geräten begrenzt, beginnen wir daher mit Verbrauchergeräten. Fast jeder hat heutzutage ein Smartphone und einige andere Geräte wie Tablets und Laptops. Man würde nicht erwarten, dass elektronische Geräte wie diese ein Magnetfeld erzeugen, da die Gesundheits- und Sicherheitsrichtlinien ziemlich streng sind, wie stark ein Magnetfeld ein Gerät erzeugen kann [16, 17]. Darüber hinaus erwarten wir, dass diese Geräte den elektromagnetischen Verträglichkeitsstandards (EMC) entsprechen, die verlangen, dass diese Geräte kein Magnetfeld erzeugen, das stark genug ist, um andere Geräte zu stören [18]. Trotz all dieser Anforderungen würden keines dieser Geräte ohne magnetische Komponenten funktionieren.

Betrachten wir als Beispiel unsere Smartphones. Obwohl wir das von unseren Smartphones erzeugte Magnetfeld auf ein Minimum beschränken möchten, wird die zum Betrieb der Mobilfunkkreise benötigte Energie von Gleichstrom-Gleichstrom-Wandlern abgeleitet, die die von der Telefonbatterie verfügbare Spannung in eine stabile Stromversorgung für die Mobilfunkkreise umwandeln. Die Tatsache, dass unsere Handys trotz der zunehmenden Rechenleistung immer dünner und leichter geworden sind, ist das Ergebnis von höherdichten Batterien und effizienten Gleichstrom-Gleichstrom-Wandlern. Diese Gleichstrom-Gleichstrom-Wandler haben mindestens eine Induktivität, wenn nicht auch einen Hochfrequenztransformator. Diese Induktoren sind magnetische Komponenten, und ihre grundlegende Funktionsweise basiert auf dem im Kern der Induktivität erzeugten Magnetfeld.

Die Tatsache, dass diese Mobiltelefone EMC-zertifiziert sind, ist auf die Abschirmung zurückzuführen, die in all diesen Geräten bereitgestellt wird, um sicherzustellen, dass die erzeugten Magnetfelder begrenzt und lokalisiert sind. Dies ist nur ein Beispiel für einen Schaltkreis im Mobiltelefon, der Magnetismus zur Funktion verwendet. Dies weist darauf hin, dass sogar in Geräten, bei denen wir nicht erwarten, dass ein Magnetfeld eine Rolle spielt, aufgrund der notwendigen Stromkonditionierung zur Versorgung der Hauptkreise fast jedes Gerät ein Magnetfeld erzeugt. Darüber hinaus kann nicht gesagt werden, dass dieses Magnetfeld eine Nebenwirkung oder einfach unbeabsichtigt ist, vielmehr ist es für seine Funktion entscheidend. Man könnte jedoch sagen, dass das erzeugte Magnetfeld lokal auf den Schaltkreis beschränkt bleiben sollte, in dem es notwendig ist, und nicht in die Umgebung auslaufen sollte.

Lassen Sie uns nun von einigen elektronischen Geräten zu den Netzadaptern oder Ladegeräten übergehen, die sie verwenden [19, 20]. Ein Mobiltelefon kann heutzutage mit jedem Universal-Serial-Bus (USB)-Kabel aufgeladen werden, das entweder an einen USB-Anschluss eines Computers oder an ein dediziertes Ladegerät angeschlossen ist, das in eine 240-V-, 50-Hz (oder 120-V, 60-Hz-) Haushaltssteckdose gesteckt wird. Betrachten wir den Fall des Ladegeräts, das in die Haushaltssteckdose gesteckt wird. Ein solches Ladegerät hat in der Regel einen Wechselstrom-Gleichstrom-Wandler, der die 240-V-, 50-Hz- (oder 120-V-, 60-Hz-) Wechselspannung in eine 5-V-Gleichspannung umwandelt, mit der der Akku des Mobiltelefons geladen werden kann. Es gibt mehrere Möglichkeiten, einen solchen Wechselstrom-Gleichstrom-Wandler zu implementieren. Eine mögliche Implementierung besteht darin, einen Flyback-Wandler zu verwenden, der aus einem Leistungsgerät in Kombination mit einem Hochfrequenztransformator besteht. Dies wird in Kap. 5 zusammen mit einer Simulation beschrieben. Im Flyback-Wandler spielt der Hochfrequenztransformator eine entscheidende Rolle in seinem Betrieb [19, 20]. Daher ist dies ein Beispiel dafür, dass Magnetismus eine grundlegende Rolle im Betrieb des Geräts spielt – dem Mobiltelefonladegerät.

Wir haben ein Mobiltelefon und das Ladegerät des Mobiltelefons als Beispiel betrachtet, um zu beschreiben, wie allgegenwärtig magnetische Komponenten in unserem täglichen Leben sind. Lassen Sie uns auch einige andere Fälle von Geräten in unseren Häusern und Büros untersuchen. Fast jedes Haus wird mehrere Geräte haben, die Elektromotoren verwenden. Als Beispiel hat ein Kühlschrank einen Kompressor, der Freongas komprimiert und es um das Kühlschrankfach pumpt, um das Fach kühl zu halten. Dieser Kompressor hat einen Motor, der die Aufgabe der Kompression und des Pumpens übernimmt. Je nach Kapazität des Kühlschranks kann der Motor unterschiedliche Typen haben – Einphaseninduktionsmotor oder Dreiphaseninduktionsmotor. Jeder Motor verwendet ein Magnetfeld, um elektrische Energie in mechanische Energie umzuwandeln. Neben

Kühlschränken werden Motoren in einer Vielzahl anderer Geräte wie Ventilatoren, Mixern/Mahlern, Waschmaschinen, Geschirrspülern usw. verwendet. Die in diesen Geräten verwendeten Motoren unterscheiden sich, da die Anforderungen der Anwendung unterschiedlich sind. In allen Fällen bedeutet jedoch das Vorhandensein des Motors das Vorhandensein einer auf Magnetismus basierenden Maschine.

Eine weitere Anwendung von Elektromotoren hat in der stetigen Übernahme von Elektrofahrzeugen (EVs) stattgefunden. Vor einem Jahrzehnt war ein EV der Besitz einiger Enthusiasten. In der heutigen Zeit hat jedoch aufgrund der sinkenden Kosten für EVs und der Anreize für den Verkauf und Kauf von EVs ihre Durchdringung auf dem Automobilmarkt stetig zugenommen. Viele Länder sind sogar so weit gegangen, das Versprechen abzugeben, fossilienbrennstoffbasierte Autos in wenigen Jahrzehnten auszurotten. Im Herzen eines EV befindet sich ein Elektromotor, der von einer Batterie angetrieben wird. Beliebte Batterien für EVs sind Lithium-Ionen-Batterien, die Autos eine Reichweite von mehreren hundert Kilometern bei voller Ladung bieten. Der vom EV verwendete Motor hängt wiederum vom Fahrzeugtyp ab. Ein einfaches E-Bike oder E-Scooter könnte einen einfachen Einphaseninduktionsmotor verwenden, während ein vollwertiges Sport Utility Vehicle (SUV) einen Dreiphaseninduktionsmotor oder einen Dreiphasensynchronmotor verwenden könnte. In einem EV spielt Magnetismus eine Rolle nicht nur im Motor, sondern auch im Wandler, der diesen Motor versorgt und die vom EV benötigte Energie zum Beschleunigen und Verlangsamen steuert.

Jetzt, da wir einige Anwendungen beschrieben haben, denen ein Nicht-Ingenieur ausgesetzt sein könnte, lassen Sie uns einige industrielle Anwendungen beschreiben, die spezifisch für das Ingenieurwesen sind. In der Industrie wird davon ausgegangen, dass nahezu 70 % der Last eine Art von Motorlast darstellen. Als Beispiel werden Motoren für Anwendungen wie Brecher, Walzen, Mischer, Zentrifugen usw. in Branchen wie Chemiefabriken, Eisen- und Stahlfabriken, pharmazeutischen Fabriken, Zementfabriken usw. verwendet. Diese Motoren können von einigen Kilowatt (kW) bis zu mehreren Megawatt (MW) reichen. Der Typ der verwendeten Motoren variiert ebenfalls stark je nach Anwendung. Eine überwiegende Mehrheit der verwendeten Motoren sind Induktionsmotoren, wobei Eichhörnchenkäfigmotoren aufgrund ihrer Robustheit und geringen Wartung bevorzugt werden. Wicklungsrotorinduktionsmotoren, Synchronmotoren und geschaltete Reluktanzmotoren sind mehrere andere Arten von verwendeten Motoren. In einem industriellen Umfeld kann man sich keine Industrie vorstellen, die ohne Motoren funktioniert. Dies weist darauf hin, wie wichtig magnetische Maschinen für die Industrie sind.

Jetzt, da wir unsere Diskussion über industrielle Anwendungen begonnen haben, lassen Sie uns über das Stromsystem sprechen, das all dies ermöglicht [21]. Vor mehr als hundert Jahren, als die Industrien elektrifiziert wurden, hatte jede Fabrik ihren eigenen dedizierten Generator. Von diesen rudimentären Anfängen haben wir nun das moderne Stromsystem erreicht, das ein riesiges Netzwerk von Übertragungsleitungen ist, das über riesige Landmassen verstreute Kraftwerke verbindet und Industrien und Häuser in Städten über ganze Kontinente versorgt. Eine der wichtigsten Komponenten, die es ermöglicht, ein so vielfältiges

Stromsystem zu haben, ist der Transformator, der in Kap. 4 [13] ausführlich beschrieben wird. Der Transformator ermöglicht es uns, die Spannung zu erhöhen oder zu senken, indem wir isolierte elektrische Systeme über ein Magnetfeld verbinden. Dies macht es möglich, Strom mit 690 V mit einem thermischen Generator zu erzeugen und ihn über hunderte von Kilometern in Städten mit hunderten von Kilovolt (kV) zu übertragen.

Ein Elektroingenieur[1] kann sich in verschiedenen Bereichen wiederfinden. Er könnte Stromversorgungen für Verbrauchergeräte entwerfen, oder könnte in der Motorsteuerung arbeiten, oder könnte in einem Kraftwerk arbeiten. Wo auch immer ein Elektroingenieur landet, er ist nie weit entfernt von magnetischen Komponenten oder magnetischen Maschinen. Daher ist es für jeden Elektroingenieur unerlässlich, die Grundlagen der Funktionsweise von magnetischen Komponenten und magnetischen Maschinen zu verstehen. Das Detail, bis zu dem ein Ingenieur lernen möchte, variiert je nach seiner Position und den Arbeitsanforderungen. Ein grundlegendes Wissen über Magnetismus wird jedoch in jedem Fall helfen. Der Zweck dieses Buches besteht darin, einem Ingenieur zu helfen, grundlegende physikalische Gesetze in die Welt der Elektrotechnik zu übersetzen und durch den Prozess der Simulation die Rolle zu lernen, die Magnetismus in der Elektrotechnik spielt. Um diese ersten Schritte zu erleichtern, wird dieses Buch nur statische magnetische Komponenten wie Induktoren und gekoppelte Induktoren sowie statische elektrische Maschinen wie Transformatoren betrachten.

1.3 Zurück zu den Grundgesetzen der Physik

Das Ziel des vorherigen Abschnitts war es, einen Elektroingenieur zu motivieren, zu lernen, wie Magnetismus eine Rolle in der Elektrotechnik spielt, sei es durch die magnetischen Komponenten, die in Schaltkreisen verwendet werden, oder in den Maschinen, die in Gebrauch sind. Wie bereits im ersten Abschnitt dieses Kapitels erwähnt, wurde dieses Thema bereits in Dutzenden, wenn nicht Hunderten von Büchern und anderen Formen der Literatur behandelt. Dieser Abschnitt beschreibt den Ansatz, der in diesem Buch verwendet wird, und wie er sich vom Ansatz unterscheidet, der nach dem Stand der Technik verwendet wird.

Dieses Buch wird die Funktionsweise von Magneten durch Simulationen beschreiben, indem es Simulationsmodelle dieser Magneten mit den Grundgesetzen der Physik formuliert. Es ist wichtig zu betonen, dass alle technischen Analysen im Allgemeinen ein Prozess sind, physikalische Gesetze mit mathematischen Gleichungen auszudrücken, sodass diese gelöst und analysiert werden können. Daher

[1] Bei der Übersetzung von im Englischen nicht nach Geschlecht differenzierten Personenbezeichnungen wie z. B. „electrical engineer" u. Ä. wurde im Deutschen meistens die männliche Form „Elektroingenieur" verwendet, um den Text kürzer und besser lesbar zu machen. Selbstverständlich sind damit Personen jeden Geschlechts gemeint.

sind die Grundgesetze der Physik die Bausteine aller Technik, wie wir sie kennen. Lassen Sie uns klären, was wir mit dem Titel dieses Abschnitts „Zurück zu den Grundgesetzen der Physik" meinen. Während unseres Studiums lernen die meisten Ingenieure neue Konzepte nur durch mathematische Gleichungen. Leider lernen die meisten von uns normalen Menschen nicht durch Gleichungen, sondern eher visuell, durch Diskurs oder durch einen Prozess von Fragen und Antworten. Daher wird ein rein mathematischer Ansatz zum Lernen über Magnetismus zu Lücken im Verständnis führen, wie Dinge „unter der Haube" funktionieren.

In diesem Buch werden alle Diskussionen und Analysen von Simulationsergebnissen immer auf die Grundgesetze der Physik statt auf technische Gleichungen, die von diesen abgeleitet wurden, Bezug nehmen. In den meisten Fällen können technische Gleichungen, die recht prägnant sind, weil sie vereinfacht wurden, in nur wenigen Schritten aus den Grundgesetzen der Physik abgeleitet werden. Daher wird eine wiederholte Bezugnahme auf die Grundgesetze der Physik die Belastung bei der Erstellung von Simulationsmodellen nicht erhöhen. Vielmehr wird die Anwendung dieser grundlegenden physikalischen Gesetze und der Diskurs um ihre Anwendung zu einem tieferen Verständnis von technischen Prozessen führen. Neben mathematischen Ausdrücken und einer detaillierten Diskussion darüber wird dieses Buch auch Simulationen als Werkzeug zur Begleitung des Lernens verwenden. Der nächste Abschnitt wird den Nutzen von Simulationen beschreiben.

Wenn man statische magnetische Komponenten wie Induktoren oder gekoppelte Induktoren und statische elektrische Maschinen wie Transformatoren kennenlernen möchte, kann man ein ziemlich robustes Verständnis aufbauen, indem man die Kirchhoffschen Spannungs- und Stromgesetze, das Ampèresche Gesetz, das Faradaysche Gesetz und das Lenzsche Gesetz verwendet. Wenn wir zu beweglichen (oder rotierenden) Maschinen wie Motoren und Generatoren fortschreiten würden, wären einige zusätzliche physikalische Gesetze notwendig, um zu verstehen, wie mechanische Kraft erzeugt (Motoren) oder in elektrische Energie umgewandelt wird (Generatoren). In diesem Buch werden wir jedoch nur die Modellierung und Simulation von Induktoren, gekoppelten Induktoren und Transformatoren behandeln. In diesem Abschnitt werden wir diese Gesetze beschreiben, die verwendet werden, sodass sie direkt in den späteren Kapiteln dieses Buches verwendet werden können.

Die Kirchhoffschen Spannungs- und Stromgesetze (KVL und KCL), auch bekannt als Kirchhoffsche Netzwerkgesetze, wurden 1845 von Gustav Kirchhoff beschrieben [1, 2, 22]. Diese Gesetze wurden zu Grundgesetzen in der Schaltkreisanalyse und es ist schwer vorstellbar, Elektrotechnik ohne diese Gesetze zu betreiben, da sie von jedem Elektroingenieur zur Lösung von Schaltkreisen verwendet werden. Diese Gesetze gelten für Schaltkreise mit diskreten Elementen. Ein diskretes Element ist, wenn ein Element wie ein Widerstand, Induktor oder Kondensator als Element zwischen Anschlüssen dargestellt wird, über das ein bestimmtes Gesetz angewendet werden kann, das das Element als Parameter darstellt. Als Beispiel gilt folgendes Gesetz für Widerstände:

$$v = iR \tag{1.1}$$

wo v die Spannung über den Widerstandsklemmen, i der Strom durch den Widerstand und R der Widerstand des Widerstands ist.

Wir haben eine Komponente durch einen einzigen Parameter, nämlich den Widerstand R, dargestellt. Ein Widerstand kann jedoch auf verschiedene Weisen hergestellt und aus vielen verschiedenen Materialien gefertigt werden. Je nach Konstruktion und Art der verwendeten Materialien kann das tatsächliche Verhältnis zwischen der Spannung v über den Klemmen und dem Strom i, der durch die Klemmen fließt, möglicherweise nicht durch einen einzigen Parameter R dargestellt werden. Als Beispiel gibt es einen maximalen Strom, der durch den Widerstand fließen darf. Wenn ein Strom fließt, der größer ist als dieser maximale Wert, wird der Widerstand beschädigt. Wenn wir jedoch einen Strom durch den Widerstand fließen lassen, der recht nahe an der maximalen Grenze liegt, wird das oben genannte Verhältnis möglicherweise nicht zutreffen, da ein gewisser Grad an Schaden bereits begonnen haben könnte. Wenn man andere physikalische Phänomene darstellen möchte, die innerhalb des Widerstands auftreten, wird das oben genannte Gesetz nicht anwendbar sein. Folglich werden auch die Kirchhoffschen Gesetze, die diskrete Parameter wie den Widerstand R oben verwenden, nicht anwendbar sein, wenn ein Schaltkreis keine diskreten Elemente hat, sondern wir müssen detaillierte physikalische Phänomene innerhalb jedes Elements des Schaltkreises ausdrücken.

Für die meisten technischen Analysen ist die Annahme von diskreten Elementen in einem Schaltkreis durchaus vernünftig. Mit dieser Annahme kann das Kirchhoffsche Stromgesetz (KCL) wie folgt formuliert werden: „Die algebraische Summe der Ströme in einem Netzwerk von Leitern, die an einem Punkt zusammenlaufen, ist null“ [1, 2, 22]. Abb. 1.1 zeigt, wie KCL in einem Schaltkreis angewendet werden kann. In einem Schaltkreis wird der Treffpunkt von mehr als zwei Leitern in einem Schaltkreis als Knoten bezeichnet. Abb. 1.1 zeigt drei Leiter, die an einem Knoten zusammenlaufen. Gemäß KCL kann der folgende Ausdruck für die Ströme i_1, i_2 und i_3 geschrieben werden, die in den drei Zweigen fließen, die am Knoten zusammenlaufen:

$$i_1 - i_2 + i_3 = 0 \tag{1.2}$$

Lassen Sie uns das obige Ergebnis Schritt für Schritt erreichen. KCL kann an jedem Knoten im Schaltkreis angewendet werden. Um KCL an einem bestimmten Knoten des Schaltkreises anzuwenden, müssen wir die Stromrichtungen in allen Zweigen annehmen, die am Knoten zusammenlaufen. Bei der Schaltkreisanalyse müssen wir

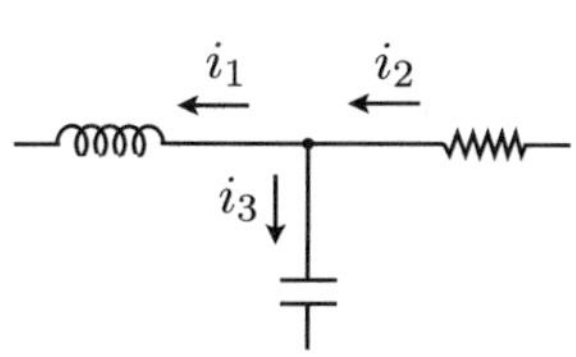

Abb. 1.1 Kirchhoffsche Stromgesetz angewendet an einem Knoten in einem Schaltkreis

die Stromrichtungen in jedem Zweig des Schaltkreises annehmen. Wenn der Strom in Wirklichkeit in eine andere Richtung fließt als angenommen, bedeutet dies nur, dass der Strom einen negativen Wert haben wird. Sobald wir die Richtungen aller Ströme in den Zweigen annehmen, die an einem Knoten zusammenlaufen, betrachten wir den Strom, der an einem Knoten eintritt, als negativen Wert, und den Strom, der einen Knoten verlässt, als positiven Wert. KCL besagt, dass die Gesamtsumme des in einen Knoten eintretenden Stroms gleich der Gesamtsumme des aus einem Knoten austretenden Stroms sein muss. Mit anderen Worten, alle Ladungen, die in einen Knoten eintreten, müssen ihn verlassen, sonst würde sich Ladung an einem Knoten ansammeln. In Abb. 1.1 hätten wir alle Ströme annehmen können, die in den Knoten eintreten oder sogar alle Ströme, die den Knoten verlassen. Jede zufällige Annahme von Stromrichtungen ist akzeptabel, solange wir das entsprechende Vorzeichen bei der Aufstellung der KCL-Gleichung berücksichtigen.

Da KCL an jedem Knoten in einem Schaltkreis angewendet werden kann, können wir N Gleichungen für einen Schaltkreis mit N Knoten schreiben. Typischerweise wird ein Knoten in einem Schaltkreis ein Referenzknoten sein und daher werden nur $N - 1$ Gleichungen unabhängig sein, und die Nte Gleichung kann als lineare Kombination der verbleibenden Gleichungen ausgedrückt werden [1]. Wenn die Anzahl der Zweige im Schaltkreis B ist, wird es B Stromvariablen geben. Daher können wir mit KCL $N - 1$ Gleichungen in B Variablen für einen Schaltkreis mit N Knoten und B Zweigen schreiben. Diese Gleichungen können gleichzeitig gelöst werden, um den Wert der Ströme im Schaltkreis zu berechnen. Zusätzlich, wenn die Elemente in einem Zweig bekannt sind, kann man den Strom in einem Zweig als Ausdruck in Bezug auf die Spannungen der Knoten an den Enden des Zweigs ausdrücken. Um mehr über die verschiedenen Techniken zu erfahren, mit denen KCL zur Analyse eines Schaltkreises verwendet werden kann, wird dem Leser empfohlen, die Referenzen zu lesen [1, 2, 22]. KCL ist eine sehr leistungsfähige Technik in der Schaltkreisanalyse und wird von Elektroingenieuren intensiv genutzt.

Während KCL an jedem Knoten in einem Schaltkreis angewendet werden kann, kann Kirchhoffsches Spannungsgesetz (KVL) in jeder geschlossenen Schleife eines Schaltkreises angewendet werden. Die Aussage von KVL lautet wie folgt: „Die gerichtete Summe der Potentialdifferenzen (Spannungen) um jede geschlossene Schleife ist null" [1, 2, 22]. Abb. 1.2 zeigt die Anwendung von KVL in einer geschlossenen Schleife in einem Schaltkreis. Zunächst definieren wir eine geschlossene Schleife in einem Schaltkreis. Wie in Abb. 1.2 gezeigt, ist eine geschlossene Schleife in einem Schaltkreis ein geschlossener Pfad, den wir nachverfolgen könnten, wenn wir an einem beliebigen Knoten in einem Schaltkreis beginnen, durch mindestens einen Zweig im Schaltkreis fortschreiten und wieder zum selben Knoten zurückkehren, wo wir begonnen haben. Ganz offensichtlich könnte man für einen Schaltkreis mit mehreren Knoten und Zweigen mehrere solcher geschlossenen Schleifen nachverfolgen, wenn wir an verschiedenen Knoten beginnen, durch verschiedene mit dem Knoten verbundene Zweige gehen und schließlich wieder zum selben Knoten zurückfinden, wo wir begonnen haben. In jeder solchen geschlossenen Schleife des Schaltkreises können wir KVL anwenden.

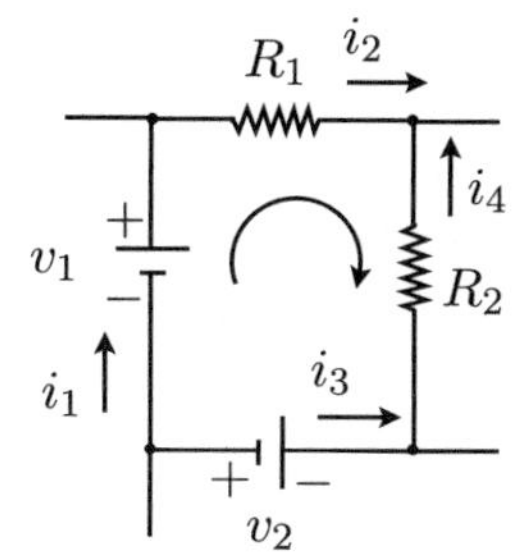

Abb. 1.2 Kirchhoffsches Spannungsgesetz angewendet in einer geschlossenen Schleife in einem Schaltkreis

Nun wollen wir untersuchen, wie wir KVL in einer Schleife anwenden können, wobei die in Abb. 1.2 gezeigte Schleife als Beispiel dient. Wir werden eine Schleife in einer bestimmten Richtung annehmen, wie in Abb. 1.2 durch den gebogenen Pfeil innerhalb der Schleife gezeigt. Eine Schleife kann Spannungsquellen wie $v_1$und v_2 sowie passive Elemente wie die Widerstände R_1 und R_2 haben. Die in den Zweigen fließenden Ströme sind als i_1, i_2, i_3 und i_4 markiert und sind entweder bekannte Werte oder einfach unbekannte Variablen mit angenommenen Stromrichtungen wie im Fall von KCL zuvor. Um KVL anzuwenden, müssen wir die Schleife in irgendeine Richtung durchlaufen. Wählen wir eine Richtung, wie in Abb. 1.2 durch den Pfeil innerhalb der Schleife gezeigt. Wenn wir entlang dieser Schleife fortschreiten, wird jede Spannung, auf die wir stoßen, als positiver Wert gleich dem Wert der Spannung betrachtet, wenn wir von der negativen zur positiven Klemme fortschreiten, und wird als negativer Wert gleich dem Wert der Spannung betrachtet, wenn wir von der positiven zur negativen Klemme fortschreiten. Daher wird aus Abb. 1.2 die Spannungsquelle v_1 + v_1 sein, während die Spannungsquelle v_2 − v_2 sein wird. Für passive Elemente benötigen wir die Beziehung zwischen der Spannung an den Klemmen und dem Strom durch das Element.

Wir können beginnen, indem wir KVL für die in Abb. 1.2 gezeigten Widerstände anwenden und dann die Möglichkeit anderer Elemente diskutieren. Wenn wir die geschlossene Schleife in einer gegebenen Richtung durchlaufen, wird der Spannungsabfall über ein passives Element positiv sein, wenn wir das Element in einer Richtung entgegen der Richtung des Stroms in dem Zweig durchlaufen und wird negativ sein, wenn wir das Element in derselben Richtung wie die Richtung des Stroms in dem Zweig durchlaufen. Mit dieser Logik ist der Spannungsabfall über R_1 − i_2R_1, während der Spannungsabfall über R_2 + i_4R_2 ist. Gemäß KVL können wir, sobald wir die Spannungsabfälle mit ihren Polaritäten bestimmt haben, die Summe dieser Spannungsquellen und Spannungsabfälle auf null setzen. Dies führt zu folgender Gleichung:

$$v_1 - i_2R_1 + i_4R_2 - v_2 = 0 \tag{1.3}$$

Genau wie KCL eine Anwendung der Ladungserhaltung an einem Knoten war, ist KVL eine Anwendung der Spannungserhaltung in einer Schleife. Alles, was KVL besagt, ist, dass die Gesamtsumme der in einer Schleife erzeugten Spannung gleich der Gesamtsumme der Spannungsabfälle über alle Elemente in der Schleife ist. Dies ergibt nur Sinn, da die von den Quellen in einer Schleife erzeugte Spannung über andere Elemente in der Schleife abfallen muss. Als ich Student war, war ich über einen Aspekt von KVL verwirrt – wenn man sich zahlreiche geschlossene Schleifen in einer Schaltung vorstellen kann, wird KVL dann für jede denkbare geschlossene Schleife gelten? Überraschenderweise lautet die Antwort ja. Für jede geschlossene Schleife in einer Schaltung, egal wie umständlich wir einen Weg wählen, bis wir zum Ursprungsknoten zurückkehren, wird KVL zutreffen.

Dies mag fast magisch und schwer zu glauben erscheinen, aber eine einfache Möglichkeit, es zu interpretieren, ist folgende. Anstatt der Spannungen über jedes Element berechnen wir die Spannung über jeden Zweig in einer geschlossenen Schleife, sodass die Spannung über die Knoten eines Zweiges gleich der Summe der Spannungsquellen minus der Summe der Spannungsabfälle über passive Elemente in diesem Zweig ist. Jeder Zweig wird eine Nicht-Null-Spannung über sich haben, es sei denn, er wurde kurzgeschlossen. Wenn wir einen anderen Zweig betrachten, der an einem der Knoten dieses Zweiges anliegt, und wir die Spannungen über die beiden Zweige zusammenaddieren, werden wir immer noch eine Nicht-Null-Spannung erzielen, solange die beiden freien Knoten der Zweige nicht kurzgeschlossen sind. Wenn wir jedoch irgendeine geschlossene Schleife in einer Schaltung wählen und die Zweige in der Schleife nacheinander hinzufügen, bis wir die Schleife schließen, wird die Nettospannung null sein. Dies liegt daran, dass die Nettospannung die Spannung des Startknotens in Bezug auf sich selbst sein wird, da die Definition einer geschlossenen Schleife besagt, dass sie mit dem Startknoten endet.

Abb. 1.2 zeigt nur Widerstände, aber KVL kann auch angewendet werden, wenn es andere Elemente mit zusammengefassten Parametern gibt. Lassen Sie uns den Widerstand R_1 durch eine Induktivität L_1ersetzen und den Widerstand R_2durch einen Kondensator C_1. Da wir Elemente mit zusammengefassten Parametern betrachten, können wir die folgenden Ausdrücke für die Spannung über der Induktivität und dem Kondensator schreiben [1, 2]:

$$v_L = L_1 \frac{di_2}{dt} \tag{1.4}$$

$$v_C = \frac{1}{C_1} \int i_4 dt \tag{1.5}$$

Der KVL-Ausdruck für die geschlossene Schleife kann dann wie folgt ausgedrückt werden:

$$v_1 - L_1 \frac{di_2}{dt} + \frac{1}{C_1} \int i_4 dt - v_2 = 0 \tag{1.6}$$

KVL ist eine sehr leistungsfähige Schaltungsanalysetechnik, die ebenso weit verbreitet ist wie KCL. Tatsächlich werden KCL und KVL oft zusammen verwendet, um komplexe Schaltungen zu analysieren. In diesem Buch werden KCL und KVL viele Male verwendet, um die an ein magnetisches Element angelegte Spannung in Bezug auf den Spannungsabfall über Widerstände, Induktivitäten und die in dem magnetischen Element induzierte EMK auszudrücken. Diese Gleichungen werden in jedem Kapitel des Buches zu finden sein – Kap. 2 über Induktoren, Kap. 3 über gekoppelte Induktoren, Kap. 4 über Transformatoren und Kap. 5 über Transformatoranwendungen. Jetzt, da wir die grundlegenden Netzwerkgesetze behandelt haben, die in diesem Buch verwendet werden, können wir die physikalischen Gesetze in Bezug auf Magnetismus beschreiben, die in diesem Buch verwendet werden.

Wenn wir beginnen, die Grundlagen der Elektromagnetik zu diskutieren, ist es wichtig zu betonen, dass Elektromagnetik und Magnetismus im Allgemeinen sehr weite Bereiche mit einer Vielzahl von verschiedenen Gesetzen sind. Dieses Buch richtet sich jedoch an einen Stromingenieur, der die inneren Abläufe magnetischer Komponenten kennenlernen möchte. Das Ziel dieses Buches ist es nur, ein tieferes Verständnis von magnetischen Komponenten durch Simulationen zu entwickeln. Die in diesem Buch verwendeten Gesetze werden nur die grundlegenden Gesetze sein, die zu funktionalen Simulationsmodellen führen. Dieses Buch wird die Elektromagnetik nicht in großer Tiefe behandeln, noch wird es versuchen, die feineren Details von Magnetfeldern zu verstehen.

Die Brücke zwischen Elektrizität und Magnetismus wurde wahrscheinlich erstmals 1821 von Hans Christian Oersted demonstriert, der zeigte, dass ein Leiter, der einen elektrischen Strom führt, ein magnetisches Feld erzeugt [23, 24]. Dies wurde durch ein Experiment demonstriert, bei dem er beobachtete, dass sich der Kompass einer Magnetnadel drehte und in eine Richtung zeigte, die senkrecht zum stromführenden Draht lag. Er beobachtete auch, dass die Flusslinien des magnetischen Feldes den Draht umkreisten und dass diese Flusslinien in einer Ebene senkrecht zum Draht lagen. Darüber hinaus nahm die Stärke des magnetischen Feldes mit dem Abstand vom Draht ab und kehrte um, wenn die Stromrichtung durch den Draht umkehrte. Nach Oersted arbeiteten mehrere Mathematiker und Physiker an diesem Phänomen, und es entstanden mehrere Gesetze – das Kraftgesetz von Ampere, das Gesetz von Ampere-Maxwell und viele andere [23]. Ohne zu tief in das einzutauchen, was vor zweihundert Jahren passiert ist, lassen Sie uns kurz auflisten, was wir als Elektroingenieure nutzen können.

Eine der einfacheren visuellen Umsetzungen vieler der Gesetze, die aus dem magnetischen Feld resultierten, das von einem stromführenden Leiter erzeugt wurde, war die Rechte-Hand-Regel, die eine Kombination aus Oersteds Beobachtungen und der Arbeit von Ampere war [1, 22, 24]. Die Rechte-Hand-Regel besagt, dass wenn wir einen stromführenden Leiter mit unserer rechten Hand halten, mit dem Daumen ausgestreckt und in Richtung des Stroms zeigend, die Richtung, in der unsere Finger den Leiter umkreisen, die Richtung der Flusslinien des magnetischen Feldes sein wird. Abb. 1.3 zeigt die Flusslinien des magnetischen Feldes für einen Strom i, der in der gezeigten Richtung durch einen Leiter fließt. Wenn der Leser sich vorstellt, diesen Leiter mit seiner rechten Hand zu halten, mit dem Daumen ausgestreckt und nach oben in Richtung des Stroms zeigend, wird die Richtung des magnetischen Feldes in der gezeigten Richtung sein, die die gleiche ist wie die Richtung, in der die Finger den Leiter umkreisen. Der Leser muss beachten, dass die magnetischen Flusslinien in der Ebene senkrecht zum Leiter liegen, wie durch das gestrichelte Rechteck gezeigt. Diese Flusslinien werden sich unendlich radial nach außen erstrecken und werden über die gesamte Länge des Leiters kontinuierlich sein.

Diese Rechte-Hand-Regel gilt für jeden stromführenden Leiter, auch wenn er verdreht oder als Spule gewickelt wurde, wie wir bald besprechen werden. Dieses Buch verwendet diese Regel ausgiebig, um die Richtung der magnetischen Flusslinien zu bestimmen. Neben der Bestimmung der Richtung der magnetischen Flusslinien ist das Gesetz von Ampere äußerst nützlich, um die Stärke des magnetischen Feldes in Bezug auf den Strom auszudrücken. Die folgende ist die Ausdrucksform des Gesetzes von Ampere, wie sie aus der Physik entlehnt ist [22, 24]:

$$\oint_c Hdl = i_{encl} \tag{1.7}$$

wo H die Stärke des magnetischen Feldes ist. i_{encl} im Falle eines einfachen stromführenden Induktors in Abb. 1.3 ist lediglich der Strom i, der durch den Induktor fließt. Bald werden wir untersuchen, wann i_{encl} unterschiedlich vom Strom i ist. Die Integralnotation benötigt eine detaillierte Ausdrucksform.

Die Notation $\oint_c$ impliziert das Integral über eine geschlossene Kurve c. In dem obigen Ausdruck integrieren wir über eine bestimmte geschlossene Schleife des magnetischen Feldes, die aus einer Flusslinie besteht. Diese geschlossene Schleife hat eine magnetische Feldstärke H. Wenn wir uns radial vom Leiter entfernen, werden die Radien der geschlossenen Schleifen der magnetischen Flusslinien zunehmen. Daher integrieren wir, wenn wir uns radial vom Leiter entfernen, über Schleifen von zunehmend größerer Länge. Jedes Integral einer Schleife einer magnetischen Flusslinie wird jedoch gleich dem Strom sein, der von der Schleife eingeschlossen wird – nämlich i, der durch den Leiter fließt. Daher wird die magnetische Feldstärke H abnehmen, wenn wir uns radial vom Leiter entfernen. Daher bezieht der obige Ausdruck die magnetische Feldstärke auf den Abstand vom Leiter.

Ein einzelner gerader Leiter, wie in Abb. 1.3 gezeigt, ist für einen Elektroingenieur nicht von besonderem Interesse. Dies liegt daran, dass das von einem einzelnen geraden Leiter erzeugte magnetische Feld, das einen Strom in der umgebenden Luft führt, nicht signifikant genug ist, um es für einen realen Gebrauch

Abb. 1.3 Rechte-Hand-Regel

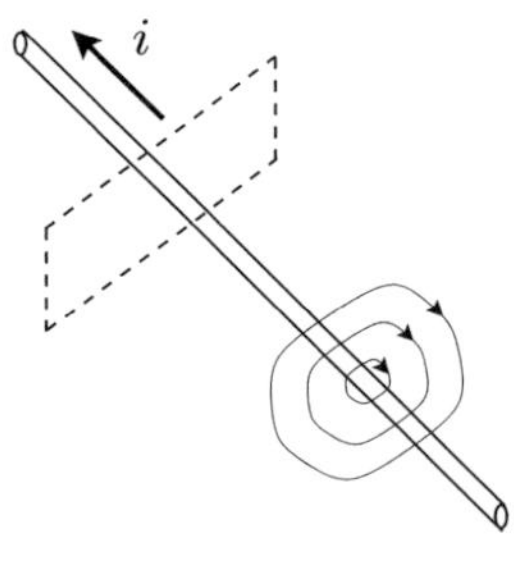

zu nutzen. Eine Ausnahme wäre natürlich, wenn wir die magnetische Feldstärke in der Umgebung einer Hochspannungsleitung untersuchen würden, die tausende von Ampere Strom führt. In diesem Fall müssten wir die Stärke des magnetischen Feldes um die Leitung bestimmen, um eine sichere Entfernung auf beiden Seiten der Übertragungsleitung festzulegen, um die Sicherheit der Menschen zu gewährleisten. Die Dinge beginnen interessant zu werden, wenn wir einen Leiter wie den in Abb. 1.3 nehmen und ihn als Spule wickeln.

Abb. 1.4 zeigt das magnetische Feld, das von einem ähnlichen Leiter wie in Abb. 1.3 erzeugt wird, der nun aber in Form einer Spule gewickelt ist. Alle Gesetze sind auch in diesem Fall anwendbar. Wir können die Rechte-Hand-Regel anwenden, um die Richtung der Flusslinien des magnetischen Feldes zu bestimmen. Da der Leiter als Spule mit mehreren Windungen gewickelt ist, können wir die Regel auf jede Windung anwenden. Als Ergebnis gibt es Flusslinien des magnetischen Feldes, die durch die Spule gehen. Obwohl wir die Rechte-Hand-Regel anwenden können, um die Richtung des Feldes zu bestimmen, gibt es eine andere bequeme Regel, die einfacher anzuwenden ist im Falle solcher Spulen, und die eine Ableitung der Rechte-Hand-Regel ist. Die Flusslinien des magnetischen Feldes werden das Spulengesicht betreten, wo der Strom in Uhrzeigerrichtung fließt, und werden das Spulengesicht verlassen, wo der Strom in entgegengesetzter Richtung fließt. Der Leser wird ermutigt, dies durch Anwendung der Rechte-Hand-Regel zu überprüfen.

Die Flusslinien des Magnetfeldes, die durch die Spule gehen, werden ihren Weg durch das Äußere der Spule abschließen, wie in Abb. 1.4 dargestellt. Ähnlich wie im Fall des einzelnen Leiters werden sich die Flusslinien in alle Richtungen radial von der Spule weg erstrecken. Wenn wir uns weiter von der Spule entfernen, wird die Stärke des Magnetfeldes abnehmen. Wir können in diesem Fall auch das Ampèresche Gesetz anwenden, allerdings mit einer sehr interessanten Wendung. Das Integral über eine geschlossene Schleife der magnetischen Flusslinie der Stärke H wird gleich dem eingeschlossenen Strom sein. Im Falle einer Spule mit Windungen, wie in Abb. 1.4 dargestellt, ist der eingeschlossene Strom jedoch nicht mehr nur der Strom i, der durch den Leiter fließt. Wenn die Spule N Windungen hat, ist der eingeschlossene Strom Ni, was zu diesem Ausdruck führt [22, 24]:

$$\oint_c H dl = i_{encl} = Ni \tag{1.8}$$

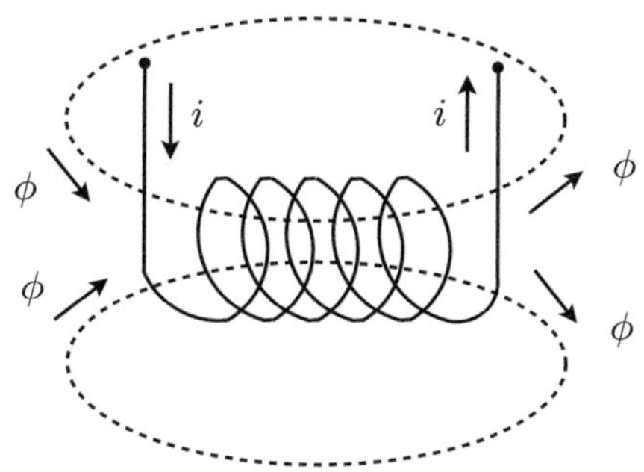

Abb. 1.4 Magnetfeld aufgrund des Stroms durch eine Spule

Ich habe viele Jahre lang versucht, dies zu verstehen, und aus diesem Grund möchte ich eine detaillierte Erklärung für den obigen Ausdruck geben. Wenn man die Rechte-Hand-Regel auf die Spule in Abb. 1.4 anwendet, ist es ziemlich einfach, die Richtung des Magnetfeldes herauszufinden. Es ist jedoch wichtig zu beachten, dass wir die Rechte-Hand-Regel auf jede Windung der Spule anwenden können. Daher erzeugt jede einzelne Windung der Spule ein Magnetfeld. Infolgedessen gibt es ein kumulatives Magnetfeld aufgrund des Stroms, der in allen Windungen der Spule fließt. Eine genaue Karte des Magnetfeldes, die mit spezialisierter Software ermittelt werden kann, ist sehr komplex und wird alle möglichen Nichtlinearitäten und Nichtuniformitäten beinhalten und wird nicht so ordentlich und sauber sein wie in Abb. 1.4 dargestellt. Wenn wir jedoch nur die einfachsten Effekte betrachten, ist es ziemlich einfach zu sehen, dass die magnetischen Flusslinien aufgrund des Stroms durch jede Windung einander besonders in den Flusslinien, die durch die Spule gehen, unterstützen. Es gibt andere Stellen, an denen es einen Konflikt zwischen den Flusslinien geben kann, die von verschiedenen Windungen erzeugt werden. Im Großen und Ganzen scheint es, als ob die Stärke des Magnetfeldes, das durch die Spule geht, durch das Wickeln eines Leiters als Spule mit N Windungen N mal stärker ist als der Strom durch einen einzelnen geraden Leiter. Der Leser wird ermutigt, dies visuell zu überprüfen.

Indem wir einen Leiter als Spule mit N Windungen wickeln, scheinen wir das durch die Spule gehende Magnetfeld auf magische Weise verstärkt zu haben. Aber der Effekt des Magnetfeldes, das durch die aufeinanderfolgenden Windungen der Spule erzeugt wird und sich gegenseitig unterstützt, ist sehr klar. Wenn wir das Ampèresche Gesetz verwenden, können wir es so interpretieren – eine einzelne Flusslinie des Magnetfeldes wird N Windungen der Spule einschließen, die jeweils einen Strom i tragen. Ganz offensichtlich wird die Stärke des Magnetfeldes H im Falle einer Spule im Vergleich zu einem einzelnen geraden stromführenden Leiter viel stärker sein. Dies führt zu dem Konzept Ampere-Windungen. Wenn wir eine Spule mit N Windungen wickeln, definieren wir die Ampere-Windungen der Spule als Ni [22, 24]. Diese Ampere-Windungen sind nun verantwortlich für die Erzeugung des Magnetfeldes und nicht nur der Strom i, wie es bei dem geraden stromführenden Leiter der Fall war.

Da dieses Konzept ziemlich wichtig ist und im gesamten Buch verwendet wird, wollen wir genau festlegen, wie ein Leser diese Gesetze interpretieren kann. In diesem Buch werden wir hauptsächlich mit Spulen im Kontext von Induktoren, gekoppelten Induktoren oder Transformatoren zu tun haben. Jede stromführende Spule erzeugt ein Magnetfeld. Nach der Rechten-Hand-Regel werden die Flusslinien des Magnetfeldes durch die Spule gehen. Dies folgt aus den Erkenntnissen von Oersted im Jahr 1821, dass die Flusslinien des Magnetfeldes den stromführenden Leiter umkreisen werden [23]. Man kann bestimmen, welche Seite der Spule der Südpol und welche der Nordpol sein wird, indem man überprüft, ob der Strom in dieser Seite im Uhrzeigersinn oder gegen den Uhrzeigersinn durch die Spule fließt. Anschließend können wir die Richtung der Flusslinien des Magnetfeldes bestimmen, da sie in die Spule am Südpol eintreten und am Nordpol austreten – dies ist bei jedem Magneten der Fall.

Die Flusslinien des Magnetfeldes für einen stromführenden Leiter, der als Spule gewickelt ist, sind in Abb. 1.4 dargestellt. Dies ist lediglich eine Kartierung der Flusslinien, die durch die Spule gehen, mit geschlossenen Schleifen in der umgebenden Luft. Für jede Flusslinie können wir das Ampèresche Gesetz anwenden. Das Integral der magnetischen Feldstärke H über die geschlossene Schleife einer Flusslinie wird gleich dem eingeschlossenen Strom sein, der gleich den Ampere-Windungen der Spule, d.h. dem Produkt aus dem Strom im Leiter und der Anzahl der Windungen der Spule, sein wird. Diese Ampere-Windungen sind daher die treibende Kraft, die das Magnetfeld erzeugt, und sind ein äußerst wichtiger Begriff, der im gesamten Buch verwendet wird. In Kap. 2 werden wir die Ampere-Windungen als magnetomotorische Kraft (MMK) bezeichnen [25].

Jetzt, da wir nun das Magnetfeld beschreiben können, das von einem Strom erzeugt wird, der entweder gerade oder als Spule gewickelt sein kann, können wir nun dazu übergehen, zu beschreiben, welche Wirkung ein Magnetfeld auf eine Schaltung haben wird. Es sollte beachtet werden, dass das Magnetfeld in diesem Fall entweder von der Schaltung selbst erzeugt werden kann, wie zum Beispiel eine stromführende Spule, wie oben in einem Teil der Schaltung beschrieben, oder es kann ein externes Magnetfeld sein, das keinen direkten Bezug zur Schaltung hat. Wie bereits erwähnt, können die Auswirkungen eines Magnetfeldes auf eine Schaltung sehr komplex sein und von mehreren Phänomenen bestimmt werden, die im Laufe des letzten Jahrhunderts von vielen Physikern untersucht wurden. Als Elektroingenieure, die versuchen, ein Simulationsmodell einer magnetischen Komponente zu erstellen, können wir uns jedoch auf nur wenige Phänomene beschränken und den Rest ignorieren.

Das Phänomen der elektromagnetischen Induktion wurde erstmals von Michael Faraday im Jahr 1831 entdeckt und berichtet [23]. Das Faradaysche Gesetz der elektromagnetischen Induktion besagt, dass „die elektromotorische Kraft um einen geschlossenen Pfad gleich dem Negativen der zeitlichen Änderungsrate des vom Pfad eingeschlossenen magnetischen Flusses ist" [1, 2, 22, 24]. Lassen Sie uns diese Aussage aufschlüsseln und herausfinden, wie wir sie verwenden werden. Der geschlossene Pfad im Gesetz ist jede geschlossene Schleife in einer Schaltung [1, 2]. Wenn wir einen einzelnen geraden Leiter von endlicher Länge in Betracht ziehen, der an beiden Enden offen ist, würde dies nicht als geschlossene Schleife gelten, da er offensichtlich nicht geschlossen, sondern an beiden Enden offen ist. Nehmen wir an, wir schließen ein Voltmeter an die beiden Enden des Leiters an, haben wir eine geschlossene Schleife, wie in Abb. 1.5 gezeigt. Dies ist die einfachste mögliche Vorstellung von einer geschlossenen Schleife für das oben genannte Gesetz. Jede Schaltung mit mindestens einer geschlossenen Schleife, durch die Strom fließen kann, passt jedoch auch zu der oben genannten Definition.

Bevor wir über das „Negative der zeitlichen Änderungsrate" sprechen, bedeutet dies in einfachsten Worten, dass, wenn das mit einem solchen geschlossenen Pfad verbundene (von ihm eingeschlossene) Magnetfeld sich in irgendeiner Weise ändert, eine elektromotorische Kraft (EMK) in diesem geschlossenen Pfad induziert wird. Wenn wir uns ein Magnetfeld vorstellen, dessen Flusslinien durch den geschlossenen Pfad gehen – und das könnte die einfache Verbindung eines

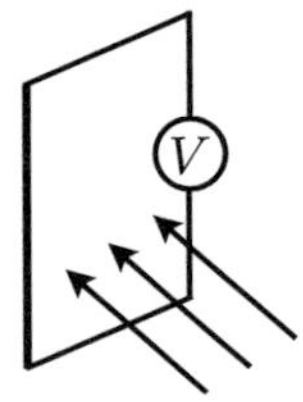

Abb. 1.5 Elektromagnetische Induktion

Voltmeters über einen Leiter sein – und dieses Magnetfeld sich in irgendeiner Weise ändert, wird eine EMK in dem Pfad induziert. Diese induzierte EMK wird dazu führen, dass das Voltmeter eine Spannungsmessung anzeigt. Ein Magnetfeld kann weit verbreitet sein, wie wir in unserer vorherigen Diskussion über das von einer stromführenden Spule erzeugte Magnetfeld gesehen haben, wobei die Kraftlinien weit und breit streuen, obwohl die Stärke des Feldes abnimmt, je weiter wir uns von der Spule entfernen. Deshalb besagt das Gesetz, dass der vom Pfad eingeschlossene magnetische Fluss das ist, was zählt, d.h. die Flusslinien des Magnetfeldes, die durch den eingeschlossenen Pfad gehen.

Eine EMK wird in dem geschlossenen Pfad nur dann induziert, wenn sich der von dem Pfad eingeschlossene magnetische Fluss ändert. Wenn es keine Änderung gibt, wird keine EMK induziert. Darüber hinaus besagt das Gesetz, dass die induzierte EMK gleich der negativen Änderungsrate des vom Pfad eingeschlossenen magnetischen Flusses ist. Lassen Sie uns für einen Moment den Begriff „negativ" fallen. Die Größe der induzierten EMK wird gleich der Änderungsrate des durch den geschlossenen Pfad gehenden magnetischen Flusses sein. Daher wird die induzierte EMK umso größer sein, je schneller sich der durch den geschlossenen Pfad gehende magnetische Fluss ändert. Für einen einzelnen Leiter mit einem daran angeschlossenen Voltmeter, wie in Abb. 1.5 gezeigt, kann die Größe der induzierten EMK mit dem Faradayschen Gesetz mathematisch ausgedrückt werden als:

$$e = \frac{d\phi}{dt} \tag{1.9}$$

wo e die Größe der induzierten EMK und ϕ Fluss in Weber ist, der durch die geschlossene Schleife geht.

Um weiter in den Begriff „eingeschlossen" im Faradayschen Gesetz einzudringen, betrachten wir unsere Anordnung eines einzelnen Leiters mit einem Voltmeter, wie in Abb. 1.5 gezeigt. Der durch die geschlossene Schleife gehende magnetische Fluss ist der von der geschlossenen Schleife eingeschlossene magnetische Fluss. Es gibt keinen Unterschied zwischen ihnen, daher der oben genannte Ausdruck. Die Dinge werden wieder interessant, wenn wir den magnetischen Fluss ansehen, der durch eine Spule geht. In unserer vorherigen Diskussion hatten wir eine stromführende Spule betrachtet und das von ihr erzeugte Magnetfeld beschrieben. Jetzt stellen wir uns das Gegenteil vor, wie in Abb. 1.6 gezeigt. Eine Spule ohne Strom befindet sich in einem Magnetfeld und wir schließen ein

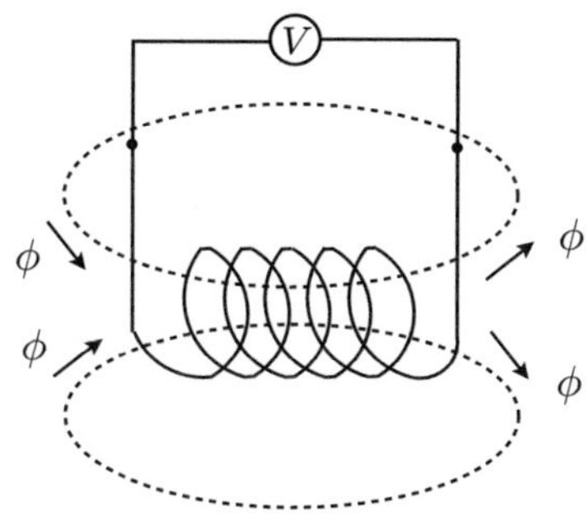

Abb. 1.6 Induzierte EMK in einer Spule, die in einem Magnetfeld platziert ist

Voltmeter an die beiden freien Enden der Spule an. Wir haben also einen geschlossenen Pfad. Nehmen wir an, das Magnetfeld, dem die Spule ausgesetzt ist, wie in Abb. 1.6 gezeigt, ist identisch mit dem in Abb. 1.4 gezeigten Magnetfeld. Es ist zu beachten, dass wir jetzt annehmen, dass kein Strom durch die Spule fließt. Das Magnetfeld wird von einer äußeren Einwirkung erzeugt.

Wenn die Flusslinien des Magnetfeldes, die durch die Spule gehen, sich ändern würden, würde eine EMK induziert werden. Dies liegt daran, dass die Spule extern mit dem Voltmeter verbunden ist und einen geschlossenen Pfad bildet. Selbst wenn wir den Fluss, der durch den Teil der Schaltung geht, in dem das Voltmeter an die Spulenanschlüsse angeschlossen ist, vernachlässigen würden, wird der Fluss, der durch die Spule geht, immer noch als der vom geschlossenen Pfad eingeschlossene Fluss betrachtet. Nach dem Faradayschen Gesetz wird die Größe der induzierten EMK gleich der Änderungsrate (negativ, wird bald erklärt) des vom geschlossenen Pfad eingeschlossenen Flusses sein. In diesem Fall, wenn wir annehmen, dass der einzige mit dem geschlossenen Pfad verbundene Fluss der Fluss ist, der durch die Spule geht, wird die induzierte EMK gleich dem von der Spule eingeschlossenen magnetischen Fluss sein. Und hier, weil wir eine Spule haben, gibt es einen Unterschied zwischen dem Fluss, der durch die Spule geht, und dem Fluss, der von der Spule eingeschlossen wird.

Für eine Spule mit mehreren Windungen könnte man sich vorstellen, dass jede Windung der Spule von dem sich ändernden magnetischen Fluss betroffen ist, der durch die Spule fließt. Die induzierte EMK über die Anschlüsse der Spule ist die Summe der in jeder Windung der Spule induzierten EMK. Daher ist der eingeschlossene magnetische Fluss nicht nur der Fluss ϕ, sondern wird nun mit der Anzahl der Windungen N der Spule multipliziert. Wiederum haben wir durch das Wickeln eines stromführenden Leiters als Spule mit N Windungen die in dem geschlossenen Pfad induzierte EMK um den Faktor N erhöht. Wir können die Größe der induzierten EMK für den Schaltkreis von Abb. 1.6 wie folgt ausdrücken:

$$e = N\frac{d\phi}{dt} = \frac{d}{dt}(N\phi) = \frac{d\psi}{dt} \tag{1.10}$$

In der obigen Gleichung wird der Begriff $N\phi$ als Flussverkettung ψ bezeichnet. Die Flussverkettung ψ einer Spule ist das Produkt aus dem durch die Spule fließenden Fluss und der Anzahl der Windungen der Spule und gibt Aufschluss über die Auswirkung des eingeschlossenen Flusses auf eine Spule mit mehr als einer Windung.

Es ist ziemlich einfach, die Analogie zwischen Ampere-Windungen und Flussverkettung zu sehen. In beiden Fällen scheint die Anzahl der Windungen N der Spule zu berücksichtigen, dass eine Spule, die mit mehr als einer Windung gewickelt ist, sich anders verhält als ein einzelner gerader Leiter. Daher müssen wir, wenn wir eine Spule mit mehr als einer Windung haben, wenn wir versuchen, die Stärke des Magnetfeldes aus dem durch die Spule fließenden Strom zu berechnen, die Ampere-Windungen Ni berechnen und nicht nur den Strom i berücksichtigen. Ebenso müssen wir, wenn wir versuchen, die in einer Spule induzierte EMK zu berechnen, die Flussverkettung $\psi = N\phi$ und nicht nur den durch die Spule fließenden Fluss ϕ berücksichtigen.

Jetzt, da wir die Größe der induzierten EMK ausgedrückt haben, sprechen wir über die „negative Änderungsrate", die wir bisher ignoriert haben. Der vollständige mathematische Ausdruck des Faradayschen Gesetzes lautet wie folgt:

$$e = -\frac{d\psi}{dt} \tag{1.11}$$

Um dieses negative Zeichen zu verstehen, muss man sich die Frage stellen – was wird die Polarität der induzierten EMK sein? Anstatt das negative Zeichen im Faradayschen Gesetz zu verwenden, wenn wir die Polarität der induzierten EMK bestimmen wollen, können wir ein anderes Gesetz verwenden – das Lenzsche Gesetz. Das Lenzsche Gesetz wurde 1834 von Emil Lenz formuliert [23] und besagt, dass die aufgrund der Änderung des magnetischen Flusses, der einen geschlossenen Pfad umschließt, induzierte EMK so sein wird, dass sie der Ursache, die sie erzeugt, d.h. der Änderung des magnetischen Flusses [22, 24], entgegenwirkt. Es ähnelt sehr dem dritten Newtonschen Bewegungsgesetz, das besagt, dass die Reaktion auf eine Aktion der Aktion entgegengesetzt sein wird.

Dieses Buch wird das Lenzsche Gesetz in Kombination mit dem Faradayschen Gesetz verwenden, um die Größe und Polarität der induzierten EMK zu bestimmen. Obwohl das Lenzsche Gesetz recht einfach anzuwenden ist, müssen wir ein feines Detail im Gesetz berücksichtigen. Die induzierte EMK wird der Ursache, die sie erzeugt, entgegenwirken. Die Ursache, die die induzierte EMK erzeugt, ist der *ändernde* magnetische Fluss. Daher wird die induzierte EMK dem *ändernden* magnetischen Fluss entgegenwirken. Die induzierte EMK wird dem magnetischen Fluss *nicht* entgegenwirken. Dies ist eine Unterscheidung, die man sich während des gesamten Buches merken muss und die immer wieder wiederholt wird. Als Beispiel wird ein konstanter magnetischer Fluss keine EMK induzieren. Daher wird es, obwohl ein Fluss vorhanden ist, keine induzierte EMK geben. Es ist ein weit verbreitetes Missverständnis anzunehmen, dass die induzierte EMK immer dem magnetischen Fluss entgegenwirken wird.

Wie würde man das Lenzsche Gesetz anwenden, um die Polarität der induzierten EMK zu bestimmen? Die induzierte EMK wird eine solche Polarität haben, dass sie entweder einen Strom erzeugt oder versucht, einen Strom in der geschlossenen Schleife zu erzeugen, der dem sich ändernden magnetischen Fluss entgegenwirkt. Eine EMK wird immer induziert und wird eine Größe haben, wie sie oben durch das Faradaysche Gesetz ausgedrückt wird, wenn der eingeschlossene magnetische Fluss sich ändert. Der geschlossene Pfad kann jedoch aus beliebigen Elementen bestehen. In unserem Fall von Abb. 1.6 ist das einzige andere Element im geschlossenen Pfad neben der Spule ein Voltmeter. Daher wird die induzierte EMK einen vernachlässigbaren Strom erzeugen, da das Voltmeter einen extrem hohen Widerstand hat. Dieser vernachlässigbare Strom würde offensichtlich nicht in der Lage sein, ein nennenswertes Magnetfeld zu erzeugen, um dem sich ändernden magnetischen Fluss entgegenzuwirken. Nach dem Lenzschen Gesetz wird jedoch, auch wenn der durch die induzierte EMK erzeugte entgegenwirkende magnetische Fluss vernachlässigbar ist, immer noch dieser Widerstand geboten. Daher kann man immer die Polarität der induzierten EMK bestimmen, indem man die Frage stellt: Welche Polarität sollte die EMK haben, damit der resultierende Strom ein Magnetfeld erzeugt, das der Änderung im Hauptmagnetfeld entgegenwirkt?

Mit diesem ziemlich langen und detaillierten Abschnitt haben wir die grundlegenden physikalischen Gesetze beschrieben, die verwendet werden, um Magnetismus in der Elektrotechnik zu verstehen. Wir werden diese Gesetze immer wieder in allen Kapiteln dieses Buches verwenden. Bevor wir diesen Abschnitt beenden, lassen Sie uns innehalten und feststellen, dass all diese Gesetze vor fast 200 Jahren formuliert wurden! Diese jahrhundertealten Gesetze sind alles, was wir als Elektroingenieure brauchen, um ein grundlegendes Verständnis von Magnetismus in der Elektrotechnik zu entwickeln. Obwohl man moderne Techniken und Ergebnisse verwenden kann, um zu einem viel komplexeren und genaueren Verständnis der magnetischen Felder in der Elektrotechnik zu gelangen, ist für die meisten Anwendungen in der Energietechnik ein solches Detailgrad nicht notwendig. Während der Leser dieses Buch durchgeht, wird er erstaunt sein, wie wir mit fast zwei Jahrhunderte alten Gesetzen recht funktionale Simulationsmodelle erstellen können.

1.4 Lernen durch Simulation

Im vorherigen Abschnitt haben wir die grundlegenden Gesetze der Physik, die in diesem Buch zur Verständigung der Funktion magnetischer Komponenten verwendet werden, detailliert beschrieben. Wir werden diese Grundgesetze auch verwenden, um Simulationsmodelle zu erstellen, die in grundlegenden Anwendungen in der Energietechnik verwendet werden können. In diesem Abschnitt werde ich darüber sprechen, warum die Simulation als Werkzeug zum Erlernen des Ingenieurwesens verwendet wurde [6–8], und wie die Simulationen in diesem Buch die vorgestellte Theorie viel interessanter und leichter verständlich machen werden.

Heutzutage stehen Computern einer großen Mehrheit von Studenten zur Verfügung. Es gab eine Zeit, in der ein erheblicher Anteil der Studenten noch ein Computerlabor aufsuchen musste, um auf Rechenanlagen zugreifen zu können. Heutzutage verfügen persönliche Laptops über ausreichend leistungsstarke Prozessoren und internen Speicher, um uns einen Computer zur Verfügung zu stellen, der gut genug ist, um Simulationen durchzuführen. Simulationen wurden einst hauptsächlich von Forschern und Doktoranden durchgeführt, die neue Technologien erforschten und die Machbarkeit ihrer Innovationen vor einer praktischen Umsetzung untersuchen mussten. Heutzutage können Simulationen sogar von Bachelor-Studenten als Teil ihrer Kursarbeit durchgeführt werden.

Simulationen sind ein sehr nützliches Lernwerkzeug und auch für praktisches Ingenieurwesen und Forschung hilfreich. Eine Simulation ist die naheliegendste Methode zum Aufbau eines Hardware-Prototyps. Der Aufbau von Hardware und Laborexperimente sind zweifellos der beste Weg, um zu lernen und auch Änderungen in Design und Steuerung zu überprüfen. Für viele Studenten der Elektrotechnik ist jedoch kein direkter Zugang zu Laboranlagen verfügbar. Darüber hinaus machen die mit dem regelmäßigen Aufbau von Hardware-Prototypen verbundenen Kosten es unmöglich, die Hardware-Implementierung als kontinuierliches Lernwerkzeug zu verwenden. Simulationen bieten andererseits eine sichere Plattform, auf der ein unerfahrener Ingenieur neue Designs, Steuerungsstrategien und benutzerdefinierte Modelle ausprobieren kann, ohne einen physischen Schaden an einer Schaltung zu verursachen.

Um Simulationen durchzuführen, verwenden wir normalerweise Simulationssoftware für eine bestimmte Anwendung. Zum Beispiel müssen wir als Energietechniker Simulationen von elektrischen Schaltungen durchführen und verwenden daher Schaltungssimulatoren [9]. Ein Schaltungssimulator ermöglicht es uns, eine Schaltung auf eine bequeme Weise zu definieren, die dann vom Simulator verarbeitet wird, um eine Reihe von gewöhnlichen Differentialgleichungen zu definieren, die das mathematische Modell der Schaltung bilden. Diese werden vom Schaltungssimulator durch eine numerische Integrationstechnik gelöst, um uns ein zeitlich veränderliches Verhalten der Schaltung zu liefern. Der Komfort, den ein solcher Simulator bietet, besteht darin, dass wir nicht für jede Schaltung Gleichungen schreiben oder die Gleichungen lösen müssen. Alles, was wir tun müssen, ist, die Schaltung in irgendeiner Form von Netzwerkdarstellung darzustellen, die vom Simulator verstanden werden kann. Einige fortgeschrittene Schaltungssimulatoren ermöglichen es einem Benutzer, ein Schaltbild fast ähnlich wie eine reguläre elektrische Schaltung zu zeichnen, wodurch der Prozess der Schaltungsdarstellung äußerst bequem und visuell ansprechend wird. Einige andere Simulatoren benötigen möglicherweise eine Knotendarstellung.

Es gibt zahlreiche Schaltungssimulatoren, die ein Energietechniker zur Simulation elektrischer Schaltungen verwenden kann. Einige sind proprietär und ziemlich teuer, während andere kostenlos und allgemein zugänglich sind. Viele große Universitäten unterhalten universitätsweite Lizenzen für wissenschaftliche Software, sodass jeder in der Universität eingeschriebene Student diese Software nutzen kann. Ein Student hat daher möglicherweise Zugang zu mehreren Simulationssoftware.

Andererseits gibt es einen erheblichen Anteil von Studenten auf der ganzen Welt, die an Universitäten eingeschrieben sind, die es sich nicht leisten können, Lizenzen für einige der teureren wissenschaftlichen Software zu unterhalten. Dies hat leider zu einem Anstieg der Softwarepiraterie geführt. Die Einführung von freier und Open-Source-Software gewährleistet den universellen Zugang zu Software für jeden interessierten Benutzer in allen Teilen der Welt und ist daher eine Lösung zur Bereitstellung von Software-Dienstleistungen auf nachhaltige Weise.

Jeder Student, der dieses Buch liest, kann jeden Schaltungssimulator verwenden, zu dem er oder sie Zugang hat. Der verwendete Schaltungssimulator muss es dem Benutzer ermöglichen, ein Schaltbild zu erstellen und eine benutzerdefinierte Komponente zu erstellen, die ein benutzerdefiniertes Modell einer magnetischen Komponente enthalten kann. Die benutzerdefinierte Komponente muss mit dem Rest der Schaltung verbunden werden. Sie muss gemessene Größen wie Spannungen und Ströme als Eingaben aus der Hauptschaltung erhalten. Diese Eingaben werden an ein mathematisches Modell weitergeleitet. Das Ergebnis des mathematischen Modells führt zu Änderungen in der Hauptschaltung. Ein solcher geschlossener Regelkreis muss vom Schaltungssimulator, den der Leser als Simulationswerkzeug zur Begleitung dieses Buches wählt, erreichbar sein. Eine große Anzahl von proprietären und kostenlosen Schaltungssimulatoren wird in der Lage sein, diese Aufgabe zu erfüllen.

Dieses Buch wird den kostenlosen und Open-Source-Schaltungssimulator Python Power Electronics verwenden. Python Power Electronics wurde vollständig in Python geschrieben, einer kostenlosen und Open-Source-Hochsprachenprogrammiersprache. Python Power Electronics wurde speziell für Energietechniker geschrieben, die Leistungselektronikschaltungen simulieren möchten, während sie die Steuerung digital implementieren. Die Homepage von Python Power Electronics finden Sie unter: https://www.pythonpowerelectronics.com/.

Der Schaltungssimulator kann von dem folgenden Link heruntergeladen werden:

https://www.pythonpowerelectronics.com/?page=softwaredownloads.

Der Schaltungssimulator kann über einen Webbrowser verwendet werden, indem ein Server auf dem Computer gestartet wird. Um zu lernen, wie der Schaltungssimulator installiert wird und wie er zur Simulation von Leistungselektronikschaltungen mit digitaler Steuerung verwendet wird, kann der Leser eine der Videoreihen im folgenden Link ansehen:

https://www.pythonpowerelectronics.com/?page=videos.

Der Leser muss Python Power Electronics nicht verwenden, um die Simulationen in diesem Kurs durchzuführen. Die meisten der Code-Beispiele und Simulationen können mit jedem anderen Schaltungssimulator erreicht werden. Der Zweck der Verwendung eines kostenlosen und Open-Source-Schaltungssimulators in diesem Buch besteht darin, die Verwendung von freier und Open-Source-Software in der Elektrotechnik zu fördern. Freie und Open-Source-Software erhöht nicht nur die Zugänglichkeit von Software, sondern baut auch eine Gemeinschaft von Benutzern auf, die den Austausch von Informationen und Wissen ermöglicht. Der Leser wird ermutigt, dem Projekt auf einer beliebigen Anzahl von verschiedenen sozialen Medien zu folgen, wo regelmäßig Updates gemacht werden. Zum Beispiel kann eine wöchentliche Videovorlesungsreihe auf YouTube auf dem obigen Videolink gefunden werden, wo verschiedene Themen in der Elektrotechnik mit Hilfe von Simulationen erforscht werden.

Alle Simulationen in diesem Buch wurden auf GitHub gehostet, um für jeden frei zugänglich zu sein. Der Link für das Repository, das die Simulationen enthält, ist: https://github.com/opensourceelectrical/simulating-magnetics-for-power-electronics.

Das Repository enthält Ordner für jedes Kapitel. In jedem Ordner befinden sich die Simulationen für dieses Kapitel. Jede Simulation wurde in einem separaten Ordner angeordnet und es können auch verschachtelte Ordner vorhanden sein, falls separate Fälle separat simuliert werden. Jede Simulation wird eine README-Datei haben. Der Leser muss zuerst die README-Datei lesen, die beschreibt, worum es in der Simulation geht, welche Schaltbild-Dateien und welche Steuerungsdateien verwendet werden. In den späteren Kapiteln, in denen wir jede Simulation beschreiben, werden die genauen Dateien referenziert und detailliert beschrieben.

Der Leser wird dringend ermutigt, die Simulationen während des Lesens dieses Buches durchzuführen. Bei der Beschreibung der Simulationen werden auch mögliche Modifikationen der Simulationen vorgeschlagen, und der Leser wird dringend ermutigt, diese ebenfalls auszuprobieren. Wie bereits zuvor erwähnt, bieten Simulationen eine sichere Plattform, um Schaltungen auszuprobieren, ohne Angst vor dem Durchbrennen von Schaltungen haben zu müssen. Dies bietet dem Lernenden mehrere Möglichkeiten, „unter die Haube“ zu schauen und auch mit Simulationsmodellen herumzuspielen.

1.5 Überblick über das Buch

In diesem abschließenden Abschnitt der Einleitung werden wir den Inhalt des Buches beschreiben und was der Leser von jedem Kapitel erwarten kann. Das Buch schreitet schrittweise von den Grundlagen der magnetischen Schaltungen und deren Verwendung zur Simulation von Induktoren bis hin zur endgültigen Simulation von Dreiphasentransformatoren und einem Flyback-Konverter voran. Jedes Kapitel wird die Erkenntnisse aus dem vorherigen Kapitel nutzen, um eine weitere Detailstufe hinzuzufügen, um komplexere Systeme simulieren zu können. Der Leser wird nachdrücklich dazu ermutigt, das Buch in der Reihenfolge der Kapitel zu lesen, auch wenn er eine spezifische Anwendung hat, die er simulieren möchte.

Kap. 2 beginnt mit dem Aufbau eines Simulationsmodells für einen Induktor [10, 26]. Obwohl es den Anschein haben mag, dass der Aufbau eines Simulationsmodells für einen Induktor eine alberne und nutzlose Übung ist, besteht der Zweck darin, das Konzept der magnetischen Schaltungen und die Kombination der magnetischen Gesetze mit den elektrischen Gesetzen in einem Simulationsmodell einzuführen. Da der Induktor die einfachste vorstellbare magnetische Komponente ist, wird uns dies den Einstieg in den Prozess des Aufbaus eines mathematischen Modells mit den Gesetzen der Physik erleichtern. In Kap. 2 bauen wir eine Analogie zwischen elektrischen Schaltungen und magnetischen Schaltungen auf und beschreiben, wie wir, wenn wir den Aufbau eines Induktors kennen, den Fluss in jedem Teil des Kerns des Induktors berechnen können. Es werden mehrere Simulationen mit unterschiedlichen Kernkonstruktionen vorgestellt. Die Simulationen in Kap. 2 können auch von einem Leistungselektronikingenieur zur Überprüfung von Induktorentwürfen verwendet werden, da Leistungselektronikingenieure oft spezielle Induktoren wickeln müssen, insbesondere bei der Gestaltung von Stromversorgungen.

Kap. 3 erweitert das mathematische Modell eines Induktors, das in Kap. 2 beschrieben wird, um mehr als einen Induktor zu modellieren, der auf demselben Kern gewickelt und daher magnetisch miteinander gekoppelt ist [11, 12]. Mit Hilfe der grundlegenden Gesetze der Physik untersuchen wir mehrere separate Szenarien, um das Phänomen der magnetischen Kopplung vollständig zu verstehen und auch gekoppelte Induktoren mathematisch auszudrücken. Wir führen das Konzept der gegenseitigen Induktanz ein, das uns eine Möglichkeit bietet, die Wirkung des in einer Spule fließenden Stroms auf den mit der anderen gekoppelten Spule verknüpften Fluss auszudrücken. Das Simulationsmodell eines Induktors wird dann erweitert, um gekoppelte Induktoren zu modellieren. Mit Hilfe von Simulationsergebnissen werden wir unsere theoretischen Diskussionen überprüfen. Da die Simulation von magnetisch gekoppelten Induktoren viele auf demselben Kern gewickelte Induktoren umfassen kann, werden wir unser Simulationsmodell in ein flexibles und skalierbares Modell umwandeln, indem wir Matrixgleichungen verwenden.

Kap. 4 beschreibt, wie ein Transformator lediglich ein Spezialfall einer Reihe von magnetisch gekoppelten Wicklungen ist, die auf demselben Kern gewickelt sind, mit dem Ziel, die Energieübertragung von einer Wicklung zu den anderen zu maximieren [13, 14]. Da Transformatoren im Wesentlichen magnetisch gekoppelte Spulen sind, wird das mathematische Modell der gekoppelten Induktoren in Kap. 2 weiterhin verwendet. Der Unterschied zwischen einem Transformator und einer zufälligen Reihe von magnetisch gekoppelten Spulen besteht darin, dass ein Transformator eine elektrische Maschine ist, die ähnliche Spezifikationen wie jede andere Maschine wie ein Motor oder Generator hat. Beispielsweise wird ein Transformator eine maximale Nennleistung und maximale Nennspannungen haben, die auf jede Wicklung angewendet werden können. Das Kapitel wird beschreiben, wie mit Hilfe dieser Spezifikationen ein äquivalenter Schaltkreis formuliert und die Parameter dieses äquivalenten Schaltkreises geschätzt werden können. Mit Hilfe dieses äquivalenten Schaltkreises werden wir die Werte der Induktanzen extrahieren, die notwendig sind, um das Simulationsmodell der gekoppelten Induktoren zu verwenden. Wir werden mehrere Simulationen durchführen, um die Arbeitsweise des Transformators zu verstehen. Die Simulationen werden den magnetisierenden Strom und die anderen Komponenten im Leerlaufstrom des Transformators untersuchen. Die Simulationen werden auch die Wirkung des Übersetzungsverhältnisses auf die Transformation von Spannungen und

Strömen untersuchen, indem sie Step-up- und Step-down-Transformatoren simulieren.

Kap. 5 beschreibt einige der häufigsten Anwendungen eines Transformators in der Elektrotechnik unter Verwendung der in Kap. 4 vorgestellten Simulationsmodelle. Für einen Leistungssystemingenieur sind Dreiphasentransformatoren in jedem zu analysierenden System allgegenwärtig [27–30, 30, 31]. Daher beschreibt Kap. 5, wie die Transformator-Simulationsmodelle von Kap. 4 erweitert werden können, um Dreiphasen-Stern-Stern- und Delta-Stern-Transformatoren zu simulieren. Um den Inhalt für einen Leistungselektronikingenieur relevant zu machen, stellt das Kapitel auch das Simulationsmodell eines Flyback-Konverters vor. Das Kapitel präsentiert die Theorie hinter Hochfrequenztransformatoren und die spezifische Anwendung von Hochfrequenztransformatoren im speziellen Fall eines Flyback-Konverters [15, 19, 20]. Der Zweck der Beschreibung des Betriebs des Flyback-Konverters besteht darin, zu beschreiben, wie selbst im Kontext eines nicht linearen Leistungswandlers wie eines Flyback-Konverters der Betrieb des Transformators immer noch mit den grundlegenden Gesetzen der Physik interpretiert werden kann.

Literatur

1. V. Valkenburgh, V. Valkenburgh, and Nooger & Neville, *Basic Electricity*. Prompt Publications, 1992, no. Bd. 1–5. [Online]. Available: https://books.google.de/books?id=vmg1UKsTntAC.
2. C. R. Paul, *Fundamentals of Circuit Analysis*, 1st ed. John Wiley, 2000.
3. S. J. Chapman, *Electric Machinery Fundamentals*, 5th ed. McGraw-Hill Education, 2011.
4. A. E. Fitzgerald, C. Kingsley, and S. D. Umans, *Electric Machinery*, 6th ed. McGraw-Hill, 2005.
5. D. A. Lowther and P. P. Silvester, *Computer-Aided Design in Magnetics*, 1st ed. Springer-Verlag Berlin Heidelberg, 1986.
6. P. Smith and D. Pollard, “The role of computer simulations in engineering education,” *Computers & Education*, vol. 10, no. 3, pp. 335–340, 1986. [Online]. Available: https://www.sciencedirect.com/science/article/pii/0360131586900023
7. A. Azemi and E. Yaz, “Pspice and matlab in undergraduate and graduate electrical engineering courses,” in *Proceedings of 1994 IEEE Frontiers in Education Conference – FIE ’94*, 1994, pp. 456–459.
8. C. Canizares and Z. Faur, “Advantages and disadvantages of using various computer tools in electrical engineering courses,” *IEEE Transactions on Education*, vol. 40, no. 3, pp. 166–171, 1997.
9. D. Pederson, “A historical review of circuit simulation,” *IEEE Transactions on Circuits and Systems*, vol. 31, no. 1, pp. 103–111, 1984.
10. W. Hurley and W. Wölfe, *Transformers and Inductors for Power Electronics: Theory, Design and Applications*, 1st ed. Wiley, 2013.
11. A. Witulski, “Introduction to modeling of transformers and coupled inductors,” *IEEE Transactions on Power Electronics*, vol. 10, no. 3, pp. 349–357, 1995.
12. G. Zhu, B. A. McDonald, and K. Wang, “Modeling and analysis of coupled inductors in power converters,” *IEEE Transactions on Power Electronics*, vol. 26, no. 5, pp. 1355–1363, 2011.
13. J. Winders, *Power Transformers: Principles and Applications*, 1st ed. CRC Press, 2002.
14. E. I. Amoiralis, M. A. Tsili, and A. G. Kladas, “Transformer design and optimization: A literature survey,” *IEEE Transactions on Power Delivery*, vol. 24, no. 4, pp. 1999–2024, 2009.

15. R. Petkov, "Optimum design of a high-power, high-frequency transformer," *IEEE Transactions on Power Electronics*, vol. 11, no. 1, pp. 33–42, 1996.
16. M. F. Barnothy, *Biological Effects of Magnetic Fields*, 1st ed. Springer US, 1964.
17. L. Anderson, "Biological effects of magnetic fields: laboratory studies," in *Proceedings of the 20th Annual International Conference of the IEEE Engineering in Medicine and Biology Society*, vol. 6, 1998, pp. 2791–2797.
18. C. R. Paul, *Introduction to Electromagnetic Compatibility*, 2nd ed. John Wiley, 2005.
19. R. Erickson, M. Madigan, and S. Singer, "Design of a simple high-power-factor rectifier based on the flyback converter," in *Fifth Annual Proceedings on Applied Power Electronics Conference and Exposition*, 1990, pp. 792–801.
20. K.-W. Ma and Y.-S. Lee, "An integrated flyback converter for dc uninterruptible power supply," *IEEE Transactions on Power Electronics*, vol. 11, no. 2, pp. 318–327, 1996.
21. D. Kothari and I. Nagrath, *Power System Engineering*, ser. McGraw Hill Education. Tata McGraw-Hill, 2008. [Online]. Available: https://books.google.de/books?id=yPPYGD88UR0C
22. R. A. Serway, J. W. Jewett, and V. Peroomian, *Physics for Scientists and Engineers*, 9th ed. Brooks and Cole, 2012.
23. A. Cunningham and N. Jardine, *Romanticism and the Sciences*. Cambridge University Press, 1990.
24. R. Becker, *Electromagnetic Fields and Interactions*. Dover Publications, 1982.
25. H. A. Rowland, "On the general equations of electro-magnetic action, with application to a new theory of magnetic attractions, and to the theory of the magnetic rotation of the plane of polarization of light," *American Journal of Mathematics*, vol. 3, no. 1, pp. 89–96, 1880.
26. V. C. Valchev and A. V. den Bossche, *Inductors and Transformers for Power Electronics*, 1st ed. CRC Press, 2005.
27. B.-K. Chen and B.-S. Guo, "Three phase models of specially connected transformers," *IEEE Transactions on Power Delivery*, vol. 11, no. 1, pp. 323–330, 1996.
28. A. D. Theocharis, J. Milias-Argitis, and T. Zacharias, "Three-phase transformer model including magnetic hysteresis and eddy currents effects," *IEEE Transactions on Power Delivery*, vol. 24, no. 3, pp. 1284–1294, 2009.
29. D. Dolinar, J. Pihler, and B. Grcar, "Dynamic model of a three-phase power transformer," *IEEE Transactions on Power Delivery*, vol. 8, no. 4, pp. 1811–1819, 1993.
30. S. Chimklai and J. Marti, "Simplified three-phase transformer model for electromagnetic transient studies," *IEEE Transactions on Power Delivery*, vol. 10, no. 3, pp. 1316–1325, 1995.
31. J. Pedra, L. Sainz, F. Corcoles, R. Lopez, and M. Salichs, "Pspice computer model of a nonlinear three-phase three-legged transformer," *IEEE Transactions on Power Delivery*, vol. 19, no. 1, pp. 200–207, 2004.

Kapitel 2
Darstellung von grundlegenden magnetischen Schaltkreisen mit Induktoren

2.1 Einführung

Die Induktivität ist wahrscheinlich die grundlegendste magnetische Komponente in der Elektrotechnik [1, 2, 9, 11]. Eine Induktivität kann unbeabsichtigt als parasitäres Element auftreten oder aus verschiedenen Gründen absichtlich eingefügt werden. In der Elektrotechnik neben der Leistungselektronik wird eine Induktivität normalerweise als parasitäres Element betrachtet. Als Beispiel ist es normal, einen Verteilungsfeeder als Kombination aus Widerstand-Induktivität (R-L) oder Widerstand-Induktivität-Kapazität (R-L-C) zu betrachten [14]. Ein solches Modell dient in der Regel dazu, den Spannungsabfall über den Feeder zu erfassen. Wenn sie absichtlich eingeführt wird, ist eine Induktivität normalerweise eine Komponente in einem Filter, der entweder den Stromfluss in einem bestimmten Pfad blockiert oder den Strom in einen Pfad umleitet [15, 16].

In Anwendungen der Leistungselektronik ist es schwierig, sich einen Leistungswandler ohne mindestens eine Induktivität vorzustellen [8, 13]. Daher ist dieses Kapitel über Induktivitäten trotz seiner Zwischenstellung zum späteren Kapitel über Transformatoren von erheblicher Bedeutung für einen Leistungselektronikingenieur. In einem Leistungselektronikwandler spielt eine Induktivität normalerweise eine doppelte Rolle – als Filter und als Energiespeicherelement [17]. Die grundlegende Basis eines statischen Leistungselektronikwandlers besteht darin, dass die Leistung durch nicht lineare Halbleiterbauelemente konditioniert wird. Infolgedessen wird die Spannung der Eingangsversorgung durch ein oder mehrere Halbleiterbauelemente in eine geschaltete Spannung umgewandelt. Um diese geschaltete Spannung zu konditionieren, benötigen wir neben möglicherweise vielen anderen Komponenten Induktivitäten und Kondensatoren, um überschüssige Energie während eines bestimmten Zeitintervalls zu speichern und die Energie von einem Zweig der Schaltung auf einen anderen zu übertragen. Da sich Leistungselektronikwandler stark in ihrer Betriebsweise unterscheiden, wird auch

S. V. Iyer, *Modellierung und Python-Simulation von Magneten für Anwendungen in der Leistungselektronik*, https://doi.org/10.1007/978-3-031-58989-8_2

die Art und Weise, wie Induktivitäten und Kondensatoren die Ausgangsspannung konditionieren, stark variieren.

In einer Vielzahl von Anwendungen der Leistungselektronik werden die verwendeten Induktivitäten von den Herstellern als Standardkomponenten geliefert, genau wie Widerstände, Kondensatoren oder Leistungsbauelemente. Die beiden grundlegenden Spezifikationen einer Induktivität sind die Induktivität und die Strombelastbarkeit. Die Hersteller erweitern ständig ihr Katalogangebot an Induktivitäten, um gängige Induktivitäten zu liefern. Es gibt jedoch Fälle, in denen eine Induktivität nicht direkt als Massenfertigungskomponente verfügbar ist. In einem solchen Fall können wir als Leistungselektronikingenieure eine kundenspezifische Induktivität mit einer bestimmten Induktivität und Strombelastbarkeit von einem Hersteller anfertigen lassen. Es gibt auch einige Fälle, in denen wir aufgrund der unsicheren Natur der Anwendung gezwungen sind, unsere eigenen Induktivitäten zu wickeln. Viele Leistungselektronikingenieure, die in der Entwicklung und Fertigung von Stromversorgungen arbeiten, haben zu irgendeinem Zeitpunkt ihre eigenen Induktivitäten gewickelt [8, 13].

Es gibt mehrere Methoden zum Wickeln von Induktivitäten, die auch in Kursen zur Leistungselektronik gelehrt werden [8, 13]. In einer Vielzahl von Fällen sind die von uns verwendeten Ressourcen jedoch recht verwirrend, was zu falsch gewickelten Induktivitäten führt. Insbesondere die Ressourcen, die ich verwendet habe, haben den Prozess nie von Grund auf erklärt, sondern es handelte sich lediglich um eine Reihe von Gleichungen. Aus diesem Grund beginnt das allererste Kapitel in diesem Buch mit der Simulation von Induktivitäten. Obwohl das Design von Induktivitäten in diesem Kapitel nicht behandelt wird, können die vorgestellten Simulationsmodelle als sehr praktisches Werkzeug verwendet werden, um zu überprüfen, ob ein bestimmtes Design einer Induktivität dem entspricht, was wir erwartet haben. Darüber hinaus erleichtert die Entwicklung eines Simulationsmodells für eine Induktivität den Prozess für die späteren Kapitel, in denen wir beginnen, die magnetische Kopplung zu modellieren. Der Leser wird ermutigt, jedes in diesem Kapitel vorgestellte Beispiel zu simulieren und diese Simulationen für seine eigenen Zwecke zu modifizieren.

2.2 Wiederbegegnung mit der Grundinduktivität

In diesem Abschnitt werden wir die grundlegenden Gesetze der Physik verwenden, um die grundlegendsten Gleichungen einer Induktivität auszudrücken [1, 2, 8, 9, 11–13]. Das Modellieren und Simulieren einer Induktivität mag wie eine triviale Übung erscheinen, aber dieses grundlegende Verständnis der Induktivität wird zeigen, wie es möglich ist, grundlegende physikalische Gesetze in ein Simulationsmodell umzuwandeln. Dieser Abschnitt wird zeigen, beginnend mit der Induktivität, dass alles, was benötigt wird, um ein grundlegendes Simulationsmodell für jede magnetische Komponente zu entwickeln, die elementaren Gesetze des Magnetismus und der Induktion sind – das Ampèresche Gesetz, das Faradaysche Gesetz und das Lenzsche Gesetz [8, 9, 11, 13].

Die Induktivität, wie wir wissen, ist eine Spule, die optional auf einem Kern gewickelt ist. Die meisten Induktivitäten haben einen Kern aus Eisen oder Ferrit, abhängig von der Anwendung [8, 13]. Es ist jedoch möglich, eine Induktivität zu haben, die keinen Kern hat – auch als luftkernige Induktivitäten bezeichnet. In jedem Fall, wenn ein Draht als Spule gewickelt ist und wenn er einen Strom führt, wird ein magnetisches Feld durch die Spule fließen. Dieses Phänomen ist das Ergebnis des Ampèreschen Gesetzes, das besagt, dass ein stromführender Leiter ein magnetisches Feld erzeugen wird. Die Richtung des magnetischen Feldes kann durch Anwendung der Rechten-Hand-Regel bestimmt werden. Wenn Sie den Draht mit Ihrer rechten Hand greifen und Ihren ausgestreckten Daumen in Richtung des Stromflusses zeigen, ist die Richtung, in der Ihre Finger den Draht umschließen, die Richtung des magnetischen Feldes.

Im Falle eines Stroms, der durch eine Spule fließt, ergibt die Anwendung der Rechten-Hand-Regel die folgende Regel zur Bestimmung der Richtung des magnetischen Feldes. Die Fläche der Spule, durch die der Strom in entgegengesetzter Uhrzeigerrichtung fließt, ist der Nordpol, da die magnetischen Kraftlinien von dieser Seite aus die Spule verlassen. Die Fläche der Spule, durch die der Strom im Uhrzeigersinn fließt, ist der Südpol, da die magnetischen Kraftlinien von dieser Seite in die Spule eintreten. Diese Regel ist nur eine Ableitung der Rechten-Hand-Regel, die speziell auf den Fall eines als Spule gewickelten Drahtes angewendet wird. Die Abb. 2.1 und 2.2 zeigen die magnetischen Kraftlinien, die durch Ströme erzeugt werden, die durch Spulen fließen, die auf einem Kern und ohne Kern gewickelt sind.

Für eine Induktivität gelten immer zwei physikalische Gesetze. Das Faradaysche Gesetz besagt, dass, wenn ein Leiter in ein sich änderndes Magnetfeld gebracht wird, eine EMK (elektromotorische Kraft) über ihn induziert wird [9, 11]. Das Gesetz besagt weiterhin, dass die induzierte EMK, die erzeugt wird, gleich der Änderungsrate des mit dem Leiter verknüpften Flusses ψ ist:

$$e = \frac{d\psi}{dt} \tag{2.1}$$

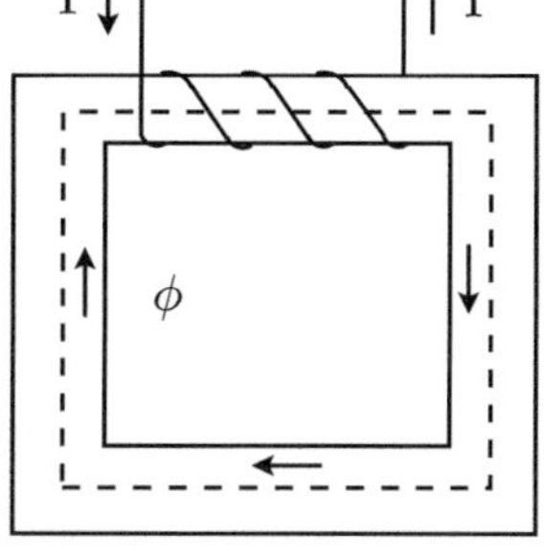

Abb. 2.1 Eine auf einem Kern gewickelte Spule

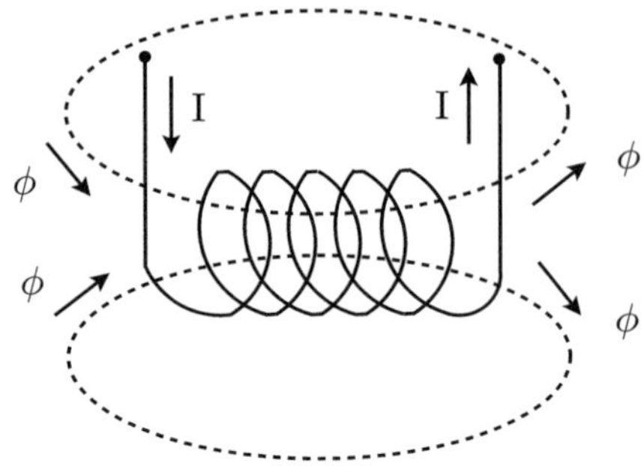

Abb. 2.2 Eine in der Luft gewickelte Spule

Im Falle einer Induktivität berücksichtigt der mit der Induktivität verknüpfte (durchfließende) Fluss die Anzahl der Windungen der Spule und ist das Produkt des magnetischen Flusses ϕ und der Anzahl der Windungen N der Spule:

$$\psi = N\phi \tag{2.2}$$

Da die Einheit des Flusses Weber ist, ist die Einheit der Flussverknüpfung lediglich Weber-Umdrehung. Daher kann die induzierte EMK wie folgt ausgedrückt werden:

$$e = N\frac{d\phi}{dt} \tag{2.3}$$

Aus ingenieurtechnischer Sicht ist ein Ausdruck, der den magnetischen Fluss beinhaltet, der eine Induktivität verknüpft, eine ziemlich abstrakte Gleichung. Um einen praktischeren Ansatz für den obigen Ausdruck einzuführen, führen wir die Induktivität einer Spule als physikalische Größe ein. Die Induktivität L einer Spule ist definiert als die pro Einheit durch sie fließenden Strom erzeugten Flussverknüpfungen [1, 2, 8, 13]. Eine Spule hat eine Induktivität von 1 Henry, wenn ein Strom von 1 Ampere, der durch sie fließt, eine Flussverknüpfung von 1 Weber-Umdrehung erzeugt:

$$\psi = Li \tag{2.4}$$

Daher kann die induzierte EMK in Bezug auf die Induktivität der Spule wie folgt ausgedrückt werden:

$$e = L\frac{di}{dt} \tag{2.5}$$

Das zweite Gesetz, das zur Modellierung der Induktivität verwendet werden kann, ist das Lenzsche Gesetz. Das Lenzsche Gesetz besagt, dass die induzierte EMK so ist, dass sie der Ursache, die sie erzeugt, entgegenwirkt [9, 11]. Aus der obigen Diskussion über die induzierte EMK, die proportional zur Änderungsrate des Stroms ist, ist die Ursache der induzierten EMK die Änderung des Stroms. Daher bedeutet dies normalerweise, dass die induzierte EMK der Änderung des Stroms durch die Induktivität entgegenwirkt, da diese Stromänderung die induzierte EMK erzeugt. Das Lenzsche Gesetz hilft, die Polarität der induzierten EMK zu bestimmen, während das Faradaysche Gesetz die Größe der induzierten EMK bestimmt. Es ist wichtig zu beachten, dass die induzierte EMK dem *ändernden* Strom entgegenwirkt, der die Ursache ist, die sie erzeugt. Die induzierte EMK widersetzt sich nicht dem Strom selbst, wie es ein Widerstand tut. Weitere Abschnitte und Kapitel enthalten detaillierte Beschreibungen von Fällen, die dieses Konzept veranschaulichen.

Mathematisch ausgedrückt, könnte man, wenn man alle Größen als Phasoren ausdrückt, die beiden Gesetze zu folgendem Ausdruck für die induzierte EMK kombinieren:

$$\bar{e} = -L\frac{d\bar{i}}{dt} \tag{2.6}$$

Die obige Gleichung gilt jedoch für eine Phasordarstellung, die für ein Simulationsmodell nicht gut geeignet ist. Daher werden wir das Minuszeichen in der Gleichung nicht verwenden, sondern es in die Schaltung einbeziehen, wenn wir unser Simulationsmodell erstellen.

In diesem Abschnitt haben wir beschrieben, wie das Faradaysche Gesetz und das Lenzsche Gesetz die in einer Induktivität induzierte EMK bestimmen, wenn der durch die Induktivität fließende Strom sich ändert. Die Gesetze verknüpfen die Änderung des magnetischen Flusses, der die Spule verbindet, mit der in der Spule induzierten EMK. Mit unserer Definition der Induktivität können wir jedoch die Induktivität in den Ausdruck der induzierten EMK einbeziehen. Im nächsten Abschnitt werden wir zeigen, wie dieser Ausdruck der induzierten EMK auf eine Induktivität in einer Schaltung erweitert werden kann.

2.3 Induktivitätsmodell

Im vorherigen Abschnitt haben wir untersucht, wie das Faradaysche Gesetz verwendet werden kann, um die in der Induktivität induzierte EMK in Bezug auf die Änderungsrate der Flussverknüpfungen und daher in Bezug auf die Änderung des durch die Induktivität fließenden Stroms auszudrücken. Die Ausdrücke im vorherigen Abschnitt waren jedoch für die Induktivität in Isolation. In diesem Abschnitt werden wir untersuchen, wie die Ausdrücke aus dem vorherigen Abschnitt verwendet werden können, wenn die Induktivität Teil einer größeren Schaltung ist.

Bei der Simulation einer Schaltung wird die Induktivität modelliert, indem der folgende Ausdruck in die Netzwerkgleichungen für die Schaltung eingesetzt wird:

$$L\frac{di}{dt} \tag{2.7}$$

Die Netzwerkgleichungen können für jede Schaltung auf der Grundlage des Kirchhoffschen Spannungsgesetzes (KVL) und des Kirchhoffschen Stromgesetzes (KCL) geschrieben werden. Durch Einsetzen des obigen Terms können die resultierenden Differentialgleichungen, die die Schaltung repräsentieren, numerisch in einer Simulation gelöst werden [7].

Dies betrachtet jedoch den Induktor als Konstante und berücksichtigt keine magnetischen Details des Induktors. Die Annahme, die zur obigen Ausdrucksform im vorherigen Abschnitt geführt hat, war

$$\phi \propto i \tag{2.8}$$

In Wirklichkeit ist dies nicht der Fall. Die Beziehung zwischen ϕ und i hängt vom Kernmaterial, der Struktur des Kerns ab, und sie ist vor allem nicht einmal eine einfache lineare Funktion [8, 9, 11, 13]. In den meisten Fällen ist es einfacher, die nicht lineare Natur der Beziehung zwischen ϕ und i zu vernachlässigen, es sei denn, wir möchten den Effekt des Kernmagnetmaterials im Detail simulieren.

Es ist möglich, Details der magnetischen Eigenschaften von Elementen wie einem Induktor in einer Simulation einzubeziehen [3]. Der Detailgrad, den wir einbeziehen möchten, bestimmt die Komplexität des Modells. Sehr komplexe und detaillierte Modelle könnten Techniken wie Finite-Elemente-Methoden erfordern, die außerhalb des Rahmens dieses Buches liegen. Für diejenigen, die jedoch ein Induktormodell möchten, das mehr als eine bloße Konstante L ist, ist dies mit grundlegenden Konzepten der Magnetik aus der Physik möglich. In diesem Abschnitt werden wir die grundlegenden Konzepte des Magnetismus einführen, um ein Induktormodell zu erstellen. Diese Konzepte können jedoch später auf jede magnetische Komponente wie gekoppelte Induktoren und Transformatoren erweitert werden, die in späteren Kapiteln behandelt werden [8, 13].

Bevor wir uns mit den magnetischen Eigenschaften des Induktorkerns beschäftigen, lassen Sie uns die Grundlagen der Magnetik überprüfen. Im vorherigen Abschnitt hatten wir zwei Induktoren in den Abb. 2.1 und 2.2 betrachtet. Die in den beiden Abbildungen gezeigten Flusspfade waren das Ergebnis der Anwendung der Rechten-Hand-Regel. Betrachten wir zunächst den luftkernigen Induktor in Abb. 2.2. Nehmen wir an, diese Spule hat N Windungen und führt einen Strom I. Nach dem Ampèreschen Gesetz erzeugt jeder stromführende Leiter ein Magnetfeld. Im Falle einer Spule mit N Windungen wird der durch jede Windung fließende Strom das von den anderen erzeugte Magnetfeld verstärken. Der allererste Schritt zur Berechnung des Magnetfelds besteht darin, einen Begriff zu definieren, der als magnetomotorische Kraft (MMK) der Spule bezeichnet wird [12]:

$$\text{MMF} = NI \tag{2.9}$$

Einfach ausgedrückt, ist die MMK im Grunde genommen, wie viel Einfluss der fließende Strom in Bezug auf die Fähigkeit der Spule hat, ein Magnetfeld zu erzeugen. Da es sich um eine Spule handelt, erhöht sich der Einfluss des Stroms um einen Faktor, der der Anzahl der Windungen entspricht. Für einen einzelnen geraden Draht wäre die MMK nur der Strom I.

Jetzt, da wir die MMK als treibende Kraft definiert haben, die das Magnetfeld erzeugt, lautet die nächste Frage: Was müssen wir noch wissen, um den Fluss zu berechnen? Da diese Spule der Abb. 2.2 ohne Kern gewickelt ist, passieren die Flusslinien die Spule und vervollständigen ihre geschlossenen Pfade auf allen

Seiten durch die Luft. Die breiteren Flusspfade haben abnehmende Feldstärken, bis die Feldstärke oder die Größe des Flusses vernachlässigbar wird. Daher müssen wir beim Berechnen des Flusses den Pfad des Flusses definieren. Im Falle eines luftkernigen Induktors der Abb. 2.2 ist der Pfad schwierig zuzuweisen, es sei denn, wir nehmen den kürzesten möglichen Pfad um die Spule an, durch den der Fluss seinen Pfad abschließen kann. Um das Verständnis der Flusspfade zu erleichtern, betrachten wir den Induktor der Abb. 2.1, bei dem die Spule um einen Eisenkern gewickelt ist.

Bevor wir mit der Berechnung der Größe des magnetischen Flusses beginnen: Was ist der Unterschied zwischen den beiden Induktoren? Wie bereits erwähnt, schließt der magnetische Fluss einen Pfad ab, genau wie der Strom. Dieser Flusspfad kann durch ein einziges Medium oder durch mehrere Medien führen. Jedes Medium bietet einen gewissen Grad an Widerstand gegen den Fluss, genau wie Leiter Widerstand in Form von Widerstand gegen den Stromfluss durch sie bieten. Der Widerstand, den ein Medium dem Fluss des magnetischen Flusses durch es bietet, wird als Reluktanz bezeichnet [1, 2, 9, 11]. Die von dem Medium angebotene Reluktanz hängt von der Länge des Pfades, der Querschnittsfläche des Pfades und der Permeabilität des Mediums ab:

$$\rho = \frac{l}{\mu A} \tag{2.10}$$

Die obige Formel ähnelt sehr der Formel zur Berechnung des Widerstands eines stromführenden Leiters.

In dem Ausdruck (2.10) für die Reluktanz ist die intrinsische Eigenschaft des Mediums, das dem Fluss durch es Widerstand bietet, die Permeabilität μ, die eine Einheit von Henry pro Meter (H/m) hat [9, 11]. Diese Permeabilität wird weiter ausgedrückt als:

$$\mu = \mu_0 \mu_r \tag{2.11}$$

wo μ_0 die Permeabilität des freien Raums ist und gleich $4\pi \times 10{-}^7$ H/m ist. Freier Raum (oder Luft) wird als Basis für die Messung der Permeabilität eines Mediums in Bezug auf den Fluss durch es betrachtet. μ_r ist die relative Permeabilität eines Mediums im Vergleich zu der des freien Raums und ist lediglich eine Konstante. Aus (2.10) geht hervor, dass je größer die Permeabilität des Mediums ist, desto geringer wird die Reluktanz des speziellen Pfades für den Fluss sein.

Magnetismus ist ein Thema, das seit vielen Jahrzehnten und nahezu einem Jahrhundert intensiv erforscht wurde. Die magnetischen Eigenschaften vieler verschiedener Materialien wurden unter verschiedenen Bedingungen untersucht und der interessierte Leser kann einen nahezu unerschöpflichen Haufen an Informationen zu diesem Thema finden [9–11]. Allerdings müssen wir unsere Diskussion in diesem Buch auf spezifische Anwendungen in Bezug auf Leistungselektronik beschränken. In der Leistungselektronik sind die am häufigsten verwendeten Kernmaterialien Eisen und Ferrit. Die tatsächliche Herstellung des Kerns könnte erfordern, dass das Eisen laminiert wird oder dass das Ferrit ein Verbundstoff oder ein Polymer ist. In einigen seltenen Anwendungen könnte es auch keinen Kern geben. Im Falle eines fehlenden Kerns oder eines Luftkerns ist die Permeabilität des Flusspfades μ_0 selbst. Im Falle von Eisen liegt die relative Permeabilität im Bereich von 1000 bis 5000, abhängig von der Anwesenheit anderer Metalle im Falle von Legierungen. Im Falle von Ferrit liegt die relative Permeabilität normalerweise im Bereich von 300–500, abhängig von der Anwesenheit anderer Metalle im Falle von Legierungen.

Mit diesem Hintergrund über die Permeabilität von Eisen- und Ferritkernen ist es ziemlich offensichtlich, dass die Reluktanz des Kerns weit geringer ist als die der umgebenden Luft. Daher wird ein Großteil der magnetischen Flusslinien durch den Kern fließen und nur eine vernachlässigbare Menge an Fluss wird in die umgebende Luft ausströmen [8, 13]. Wenn wir die Leckage des Flusses in die Luft vernachlässigen, können wir nun den Pfad bestimmen, durch den der magnetische Fluss im Kern fließen wird, und damit die Reluktanz des Pfades berechnen. Im Falle von Abb. 2.1 können wir die durchschnittliche Länge des Flusspfades (als gestrichelte Linie dargestellt) als l und die Querschnittsfläche (stellen Sie sich eine Tiefe zum Kern vor) als A definieren. Wir können (2.10) verwenden, um die Reluktanz des Flusspfades zu berechnen. Die Größe des Flusses kann ausgedrückt werden als [9, 11]:

$$\phi = \frac{\text{MMF}}{\rho} = \frac{NI\mu A}{l} \tag{2.12}$$

Aus dem obigen Ausdruck geht hervor, dass der Fluss direkt proportional zum durch die Spule fließenden Strom, der Permeabilität des Kerns und der Querschnittsfläche des Kerns ist. Der Fluss hingegen ist umgekehrt proportional zur mittleren Länge des Flusspfades durch den Kern. Anschließend kann unter Verwendung der Definition der Induktivität die Induktivität berechnet werden als:

$$L = \frac{N\phi}{I} = \frac{N^2\mu A}{l} \tag{2.13}$$

Kerne können komplizierter sein als nur ein einziger geschlossener Pfad, wie in Abb. 2.1 gezeigt, oder es könnte einen Kern mit mehreren Wicklungen geben. Daher stellt sich die Frage, wie wir den Fluss mit einem Ausdruck wie (2.12) berechnen werden. Die gute Nachricht ist, dass der Weg des magnetischen Flusses als magnetischer Kreis behandelt werden kann, ähnlich wie ein elektrischer Kreis verwendet wird, um den durch verschiedene Zweige des Kreises fließenden Strom zu berechnen. Dies wird im nächsten Abschnitt beschrieben.

2.4 Magnetische Kreise

Im vorherigen Abschnitt haben wir die grundlegenden physikalischen Gesetze des Magnetismus verwendet, um einen Ausdruck für den magnetischen Fluss zu schreiben, gegeben ist eine bestimmte Konstruktion eines Induktors. Die Konstruktion des Induktors bezieht sich auf die Konstruktion des Kerns (Querschnittsfläche und Länge), die Permeabilität des Kerns und die Anzahl der Windungen der auf dem Kern gewickelten Spule [8, 13]. Abb. 2.1 war ein Beispielinduktor mit einem Kern, den wir für unsere Ableitung gewählt hatten. In diesem Abschnitt werden wir unsere Diskussion erweitern, um den Fluss zu berechnen, falls der Kern etwas komplexer ist als der in Abb. 2.1.

Ein Kern wie der in Abb. 2.1 wird einen magnetischen Fluss ϕ haben, der durch (2.12) ausgedrückt wird. Um den magnetischen Fluss ϕ für diesen speziellen Kern zu erhöhen, könnten wir die Anzahl der Windungen der Spule erhöhen. Um ϕ zu verringern, könnten wir die Anzahl der Windungen verringern. Eine andere Technik, die verwendet wird, um den von einer gegebenen Anzahl von Windungen erzeugten Fluss anzupassen, besteht darin, einen Luftspalt einzuführen, wie in Abb. 2.3 gezeigt [8, 13]. Zum Zwecke der Veranschaulichung wurde der Luftspalt als groß dargestellt. Wenn jedoch ein Luftspalt eingeführt wird, um den Fluss im Kern zu verringern, ist dieser Luftspalt normalerweise viel kleiner als ein Millimeter. Um diesen Luftspalt einzuführen, werden zwei Halbkerne ausgewählt und zusammengefügt, während sie durch eine Art Isoliermaterial getrennt werden [8, 13]. Der durch das Isoliermaterial eingeführte Spalt entspricht normalerweise einem Luftspalt, der eine Permeabilität hat, die gleich der von μ_0 ist.

Durch die Einführung dieses Luftspalts führen wir ein Segment ein, das eine viel höhere Reluktanz hat als der Eisenkern. In Abb. 2.3 haben wir die beiden Luftspalte als Länge $\frac{l_g}{2}$ dargestellt. Wenn die Länge des vollständigen Pfades, der als gestrichelte Linie durch das Zentrum des Kerns dargestellt wird, mit l bezeichnet würde, würde dies bedeuten, dass die Länge des Flusspfades durch den Eisenkern $l - l_g$ ist. Es sollte beachtet werden, dass der Fluss am Luftspalt einen Streueffekt erfahren würde und nicht so gleichmäßig wäre wie beim Durchgang durch den Eisenkern [3]. Dieses Detail ist jedoch sehr schwierig auszudrücken

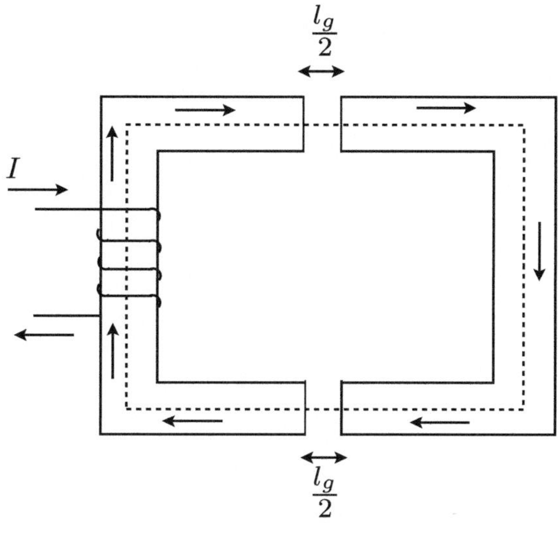

Abb. 2.3 Eisenkern mit zwei Luftspalten

und daher werden wir diesen Streueffekt vernachlässigen und annehmen, dass der Fluss genauso gleichmäßig ist wie beim Durchgang durch den Eisenkern. Die Reluktanzen der Pfade durch den Eisenkern und den Luftspalt können wie folgt ausgedrückt werden:

$$\rho_c = \frac{l - l_g}{\mu_0 \mu_r A} \tag{2.14}$$

$$\rho_g = \frac{l_g}{\mu_0 A} \tag{2.15}$$

Der Fluss, der aufgrund der von dem durch N Windungen der Spule fließenden Strom I erzeugten MMK fließt, wird der Summe der Reluktanzen aufgrund des Eisenkerns und des Luftspalts gegenüberstehen [1, 2]:

$$\phi = \frac{NI}{\rho_c + \rho_g} \tag{2.16}$$

Daher kann durch die Einführung eines extrem kleinen Luftspalts im Kern der Fluss durch den Kern angepasst werden. Manchmal führt diese Art der Anpassung dazu, dass die Induktivität dieser Komponente näher an den gewünschten Wert heranrückt, als wenn die Anzahl der Windungen angepasst wird. Die Induktivität kann wie folgt berechnet werden:

$$L = \frac{N\phi}{I} = \frac{N^2}{\rho_c + \rho_g} \tag{2.17}$$

Aus dem obigen Fall geht ganz klar hervor, dass sich der magnetische Fluss in einer Weise verhält, die der des elektrischen Stroms sehr ähnlich ist. Die Reluktanzen, auf die der Flusspfad trifft, addieren sich, wenn die Medien in Serie geschaltet sind, genauso wie Widerstände sich addieren, um den Stromfluss zu behindern, wenn verschiedene leitende Materialien in Serie geschaltet sind. Im Falle von parallelen Gliedern im Eisenkern hat der magnetische Fluss parallele Pfade zum Fließen und wieder genau wie der elektrische Strom wird ein größerer Anteil des Flusses durch den Pfad mit der geringsten Reluktanz fließen. Als Beispiel betrachten Sie die gleiche Spule, die auf den Eisenkern von Abb. 2.4 gewickelt ist. Wenn die Breite des Kerns w war, können wir die Reluktanz jedes Beins wie folgt berechnen:

$$\begin{aligned}
\rho_1 &= \frac{2a + b + 3w - l_g}{\mu_0 \mu_r A} \\
\rho_{g1} &= \frac{l_g}{\mu_0 A} \\
\rho_2 &= \frac{b + w}{\mu_0 \mu_r A} \\
\rho_3 &= \frac{2c + b + 3w - \frac{l_g}{2}}{\mu_0 \mu_r A} \\
\rho_{g2} &= \frac{l_g}{2\mu_0 A}
\end{aligned} \tag{2.18}$$

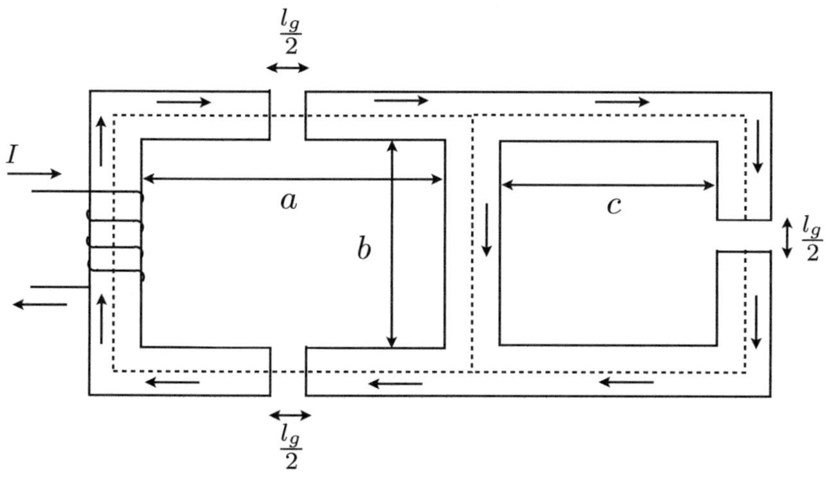

Abb. 2.4 Eisenkern mit mehreren Schenkeln und Luftspalten

Bei der Berechnung der Reluktanz jedes Gliedes des Eisenkerns haben wir die mittlere Länge des Flusswegs verwendet. Der Hauptfluss, der von der Spule erzeugt wird (fließt im linken Glied), kann wie folgt ausgedrückt werden:

$$\phi = \frac{NI}{\rho_1 + \rho_{g1} + \frac{\rho_2(\rho_3+\rho_{g2})}{\rho_2+\rho_3+\rho_{g2}}} \tag{2.19}$$

In dem obigen Ausdruck führen die parallelen Wege, die dem Hauptfluss zur Verfügung stehen, zu einer äquivalenten Reluktanz, die die parallele Kombination der Reluktanzen ρ_2 und $\rho_3+\rho_{g2}$ ist. Diese parallele Kombination von Reluktanzen kann genau auf die gleiche Weise berechnet werden wie für eine parallele Kombination von Widerständen.

Diese Analogie mit elektrischen Schaltungen ermöglicht es uns, den magnetischen Fluss für recht komplexe Kernkonstruktionen zu berechnen. Erweitern wir unsere Analogie, können wir auch das Superpositionsprinzip verwenden, um den Fluss aufgrund mehrerer Wicklungen an verschiedenen Beinen des Eisenkerns zu berechnen. Diese Beziehungen werden äußerst nützlich sein, wenn wir elektrische Maschinen wie Transformatoren modellieren, die mehrere Wicklungen auf demselben Kern haben. Bevor wir die obigen Ausdrücke zur Modellierung von Induktoren verwenden, müssen wir verstehen, dass die obigen Ausdrücke Annäherungen enthalten. In Wirklichkeit sind die magnetischen Eigenschaften des Kernmaterials keine Konstanten, sondern können sich aus verschiedenen Gründen ändern. Im nächsten Abschnitt werden wir die *B*-*H*-Beziehung beschreiben, die eine der am häufigsten verwendeten Ausdrücke für die magnetischen Eigenschaften eines Kerns ist.

2.5 *B*-*H*-Beziehung

Im vorherigen Abschnitt haben wir eine Methode zur Berechnung des Flusses in einem magnetischen Kreislauf festgelegt. Um diese Berechnung durchzuführen, müssen wir die Art des magnetischen Materials, die Abmessungen des Kerns, die Länge und die Querschnittsfläche kennen. Der einzige Nachteil einer solchen Berechnung ist, dass sie die Abmessungen des magnetischen Materials enthält, was sie etwas unpraktisch in der Anwendung macht, da die Berechnung an eine bestimmte Kernkonstruktion gekoppelt ist. In diesem Abschnitt werden wir zwei neue physikalische Größen einführen, um die Flussberechnung in einer Form auszudrücken, die unabhängig vom Kern ist.

Die magnetische Feldstärke H für einen magnetischen Kreislauf wird aus dem Ampèreschen Gesetz wie folgt definiert [9, 11]:

$$H = \frac{NI}{l} \tag{2.20}$$

Die Stärke des magnetischen Feldes ist daher die magnetomotorische Kraft (MMK) pro Längeneinheit des magnetischen Wegs. Der nächste definierte Begriff ist die Flussdichte B, die der Fluss pro Querschnittseinheit des magnetischen Wegs ist:

$$B = \frac{\phi}{A} \tag{2.21}$$

Mit diesen beiden Definitionen können wir die magnetische Flussgleichung neu schreiben als:

$$\frac{\phi}{A} = \mu \frac{NI}{l} \tag{2.22}$$

Aus unseren Definitionen von magnetischer Feldstärke und Flussdichte:

$$B = \mu H \tag{2.23}$$

In Gl. (2.23) haben wir die physischen Abmessungen des magnetischen Kerns eliminiert. Stattdessen haben wir die Flussdichte (Fluss pro Flächeneinheit) in Bezug auf die magnetische Feldstärke (MMF pro Längeneinheit) und die Permeabilität des Kerns ausgedrückt. Diese Gleichung stellt daher das magnetische Verhalten jedes magnetischen Materials dar, da μ eine Eigenschaft des Materials ist. Diese Gleichung ist eine sehr mächtige Beziehung, die die Grundlage für die meisten magnetischen Entwürfe in der Elektrotechnik bildet. Obwohl diese Beziehung an sich äußerst nützlich ist, geht sie davon aus, dass die Permeabilität μ eine Konstante ist. Jede Konstante, die sich auf ein Material bezieht, kann sich mit den Umgebungsbedingungen wie der Temperatur und vielen anderen ändern. Wenn jedoch alle Umgebungsbedingungen fest bleiben, könnten wir versucht sein, (2.23) als die absolute Wahrheit in Bezug auf die Bestimmung der Flussdichte B in Bezug auf

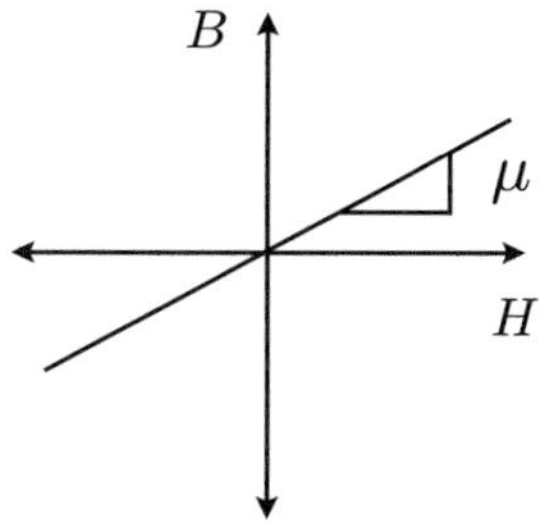

Abb. 2.5 Beziehung zwischen B und H mit konstantem μ

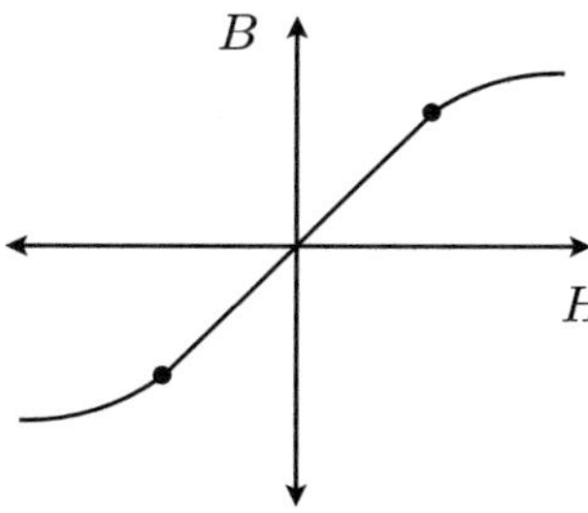

Abb. 2.6 Beziehung zwischen B und H mit Darstellung der Sättigung

die magnetische Feldstärke H oder umgekehrt zu verwenden. Einfach ausgedrückt, erwarten wir, dass die Beziehung zwischen B und H wie in Abb. 2.5 gezeigt ist.

Eine solche lineare Beziehung zwischen B und H mit der Steigung der Linie als die Permeabilität μ wäre ein sehr praktisches Design-Werkzeug. Ein solches Werkzeug kann verwendet werden, um zu berechnen, wie hoch die Flussdichte B in einem Kern aus dem Material wäre, wenn die magnetische Feldstärke H einen gegebenen Wert hätte. Wir könnten schnell bestimmen, was die Wirkung einer gegebenen Anzahl von Windungen N einer auf den Kern gewickelten Spule, die einen Strom I führt, wäre, wenn wir eine mittlere Länge des Flusswegs im Kern annehmen. Leider ist Magnetismus ein Phänomen, das viel komplexer ist als eine bloße Gerade, wie in Abb. 2.5 dargestellt. Detaillierte Aspekte des Magnetismus zu erfassen, wird in diesem Buch nicht versucht, da unser Ziel ist, magnetische Komponenten für Leistungselektronikanwendungen zu modellieren. Einige Details sind jedoch erwähnenswert, da sie uns Leistungstechnikern betreffen.

Die erste Komplikation zu Abb. 2.5 ist der Effekt der Sättigung [9, 11]. Wenn die Größe von H zunimmt, wird die Größe von B proportional zunehmen. Für Werte von H, die größer als ein bestimmter Wert sind, wird die Zunahme von B jedoch nicht mehr proportional sein und wird nicht (2.23) gehorchen. Dieser Effekt ist die Sättigung. Um dies zu visualisieren, wenn der Kern als Behälter und der Fluss als Flüssigkeit gedacht wird, ist die Sättigung, wenn der Behälter mit dieser Flüssigkeit namens Fluss gefüllt ist und keine großen Mengen mehr aufnehmen kann. Die Sättigung ist wie in Abb. 2.6 dargestellt. Die beiden großen Punkte in der Kurve zeigen die Grenzen des linearen Teils der B-H-Beziehung an. Diese Punkte oder zwei verschiedene Punkte innerhalb des linearen Teils der Kurve werden als Kniepunkte bezeichnet, ähnlich dem Knie eines menschlichen Beins. Die Werte von B an diesen Kniepunkten werden als maximaler Wert der Flussdichte genommen, dem ein Kern ausgesetzt werden kann, ohne dass der Kern gesättigt wird.

Eine Simulation des Effekts der Sättigung ist ziemlich komplex und wird in diesem Buch nicht enthalten sein [3]. Lassen Sie uns jedoch zu diesem Zeitpunkt der Diskussion zwei Aspekte der Sättigung besprechen – den Effekt und die Beziehung. Wenn ein sehr großer Strom durch eine auf einen Kern gewickelte Spule fließen würde, sodass die von ihm erzeugte magnetische Feldstärke H größer als der Wert von H entsprechend dem Kniepunkt wäre, wird gesagt, dass der Kern der Induktivität gesättigt ist. Die Flussdichte B wird nicht mehr proportional zur magnetischen Feldstärke H sein. Wenn ein stromführender Leiter (Draht) gezwungen wird, einen Strom zu führen, der größer ist als der Wert, den er sicher führen darf, wird er größere Verluste erleiden, die den Leiter potenziell beschädigen könnten. Der resultierende Heizeffekt könnte dazu führen, dass die umgebende Isolierung beschädigt wird und wenn der Strom sehr hoch war, könnte der Draht einfach verbrennen. Auf ähnliche Weise könnte ein Kern, in dem die Flussdichte B viel höher als der Kniepunkt ist, große Verluste erleiden, die die magnetischen Eigenschaften des Kerns verschlechtern könnten. Aus der Grundphysik wissen wir, dass übermäßige Hitze einen Magneten beschädigen und die magnetischen Eigenschaften eines Elektromagneten verschlechtern kann.

Die nächste Frage ist, wie wir das Verhalten des Kerns in diesem Sättigungsbereich studieren, wenn wir uns nicht mehr auf die Permeabilität μ des Kernmaterials als Konstante verlassen können? Magnetische Materialien, die als Kerne für die meisten technischen Anwendungen verfügbar sind, werden in der Regel mit Datenblättern geliefert, in denen die Hersteller B-H-Kurven unter einer Reihe von verschiedenen Betriebsbedingungen angeben [8, 13]. Daher müssen wir uns, um das Verhalten des Kerns bei Sättigung zu studieren, auf experimentelle Daten verlassen, die vom Hersteller des Kernmaterials bereitgestellt werden. Um diese nicht linearen Eigenschaften in einer Simulation zu verwenden, könnten wir uns auf Techniken wie die Kurvenanpassung verlassen, bei der ein nicht linearer Ausdruck abgeleitet wird, sodass er einer gegebenen Kurve entspricht. Daher würden wir in solchen Fällen Kurvenanpassungstechniken benötigen, um eine Funktion f zu schätzen, sodass:

$$B = f(H) \tag{2.24}$$

Ein weiterer Aspekt der B-H-Beziehung, der von den idealen linearen Eigenschaften von Abb. 2.5 abweicht, ist die grundlegende Natur magnetischer Materialien. Wenn ein Kern aus einem magnetischen Material wie Eisen in ein magnetisches Feld gebracht wird, wird er magnetisiert. Wird das magnetische Feld entfernt, behält der Kern einen Teil seiner Magnetisierung bei, auch wenn das von ihm erzeugte magnetische Feld nun schwächer ist als im Vergleich zu dem Zustand, als er sich im externen magnetischen Feld befand. Um den Kern vollständig zu entmagnetisieren, muss ein umgekehrtes magnetisches Feld angewendet werden. Dies gilt auch für eine auf einen Kern gewickelte Spule. Diese

Magnetisierungsretention durch den Kern führt dazu, dass die *B*-*H*-Beziehung nicht linear wird und einem Pfad folgt, wie durch Pfeile in Abb. 2.7 dargestellt [9, 11].

In Abb. 2.5, wenn der aktuelle *I* durch die Spule zunimmt, wird dies dazu führen, dass die magnetische Feldstärke *H* zunimmt. Anschließend erwarten wir, dass die Flussdichte *B* proportional zunimmt. In Wirklichkeit wird jedoch die Zunahme von *B* nicht linear sein, sondern eher eine Kurve. Dies liegt daran, dass, wenn die magnetische Feldstärke zunimmt und der Kern magnetisiert wird, der Kern nur langsam auf die Zunahme von *H* mit einer proportionalen Zunahme von *B* reagiert. Man kann dieses Verhalten als eine Art Reibung betrachten. Das Ergebnis ist die *B*-*H*-Kurve, die in Abb. 2.7 dargestellt ist. Wenn der durch die Spule fließende Strom ein Wechselstrom (ac) ist, wird er, wenn er seinen Höhepunkt erreicht, wieder auf null abfallen, wobei er einer Sinuswellenform in Bezug auf die Zeit folgt. Wenn der Strom auf null abfällt, wird *H* abnehmen, bis es null erreicht. Man würde erwarten, dass *B* proportional zu null entlang der Geraden von Abb. 2.5 abnimmt. Hier jedoch spielt die Retentivität des Kerns als magnetisches Material eine Rolle. Es „kämpft“ darum, etwas von dem alten *B* zu behalten, während *H* abnimmt.

Sobald der Strom von seinem Höhepunkt abzunehmen beginnt, was dazu führt, dass *H* ebenfalls abnimmt, folgt der Betriebspunkt einer anderen Kurve. Dies ist auf die Eigenschaft des Kerns zurückzuführen, den magnetischen Fluss zu behalten und daher ist der Rückgang von *B* langsamer als der Rückgang von *H*. Wenn der Strom null wird, was dazu führt, dass *H* null wird, hat die Flussdichte *B* einen positiven Nicht-Null-Wert. Dieser Wert B_r wird als retentive Flussdichte bezeichnet. Um *B* auf null zu zwingen, muss der Strom negativ werden, was zu einem negativen *H* führt. Der Wert von $H = H_c$, für den $B = 0$ ist, wird als zwangsmagnetische Feldstärke bezeichnet. Symmetrische Werte von $-B_r$ und $-H_c$ können während der negativen Halbwelle des Stroms gefunden werden. Wie im Fall der Sättigung werden diese Kurven normalerweise vom Hersteller des Kerns für verschiedene Betriebsbedingungen wie Temperatur bereitgestellt.

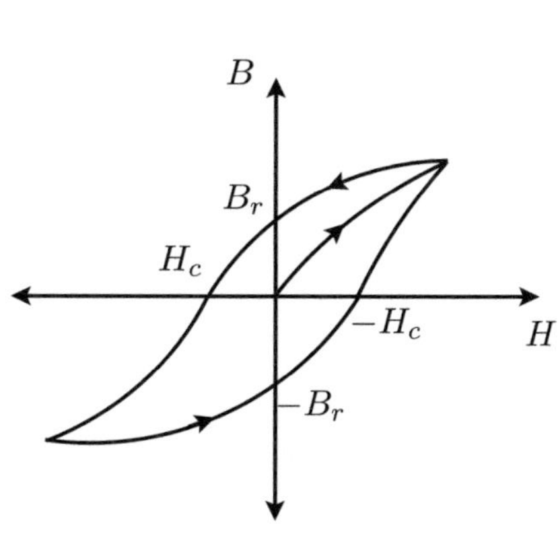

Abb. 2.7 Praktische Beziehung zwischen *B* und *H* ohne Sättigung

In diesem Abschnitt haben wir die Beziehung zwischen der magnetischen Feldstärke H und der Flussdichte B im Kern beschrieben. Wie bereits erwähnt, ermöglicht uns diese Beziehung zwischen B und H, das Verhalten eines magnetischen Kerns unabhängig von den Kernabmessungen zu definieren, wie wir im vorherigen Abschnitt festgestellt haben. Je nach unseren Anforderungen können wir den Kern so detailliert modellieren, wie wir es benötigen. Wir könnten Sättigung und Retentivität vernachlässigen und eine lineare Beziehung verwenden, wie in Abb. 2.5 gezeigt. Oder wir könnten die Sättigung einbeziehen, während wir die Retentivität vernachlässigen, wie in Abb. 2.6 gezeigt. Oder wir könnten sowohl Sättigung als auch Retentivität einbeziehen – diese Kurve wird nicht gezeigt, aber das Phänomen der Retentivität erstreckt sich auch in die Sättigungszone. Im nächsten Abschnitt werden wir darüber sprechen, wie wir all diese verschiedenen Ausdrücke, die wir in den letzten Abschnitten beschrieben haben, zu einem Simulationsmodell zusammenfügen können.

2.6 Simulation eines Induktors

In den vergangenen Abschnitten haben wir die verschiedenen physikalischen Gesetze und Phänomene untersucht, die die Funktion der Induktivität bestimmen. Wir haben untersucht, wie das Faradaysche Gesetz und das Lenzsche Gesetz verwendet werden können, um die Beziehung zwischen Fluss und angelegter Spannung zu bestimmen. Wir haben untersucht, wie ein magnetischer Kreis gelöst werden kann, um den Fluss aufgrund des in einer Spule fließenden Stroms zu bestimmen. Wir haben auch die B-H-Kurve eines Kerns und wie die Sättigung diese Eigenschaft beeinflusst, untersucht. In diesem Abschnitt wollen wir all dies zusammenführen, um ein Simulationsmodell für eine Induktivität zu erstellen.

Bei der Erstellung eines Simulationsmodells für eine elektrische Komponente (oder sogar eine Maschine) müssen wir die Eingaben und Ausgaben bestimmen [4–6]. Ein Induktor ist ein Bauteil mit zwei Anschlüssen, wie in Abb. 2.8 gezeigt, und wird typischerweise in Reihe mit anderen Komponenten geschaltet. Im Falle eines solchen Bauteils mit zwei Anschlüssen gibt es zwei elektrische Größen, die in Bezug auf die Klemmen gemessen werden können – der Strom, der in die Klemmen hinein und aus der anderen Seite herausfließt, und die Spannung an den Klemmen. Damit unser Simulationsmodell der Induktivität im elektrischen Sinne genau ist, müssen der durch die Klemmen fließende Strom und die

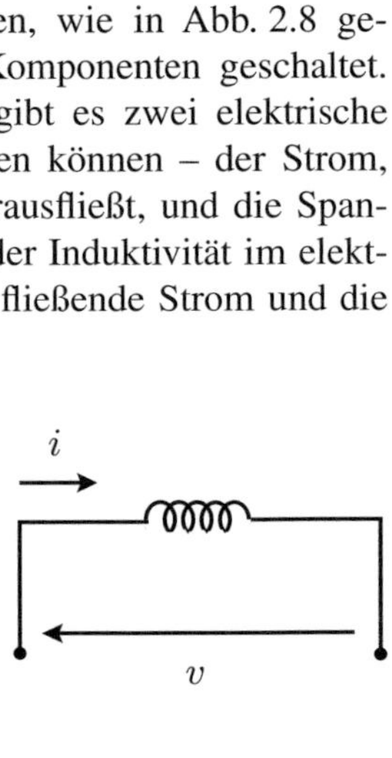

Abb. 2.8 Der Induktor als zweiteiliges Bauteil

Spannung an den Klemmen den für die Induktivität festgelegten physikalischen Gesetzen entsprechen. Wenn wir die Spannung und den Strom als Funktionen in Bezug aufeinander ausdrücken würden:

$$v = L\frac{di}{dt} = f(i) \tag{2.25}$$

$$i = \frac{1}{L}\int v dt = g(v) \tag{2.26}$$

In den obigen Gleichungen wären *f* und *g* die detaillierten magnetischen Modelle, die wir in den vorherigen Abschnitten besprochen haben. Die obigen Gleichungen zeigen jedoch, dass unabhängig von der gewählten funktionalen Darstellung eine Variable unabhängig und die andere abhängig sein wird. In der ersten Gleichung ist der Strom durch die Klemmen die unabhängige Variable und die Spannung an den Klemmen die abhängige Variable. In der zweiten Gleichung ist die Spannung an den Klemmen die unabhängige Variable und der Strom durch die Klemmen die abhängige Variable. Was bedeutet es im elektrischen Sinne, wenn die Spannung unabhängig oder der Strom abhängig ist? Um diese Frage zu beantworten, müssen wir fragen: Wird die Komponente spannungsgesteuert oder stromgesteuert? Wenn wir einen Schaltkreis mit einer Induktivität einschalten, legen wir dann eine Spannung über die Induktivität an oder lassen wir einen Strom durch sie fließen? In den meisten Fällen ist die Spannung die unabhängige Eingabe, die auf einen Schaltkreis angewendet wird, während der fließende Strom von den Komponenten abhängt. Daher können wir damit beginnen, die Spannung an den Klemmen als unabhängige Variable zu bezeichnen, während der Strom mit unserem mathematischen Modell berechnet werden muss.

Unser Simulationsmodell muss die Spannung an den Klemmen als Eingabe akzeptieren, diese Spannung verwenden, um den Strom zu berechnen, der aus dem mathematischen Modell auf der Grundlage der physikalischen Gesetze gezogen wird, und schließlich sicherstellen, dass dieser Strom durch die Klemmen fließt. Dies wird mit Abb. 2.9 erreicht, wo ein Voltmeter die Spannung V an den Klemmen misst und sie dem mathematischen Modell $g(V)$ zuführt. Der Ausgang des mathematischen Modells ist der Strom i. Um diesen Strom i zu realisieren, wird eine gesteuerte Spannungsquelle in Reihe mit einem variablen Widerstand zwischen die Klemmen geschaltet. Der Ausgang der gesteuerten Spannungsquelle und der Wert des variablen Widerstands werden in Bezug auf die gemessene Spannung an den Klemmen so angepasst, sodass der durch die Klemmen fließende Strom gleich dem vom mathematischen Modell berechneten Wert ist.

Man könnte argumentieren, dass zur Erzeugung eines variablen Stroms, der gleich dem vom mathematischen Modell erzeugten Wert ist, entweder eine steuerbare Spannungsquelle oder ein variabler Widerstand ausreicht. Bei der Modellierung einer Induktivität und im Allgemeinen jeder anderen elektrischen Komponente mit detaillierten Modellen, obwohl wir nur die Spannung variabel benötigen, ist es dennoch ratsam, den Widerstand als variablen Widerstand zu wählen, damit

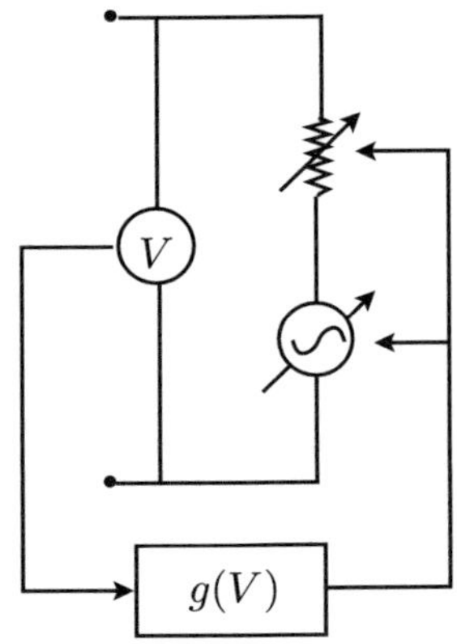

Abb. 2.9 Simulationsmodell der Induktivität

das Modell auf Systeme unterschiedlicher Bewertungen angewendet werden kann. Dies dient dazu, eine Impedanzanpassung zwischen unserem Modell und dem System, an das wir das Modell anschließen, durchführen zu können. Dies wird im späteren Abschnitt besser erklärt, wenn wir unser benutzerdefiniertes Modell simulieren. Daher sollte, auch wenn der Wert des variablen Widerstands zunächst berechnet und eingestellt wird, die Wahl eines aus den Systembewertungen berechneten Werts zu einem stabileren Simulationsmodell führen.

In diesem Abschnitt haben wir beschrieben, wie ein mathematisches Modell einer Induktivität in einer Simulation implementiert werden kann, um eine anpassbare Komponente zu erzeugen. Wir haben das mathematische Modell der Induktivität noch nicht abgeleitet, da wir entscheiden müssen, in welchem Umfang wir den magnetischen Kreis einer Induktivität modellieren möchten. Das Ziel dieses Abschnitts war es, die Schnittstelle des Simulationsmodells der Induktivität in Bezug auf Eingaben und Ausgaben zu definieren, bevor wir das mathematische Modell formulieren. In den nächsten Abschnitten werden wir einige Fälle vorstellen, in denen zunehmende Details des magnetischen Kreises einer Induktivität simuliert werden.

2.7 Simulationen eines Induktors

Im vorherigen Abschnitt haben wir die Schnittstelle für das Modell beschrieben, das wir zur Simulation einer Induktivität verwenden können. In diesem Abschnitt wollen wir mit grundlegenden Simulationen beginnen, in denen die Gleichungen, die sich auf das magnetische Modell beziehen, einbezogen werden können. Die Simulationen werden schrittweise komplexer, da das Detail, in dem das magnetische Modell simuliert wird, erhöht wird. Alle Simulationen werden mit dem freien und Open-Source-Schaltungssimulator Python Power Electronics durchgeführt, wobei der gesamte Code in Python geschrieben ist.

Abb. 2.10 zeigt den Beispielkreis, den wir verwenden können, um unsere Induktormodelle zu testen. In diesem Kreis haben wir eine Spannungsquelle mit einem Widerstand R_1 und Induktor L_1 in Serie verbunden. Der Widerstand r_s ist der parasitäre Widerstand der Spannungsquelle. Wir messen den von der Spannungsquelle gelieferten Strom und die Spannung über die Serienkombination R_1–L_1. Wir könnten entweder eine Wechselspannungsquelle von 50 oder 60 Hz oder eine Gleichspannungsquelle wählen. Aus Gründen der Einfachheit wählen wir eine Gleichspannungsquelle, da es einfacher sein wird, die Simulationsergebnisse mit einer Gleichspannung zu interpretieren. Wir können einige Beispielwerte für die Simulation wählen – eine Gleichspannung von 100 V, $r_s = 0{,}01\ \Omega$, $R_1 = 10\ \Omega$ und $L_1 = 0{,}3$ H. Dies sind nur zufällige Werte und der Leser ist eingeladen, diese zu ändern. Es sollte beachtet werden, dass wir in diesem Testkreis den Induktor L_1 simulieren. Beginnen wir mit dem eingebauten Modell des Induktors, das keine Details des magnetischen Kreises enthält. Diese Simulation finden Sie im Ordner `inbuilt_inductor` innerhalb von `chapter2_inductors` im folgenden Link im Simulations-Repository:

https://github.com/opensourceelectrical/simulating-magnetics-for-power- electronics.

Abb. 2.11 zeigt den Verlauf des von der Spannungsquelle gelieferten Stroms. Die Zeitkonstante des Kreises beträgt $\tau = \frac{L_1}{R_1} = 0.03$ s. Daher wird erwartet, dass die Einschwingzeit des Kreises $4\tau = 0{,}12$ s beträgt. Die Einschwingzeit eines Systems ist die Zeit, die das System benötigt, um sich nach einer Störung auf 2 % seines stationären Zustands einzupendeln. In diesem speziellen Fall ist die anfängliche Anwendung der Gleichspannung bei Zeit $t = 0$ die Störung. Aus dem Ergebnis von Abb. 2.11 beträgt die Einschwingzeit des Kreises etwa 0,12 s. Der stationäre Zustand wird der Strom $\frac{100}{R_1} = 10$ A sein. Dies ist natürlich eine ziemlich triviale Simulation. Unser einziger Zweck, dieses Ergebnis zu zeigen, besteht jedoch darin, es mit den Ergebnissen zu vergleichen, die wir aus der Simulation eines benutzerdefinierten Induktors erhalten.

Lassen Sie uns die obige Simulation wiederholen, während wir den eingebauten Induktor in Abb. 2.10 durch das benutzerdefinierte Modell von Abb. 2.9 ersetzen. Diese Simulation finden Sie im Ordner `basic_Ldibydt_equation`

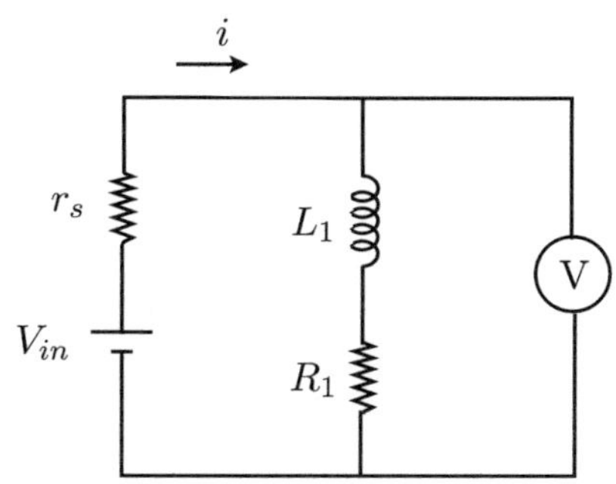

Abb. 2.10 Testkreis für Induktorsimulation

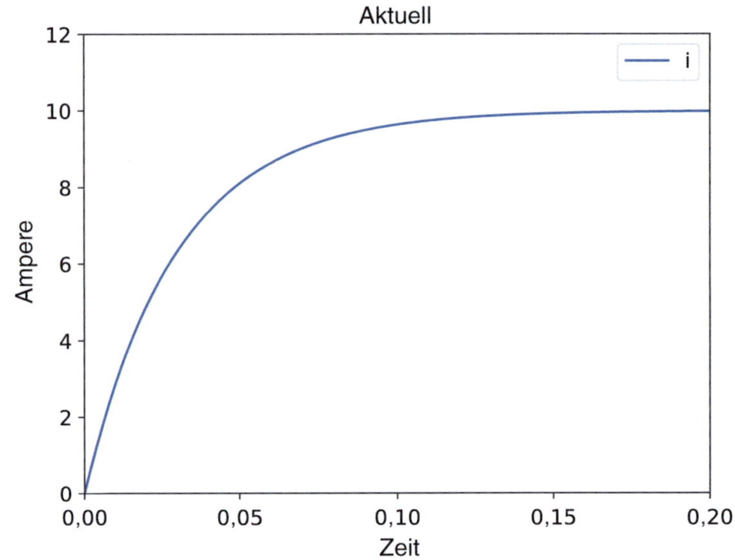

Abb. 2.11 Simulationsergebnis mit eingebautem Induktormodell

innerhalb des Ordners `magnetic_model` in `chapter2_inductors` im Repository:

https://github.com/opensourceelectrical/simulating-magnetics-for-power- electronics.

Wir benötigen eine steuerbare Spannungsquelle und einen variablen Widerstand, die durch Verwendung des ControlledVoltageSource-Elements und des VariableResistor-Elements erreicht werden können. Darüber hinaus benötigen wir auch eine Steuerlogik für die Funktion $g(v)$ gezeigt in Abb. 2.9. Wiederholung des Ausdrucks von $g(v)$ aus dem vorherigen Abschnitt:

$$i = \frac{1}{L} \int v dt = g(v) \tag{2.27}$$

Der obige Ausdruck muss in einem Programm realisiert und verwendet werden, um die von dem ControlledVoltageSource-Element erzeugte Spannung zu regulieren, sodass ein Strom gleich i in Abb. 2.9 fließt.

Bevor beschrieben wird, wie das Programm, das $g(v)$ entspricht, geschrieben werden kann, muss eine Änderung in der Ausdrucksform für $g(v)$ aufgrund eines Problems, das spezifisch für die numerische Implementierung der Integration in $g(v)$ ist, vorgenommen werden. In $g(v)$ integrieren wir die Spannung v, die über den Induktor angelegt wird. Der ideale Fall ist, dass v eine Sinuswelle der Grundfrequenz mit einem beliebigen Phasenwinkel sein wird. Die Integration einer Sinuswelle wird eine Kosinuswelle zusammen mit einem Integrationsversatz erzeugen:

$$\int V_m \sin(\omega t + \phi) dt = -\frac{\cos(\omega t + \phi)}{\omega} + C \tag{2.28}$$

Um den Wert des Integrationsversatzes zu berechnen, würden wir die Anfangsbedingungen verwenden. In einem physischen System wie einem elektrischen Schaltkreis würde jedoch ein solcher Integrationsversatz eine Gleichstromkomponente im Strom implizieren. In praktischen Fällen wird diese Gleichstromkomponente, die zum Zeitpunkt der Erregung des Schaltkreises auftritt, aufgrund des Widerstands im Schaltkreis allmählich auf null abfallen. In dem Ausdruck für $g(v)$ oben haben wir jedoch einen reinen Induktor ohne Widerstand betrachtet. Daher wird jeder erzeugte Integrationsversatz bestehen bleiben und nicht abfallen. Dies darf jedoch nicht geschehen, insbesondere wenn der Induktor in Wechselstromschaltungen verwendet wird.

Um sicherzustellen, dass jeder Integrationsversatz, der auftritt, schließlich auf null abfällt, müssen wir einen parasitären Widerstand zur Induktivität hinzufügen. Ein solcher parasitärer Widerstand könnte den Wicklungswiderstand des Induktors sowie eventuelle magnetische Verluste im Eisenkern des Induktors darstellen. Daher ist der modifizierte Ausdruck für $g(v)$

$$i = \frac{1}{L} \int (v - ir)dt = g(v) \tag{2.29}$$

Es ist wichtig zu beachten, dass der Widerstand r in dem Ausdruck für $g(v)$ oben nicht der gleiche ist wie der Serienwiderstand in Abb. 2.9. Der Serienwiderstand in Abb. 2.9 ist ein viel größerer Widerstand, der benötigt wird, um sicherzustellen, dass die Differenz zwischen der Ausgabe der gesteuerten Spannungsquelle und der über die Induktoranschlüsse gemessenen Spannung den berechneten Strom i ergibt.

Mit dieser Änderung im Ausdruck für den Induktorstrom können wir nun mit dem Schreiben des Steuerungsprogramms beginnen. Es ist immer am besten, mit einem Skelettcode zu beginnen.

```
dt = 1.0 e-6
L = 0.3
r = 0.01
if t_clock >= t1 :
    # Induktor Modell
    t1 += dt
```

Im obigen Codeblock haben wir drei Variablen `dt`, `L` und `r` am Anfang der Datei definiert. `dt` ist das Zeitintervall, in dem dieser Code ausgeführt werden muss. In Python Power Electronics können Steuerungsfunktionen zu festgelegten Zeitpunkten ausgeführt werden, indem Zeitereignisse in der Konfiguration der Steuerungsdatei definiert werden. Im obigen Code ist `t1` die Zeitereignisvariable, die mit `t_clock` verglichen wird. `t_clock` ist der aktuelle Simulationszeitpunkt und wird vom Schaltungssimulator bereitgestellt und aktualisiert. Das Induktormodell wird ausgeführt, wenn der Simulationszeitpunkt größer oder gleich dem Zeitereignis ist. Am Ende der Berechnung des Induktormodells wird die

Zeitereignisvariable mit dem Zeitintervall `dt` erhöht, was sicherstellt, dass das Induktormodell im Intervall von `dt` berechnet wird.

Da wir noch nicht mit der Simulation von Leistungselektronikschaltungen begonnen haben, ist ein 1 μs Integrationszeitschritt ausreichend für eine stabile und genaue Simulation. Im Falle des benutzerdefinierten Induktormodells ist die Steuerungsdatei in Wirklichkeit eine Modellberechnungsdatei, die vorzugsweise im gleichen Zeitschritt wie der Simulationsintegrationszeitschritt ausgeführt werden sollte. Im Gegensatz dazu laufen Steuerungsdateien, die Steuerungsalgorithmen ausführen und den Zustand von Komponenten ändern, in einem viel größeren Zeitschritt im Vergleich zum Simulationsintegrationszeitschritt. In späteren Kapiteln wird der Zeitschritt `dt` der Steuerungsdatei und der Integrationszeitschritt auf kleinere Werte reduziert, wenn Leistungselektronikschaltungen mit magnetischen Komponenten kombiniert werden.

Der Code in einer Steuerungsdatei wie dem oben gezeigten Block wird zur Laufzeit von dem Schaltungssimulator in eine Funktion eingefügt. Daher gelten alle Regeln für Python-Variablen. Als Beispiel muss jede Variable entweder am Anfang der Datei definiert werden, wie `dt`, `L` und `r`, oder sie muss als spezielle Variable in der Konfiguration der Steuerungsdatei definiert werden, wie die Zeitereignisvariable `t1`. Die einzige Ausnahme ist `t_clock`, das eine interne Variable des Schaltungssimulators ist, und es ist ratsam, diese nicht zu ändern. Es ist empfehlenswert, Konstanten und Parameter am Anfang der Datei zu definieren, wie es bei `dt`, `L` und `r` der Fall ist. Alle anderen Variablen, die sich im Verlauf der Simulation ändern können, sollten in der Konfiguration der Steuerungsdatei definiert werden. Für den Moment haben wir mit einer Definition der Zeitereignisvariable `t1` begonnen.

Mit diesem grundlegenden Hintergrund zur Einrichtung einer Steuerdatei in Python Power Electronics können wir nun die Integralgleichung $g(v)$ im Platzhalter „Induktormodell" einbeziehen. Der Ausdruck $g(v)$ enthält die von dem Voltmeter über die Komponentenklemmen gemessene Spannung. In der Konfiguration der Steuerdatei können wir eine Eingabevariable `vmeas` definieren und sie mit der Messung des Voltmeters verbinden. Numerisch wird die Integralgleichung als Summation realisiert:

$$i[n] = \sum_{k=0}^{n} \frac{1}{L}(v[k] - i[k-1]r)dt \tag{2.30}$$

In der obigen Gleichung sind aufeinanderfolgende Proben durch ein Zeitintervall getrennt, das gleich dt ist. Um den Strom bei einer Probe n zu berechnen, müssen wir die Summation von $k=0$ bis $k=n$ durchführen, wenn wir annehmen, dass die Schaltung bei $t=0$ in Ruhe ist und alle Variablen 0 sind. Allerdings erscheint der Strom i auch auf der rechten Seite innerhalb der Summation. In einem solchen Fall wird die Probe des Stroms innerhalb der Summation die vorherige Probe $k-1$ sein. Die Summation kann auf die folgende rekursive Form vereinfacht werden:

$$i[n] = i[n-1] + \frac{1}{L}(v[n] - i[n-1]r)dt \tag{2.31}$$

Wir haben die Spannung v im Programm bereits als `vmeas` definiert. Wir müssen den Strom i als Variable definieren. Aus Programmiersicht benötigen wir eine Python-Variable wie `ind_current`, die auf einen Wert von 0 bei Zeit $t=0$ initialisiert werden kann, und mit jedem neuen Wert von `vmeas` aktualisiert wird. Was den Strom auf der rechten Seite betrifft, so wird er den vorherigen Wert der Berechnung zum vorherigen Zeitpunkt halten. Um dies zu erreichen, können wir eine statische Variable `ind_current` definieren und sie auf 0 initialisieren. Der Python-Code, der $g(v)$ entspricht, wird sein:

```
ind_current += (1/L) * (vmeas - ind_current * r )* dt
```

Wir müssen nun diesen Stromwert verwenden, um eine Spannung zu berechnen, die von der ControlledVoltageSource erzeugt wird. Die von der ControlledVoltageSource erzeugte Spannung muss den Widerstand des VariableResistor berücksichtigen, der in Serie mit ihr steht. Lassen Sie uns nun zwei Ausgabevariablen in der Konfiguration der Steuerdatei erstellen. Die erste wird mit der ControlledVoltageSource verbunden sein und `vsrc` genannt werden und die zweite wird mit dem VariableResistor verbunden sein und `series_res` genannt werden. Der Anfangswert von `vsrc` kann 0 sein, da wir möchten, dass das System bei Zeit $t=0$ aus der Ruhe startet. Der Anfangswert von `series_res` hingegen kann auf einen Wert wie 100 Ω gesetzt werden, da der Widerstand in Serie mit der Spannungsquelle nicht null sein kann, sondern einen Wert haben muss, der den Strom begrenzen kann, wenn die Hauptspannung eingeschaltet wird.

Mit dem bereits berechneten Induktorstrom kann die von der ControlledVoltageSource zu erzeugende Spannung durch eine einfache Anwendung des Kirchhoffschen Spannungsgesetzes in der geschlossenen Schleife mit dem Voltmeter, der ControlledVoltageSource und dem VariableResistor berechnet werden:

```
vsrc = vmeas - ind_current * s e r i e s _ r e s
```

Damit haben wir nun unsere Steuerdatei konfiguriert, wobei die Eingabe das Voltmeter und die Ausgaben die ControlledVoltageSource und der VariableResistor sind. Wir haben eine Zeitereignisvariable erstellt, um die Intervalle zu regulieren, in denen unsere Modellgleichungen berechnet werden, und statische Variablen definiert, die sich im Verlauf der Simulation aktualisieren werden.

Bevor wir dieses grundlegende Simulationsmodell eines Induktors abschließen, müssen wir auf die numerische Integrationstechnik eingehen, die in der Simulation verwendet wird. Das oben genannte Induktormodell verwendet die Backward-Euler-Integrationsmethode. In dieser Simulation haben wir die erwarteten Ergebnisse erzielt und für eine so einfache Simulation bietet die Backward-Euler-Methode ausreichende Genauigkeit und Stabilität. In späteren Kapiteln werden wir jedoch komplexere magnetische Schaltungen simulieren, bei denen Genauigkeit und Stabilität eine große Rolle bei den endgültig erzielten Ergebnissen spielen könnten. Daher sollten wir, bevor wir zum nächsten Abschnitt übergehen, die Backward-Euler-Integrationsmethode durch die Runge-Kutta-Vierte-Ordnung-Integrationsmethode ersetzen. Für eine detaillierte Beschreibung der Runge-Kutta-Vierte-Ordnung-Methode wird dem Leser empfohlen, die folgende Referenz [18] zu lesen. Wir könnten die einzelne Aussage durch mehrere Aussagen wie folgt ersetzen:

```
k1 = (1/L) * (vmeas - ind_current * r )
k2 = (1/L) * (vmeas - ( ind_current + dt * k1
/2.0)* r )
k3 = (1/L) * (vmeas - ( ind_current + dt * k2
/2.0)* r )
k4 = (1/L) * (vmeas - ( ind_current + dt * k3 )* r
)
k = (k1 + k2*2 + k3*2 + k4)* dt /6.0
ind_current += k
```

Wie man sehen kann, berechnet die Runge-Kutta-Vierte-Ordnung-Methode vier Steigungen basierend auf der Ableitung des Stroms und die endgültige Erhöhung ist der gewichtete Durchschnitt der vier Steigungen. Der vollständige Steuercode kann wie folgt aufgelistet werden:

```
dt = 1.0 e-6
L = 0.3
r = 0.01
 if t_clock >= t1 :
    # Induktor modell
    k1 = (1/L) * (vmeas - ind_current * r )
    k2 = (1/L) * (vmeas - ( ind_current + dt * k1
    /2.0)* r )
    k3 = (1/L) * (vmeas - ( ind_current + dt * k2
    /2.0)* r )
    k4 = (1/L) * (vmeas - ( ind_current + dt * k3 )* r
    )
    k = (k1 + k2*2 + k3*2 + k4)* dt /6.0
    ind_current += k
    vsrc = vmeas - ind_current * series_res
    t1 += dt
```

In diesem Abschnitt haben wir nun eine Steuerfunktion eingeführt, die ein benutzerdefiniertes Induktormodell ausführen kann. Das Modell enthält derzeit keine Details des magnetischen Kreises und ist lediglich eine numerische Integration der regulären Induktorgleichung. Mit diesem einfachen Modell haben wir jedoch jetzt einen Controller, der den erforderlichen Strom berechnen kann, der durch den Induktor fließen muss, vorausgesetzt, dass eine bestimmte Spannung über ihn angelegt wird. Im nächsten Abschnitt werden wir mit der Einführung von Details des magnetischen Kreises der Induktorspule beginnen.

2.8 Simulation eines Induktors mit dem magnetischen Kreis

Im vorherigen Abschnitt haben wir ein benutzerdefiniertes Simulationsmodell eines Induktors mit der von Python Power Electronics bereitgestellten Steuerschnittstelle erstellt. Wir haben jedoch die grundlegende $L\frac{dt}{dt}$ Gleichung des Induktors gelöst. In diesem Abschnitt werden wir die im vorherigen Abschnitt eingerichtete Steuerschnittstelle verwenden und das mathematische Modell erweitern, um den magnetischen Kreis des Induktors einzubeziehen. Wir beginnen mit grundlegenden Simulationen, die den Fluss im Eisenkern berechnen und später die Form des Kerns und Luftspalte berücksichtigen.

Um den magnetischen Kreis des Induktors einzubeziehen, müssen wir unsere Berechnung in mehrere Schritte unterteilen. Wir werden weiterhin das Modell von Abb. 2.9 verwenden, wobei die Änderung darin besteht, dass die Funktion $g(v)$ durch viele andere Funktionen ersetzt wird. Zunächst verwenden wir das Faradaysche Gesetz, um die induzierte EMK in Bezug auf die angelegte Spannung auszudrücken. Die induzierte EMK kann wiederum mit dem Kirchhoffschen Spannungsgesetz ausgedrückt werden:

$$e = v - ir \tag{2.32}$$

wo r der parasitäre Widerstand des Induktors ist, wie im vorherigen Abschnitt beschrieben, und eine Kombination aus Wicklungswiderstand und Kernverlusten darstellt.

Die induzierte EMK kann dann als Änderungsrate der Flussverkettungen der Induktorspule mit dem Faradayschen Gesetz ausgedrückt werden:

$$e = \frac{d\psi}{dt} = N\frac{d\phi}{dt} = v - ir \tag{2.33}$$

Wir haben den obigen Ausdruck weiter vereinfacht, da die Flussverkettung ψ einer Spule lediglich das Produkt des mit der Spule verbundenen Flusses ϕ und der Anzahl der Windungen N der Spule ist. Die physikalische Bedeutung des obigen Ausdrucks besteht darin, dass, da der Widerstandsabfall ir normalerweise vernachlässigbar ist, die angelegte Spannung den Fluss im Kern definiert, der durch die Spule geht.

Im vergangenen Abschnitt, der sich mit den Grundlagen der Magnetik befasste, haben wir bereits besprochen, wie der Fluss im Kern in Bezug auf die MMK der Spule und die Reluktanz ρ des Kernflusspfads ausgedrückt werden kann:

$$\phi = \frac{\text{MMF}}{\rho} \tag{2.34}$$

Der obige Ausdruck geht von einer linearen magnetischen Beziehung aus, wie in Abb. 2.5 gezeigt. Wir können die Reluktanzen der verschiedenen Segmente des Kerns berechnen und den Kernfluss wie folgt ausdrücken:

$$\phi = \frac{\text{MMF}}{\rho_{eq}} = \frac{Ni}{\rho_{eq}} \tag{2.35}$$

wo ρ_{eq} die äquivalente Reluktanz des Kerns ist, falls er einen Luftspalt enthält (Abb. 2.3) oder mehr als einen Schenkel hat (Abb. 2.4).

Aus dem obigen Ausdruck ergibt sich die Berechnung des Induktionsstroms i in

$$i = \frac{\phi\rho_{eq}}{N} \tag{2.36}$$

In dem obigen Ausdruck haben wir Details des Induktorkerns aufgenommen. Mit diesem Modell ist es nun möglich, einen mehrarmigen Kerninduktor mit einem Luftspalt in einem oder mehreren Armen zu simulieren, solange die strukturellen Details (Länge der Arme, Luftspalt, Querschnittsfläche) und die Anzahl der Windungen der Induktorspule bekannt sind. Da diese im Falle von für spezielle Zwecke gewickelten Induktoren in der Regel bekannt sind, kann das obige Modell direkt zur Simulation verwendet werden.

Selbst auf dieser Stufe könnte man argumentieren, dass das obige Modell immer noch recht einfach ist, da die äquivalente Induktivität einer auf einem mehrarmigen Kern gewickelten Spule sowieso berechnet werden kann. Allerdings sind wir jetzt einen Schritt weiter als bei unserem grundlegenden $L\frac{di}{dt}$ Induktormodell. Lassen Sie uns dieses Simulationsmodell zunächst mit einem Beispiel der Spule, die auf einem einfachen einarmigen Kern und dann auf einem mehrarmigen Kern mit Luftspalten gewickelt ist, verwenden. Betrachten wir einen Kern ähnlich Abb. 2.3. Zunächst vernachlässigen wir den Luftspalt und betrachten den Kern als kontinuierliches Eisenmedium. Diese Simulation finden Sie im Ordner `rectangular_core_inductor` innerhalb des Ordners `magnetic_model` in `chapter2_inductors` im Repository:

https://github.com/opensourceelectrical/simulating-magnetics-for-power-electronics.

Nehmen wir an, der Kern hat die folgenden Abmessungen: Querschnittsfläche $A_c = 9$ cm^2 und mittlere Länge des Flusspfads $l = 15$ cm. Nehmen wir an, dass der Eisenkern eine relative Permeabilität von $\mu_r = 1000$ hat. Nehmen wir an, dass die auf dem Kern gewickelte Spule 200 Windungen hat. Dies kann in den folgenden Python-Code übersetzt werden:

```
import math
dt  =  1.0 e-6
r  =  0.1
```

```
no_of_turns = 200
cs_area = 9.0 e-4
length_iron = 15.0 e-2
mu_0 = 4*math . pi *1.0 e-7
mu_r = 1000.0
```

Da in diesem Kern ein einzelner Arm ohne Luftspalt vorhanden ist, kann die Induktivität mit der zuvor beschriebenen Formel berechnet werden:

$$L = \frac{N^2 \mu A_c}{l} = \frac{200^2 \times 1000 \times 4\pi \times 10^{-7} \times 9 \times 10^{-4}}{15 \times 10^{-2}} = 0.3016\text{H} \quad (2.37)$$

Dieses Design eines Induktors sollte einen Induktivitätswert ergeben, der sehr nahe an dem in der vorherigen Simulation verwendeten liegt (0,3 Henry). Unsere Simulationsergebnisse sollten daher nicht sehr unterschiedlich sein. Dies würde die nachfolgenden Simulationen interessant machen, wenn wir Kerne mit mehreren Armen und Luftspalten betrachten.

Die Modellberechnungen werden jedoch in mehreren Schritten statt in einem einzigen durchgeführt. Zunächst berechnen wir die Flussverknüpfungen und anschließend den Kernfluss:

```
k1 = (vmeas - ind_current * r )
k2 = (vmeas - ( ind_current + dt * k1 /2.0)* r )
k3 = (vmeas - ( ind_current + dt * k2 /2.0)* r )
k4 = (vmeas - ( ind_current + dt * k3 )* r )
k = (k1 + k2*2 + k3*2 + k4)* dt /6.0
flux_linkage += k
flux = flux_linkage / no_of_turns
```

Hier muss `flux_linkage` als statische Variable in der Steuerungskonfiguration definiert werden, um sicherzustellen, dass sie zwischen den Simulationsschritten wie vom Integrationsprozess erforderlich akkumuliert werden kann. Wir integrieren lediglich die induzierte EMK, die nach dem Faradayschen Gesetz die Änderungsrate der Flussverknüpfungen der Spule ist. Der Kernfluss ist lediglich die Flussverknüpfung geteilt durch die Anzahl der Windungen der Spule.

Wir können nun die Kerndimensionen und die am Anfang der Datei definierten magnetischen Eigenschaften verwenden:

```
R_iron = length_iron / (mu * cs_area )
```

Für den Moment ist die Berechnung des Widerstands des Eisenkerns in Abwesenheit eines Luftspalts recht einfach. Der Induktionsstrom kann dann wie folgt aktualisiert werden:

```
ind_current = flux * R_iron / no_of_turns
```

Der gesamte Code kann wie folgt zusammengefasst werden:

```
import math
dt = 1.0 e-6
r = 0.01
no_of_turns = 200
cs_area = 9.0 e-4
length_iron = 15.0 e-2
mu_0 = 4*math . pi *1.0 e-7
mu_r = 1000.0
mu = mu_0 * mu_r

 if t_clock >= t1 :
    # Runge - Kutta Fourth Order method
   k1 = (vmeas - ind_current * r )
   k2 = (vmeas - ( ind_current + dt * k1 /2.0)* r )
   k3 = (vmeas - ( ind_current + dt * k2 /2.0)* r )
   k4 = (vmeas - ( ind_current + dt * k3 )* r )
   k = (k1 + k2*2 + k3*2 + k4)* dt /6.0
   flux_linkage += k
   flux = flux_linkage / no_of_turns
   R_iron = length_iron / (mu * cs_area )
   ind_current = flux * R_iron / no_of_turns

   vsrc = vmeas - ind_current * s e r i e s _ r e s

   indmodel_flux = flux
   indmodel_emf = vmeas - ind_current * r

   t1 += dt
```

Die Simulation mit dem obigen Modell wird zu einem Induktionsstrom führen, der der Wellenform in Abb. 2.11 sehr nahe kommt. Um jedoch zu verstehen, was wir durch die Einführung einiger Zwischenberechnungen erreicht haben, können wir einige andere Größen untersuchen, auf die wir vorher keinen Zugriff hatten. Zum Beispiel können wir VariableStorage-Elemente in der Steuerungskonfiguration unter den Namen `indmodel_flux` und `indmodel_emf` definieren. Lassen Sie uns den `Fluss` auf `indmodel_flux` zuweisen und diese Variable wie in Abb. 2.12 dargestellt plotten. Abb. 2.12 zeigt, wie der Kernfluss der gleichen Wellenform wie der Strom folgt, da der magnetische Fluss direkt proportional zum durch die Spule fließenden Strom ist. Abb. 2.12 zeigt den Fluss bei Zeit $t = 0$ und erreicht einen stabilen Zustand von etwa 15 Milliweber. Wir könnten auch in dem Python-Steuerungscode die Flussdichte B berechnen. Dies wird als Übung für den Leser überlassen. Das Plotten der Flussdichte kann nützlich sein, um zu wissen,

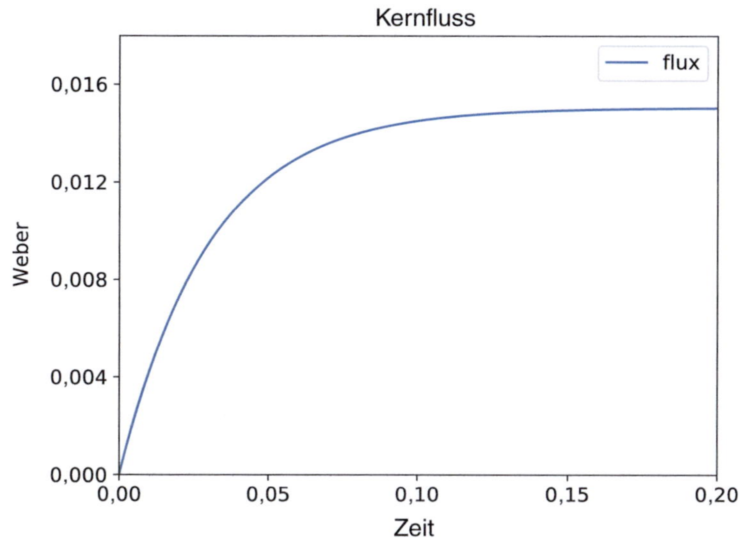

Abb. 2.12 Fluss im Induktorkern

welche maximale Flussdichte erreicht wird, um sicherzustellen, dass diese unterhalb der Sättigungsgrenze liegt.

Ein weiterer Vorteil der Berechnung im Rahmen einer Simulation besteht darin, dass sie hilft, die Theorie hinter elektrischen Komponenten wie Induktoren und in späteren Kapiteln Maschinen wie Transformatoren zu verstehen. Abb. 2.11 und 2.12 zeigen, wie der Strom durch den Induktor und der Fluss im Kern allmählich zunehmen, bis sie konstante Werte erreichen. Die meisten von uns, die Schaltungen mit Induktoren simulieren, halten selten an, um zu untersuchen, was auf der grundlegenden Ebene passiert, die mit den Gesetzen der Physik erklärt wird. Zunächst wenden wir eine Spannung von 100 V auf eine Widerstands-Induktorkombination bei Zeit $t=0$ an. Dies ist ein Schritteingang für die Schaltung. Der Strom beginnt jedoch bei 0. Der Leser wird ermutigt zu überprüfen, dass, wenn der Induktor entfernt wird, der Strom auf den stationären Wert von 10 Ampere springt.

Die grundlegende Eigenschaft des Induktors besteht darin, dass er jede abrupte Änderung des durch ihn fließenden Stroms ablehnt. Dieser Widerstand kann aus dem Faradayschen Gesetz abgeleitet werden, das besagt, dass eine EMK induziert wird, deren Größe gleich der Änderungsrate der Flussverknüpfungen der Induktorwicklung ist, und aus dem Lenzschen Gesetz, das besagt, dass diese induzierte EMK der Ursache, die sie erzeugt, entgegenwirken wird. In dem Python-Code haben wir die induzierte EMK geplottet, indem wir ein VariableStorage-Element `indmodel_emf` definiert haben. Diese induzierte EMK ist in Abb. 2.13 dargestellt. Wie man sehen kann, beginnt die induzierte EMK bei einem Anfangswert von 100 V. Diese induzierte EMK einer Größe gleich der angelegten Spannung

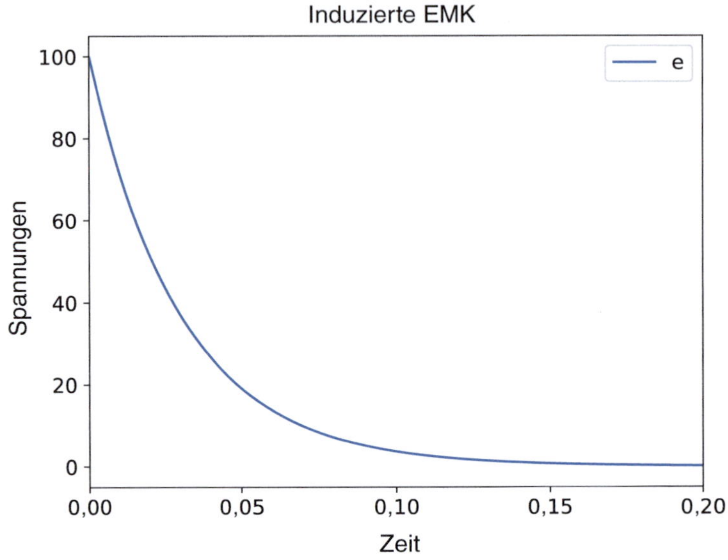

Abb. 2.13 Erzeugte induzierte EMK

und mit einer Polarität, die den Stromfluss ablehnen wird, stellt sicher, dass der Strom nicht springt, wenn die Spannung angelegt wird.

Da der Strom allmählich zunimmt, nimmt die induzierte EMK allmählich ab, bis sie im stationären Zustand null ist. Dies ist ziemlich intuitiv, da die höchste Änderungsrate des Stroms besteht, wenn der Strom noch nicht zu fließen begonnen hat, während er, wenn er zunimmt, die Änderungsrate abnehmen wird. Schließlich ist die induzierte EMK null, und der Strom wird nur durch den externen Widerstand von 10 Ω begrenzt, der in Abb. 2.10 gezeigt ist. Da wir nur eine Gleichspannungsquelle haben, die mit einem Widerstand verbunden ist, ist das Ergebnis ein Gleichstrom, der sich nicht ändert. Der Induktor spielt keine Rolle in der Schaltung, außer vielleicht sein vernachlässigbarer Wicklungswiderstand und Kernverluste.

Die Simulationsergebnisse sind auch hilfreich, um einige Missverständnisse in Bezug auf magnetische Komponenten zu zerstreuen. Ein Missverständnis ist, dass eine Induktivität einen Widerstand gegen den Stromfluss bietet, der gleich der induktiven Reaktanz $2\pi fL$ ist. Es ist jedoch zu beachten, dass die induktive Reaktanz frequenzabhängig ist und in einem Gleichstromsystem die induktive Reaktanz im stationären Zustand 0 ist. Es ist wichtig zu beachten, dass eine EMK nur dann induziert wird, wenn sich die Flussverknüpfungen der Induktorspule ändern, was wiederum impliziert, dass der durch sie fließende Strom sich ändern muss. Eine EMK wird nicht aufgrund des Stromflusses durch sie induziert.

Ein weiteres Missverständnis ist, dass das Anlegen einer Gleichspannung an eine Induktivität dazu führt, dass sie gesättigt wird. In Abb. 2.12 erreicht der Kernfluss im stationären Zustand einen konstanten Wert. Ob dieser Fluss im Kern jedoch zu einer Sättigung führen wird, kann durch Berechnung der Flussdichte in verschiedenen Teilen des Kerns bestimmt werden. Wie in Abb. 2.6 gezeigt, hat jedes magnetische Material einen Wert der Flussdichte, der das Sättigungsniveau eines aus diesem magnetischen Material gebildeten Kerns definiert. Es kann nicht gesagt werden, dass die Induktivität gesättigt ist, es sei denn, die Flussdichte im Kern übersteigt den Wert der Flussdichte an der Grenze des linearen Teils der *B*-*H*-Beziehung. Die Anwendung einer Gleichspannung allein wird die Induktivität nicht zur Sättigung zwingen. Der durch die Induktivität fließende Strom wird auch durch die externe Impedanz in der Schaltung bestimmt. Der Fluss im Kern wird durch den durch die Spule fließenden Strom und die Reluktanz des Kerns bestimmt.

In diesem Abschnitt haben wir schrittweise das mathematische Modell der Induktivität auf der Grundlage der Grundgesetze der Physik eingeführt. Am wichtigsten ist, dass wir diese Gesetze in Python-Code übersetzt und ihn verwendet haben, um eine grundlegende Induktivität als auf einem Eisenkern gewickelte Spule zu simulieren. Ein solches Simulationsmodell würde einem Ingenieur helfen, das Design einer Induktivität zu überprüfen, da es auch verwendet werden kann, um Mengen wie den Fluss oder die Flussdichte im Kern zu plotten. Im nächsten Abschnitt werden wir untersuchen, wie das Modell erweitert werden kann, um Lufträume und mehrsträngige Kerne zu berücksichtigen.

2.9 Praktische Kerne mit Lufträumen und mehreren Strängen

Im vorherigen Abschnitt haben wir begonnen, die Grundgesetze der Physik zu programmieren, die zur Modellierung einer magnetischen Komponente wie einer Induktivität verwendet werden können. Wir hatten mit dem einfachsten möglichen Kern begonnen – einem rechteckigen Kern mit einer einheitlichen Querschnittsfläche und ohne Luftraum. In vielen Fällen werden Induktorkerne Lufträume oder mehrere Stränge haben. In diesem Abschnitt werden wir beschreiben, wie Lufträume und mehrere Stränge in das Simulationsmodell einbezogen werden können.

Lassen Sie uns eine Induktivität simulieren, die als Spule auf einem rechteckigen Eisenkern mit einem Luftraum gewickelt ist, wie in Abb. 2.3 gezeigt. Diese Simulation kann im Ordner `rectangular_core_with_air_gap` innerhalb des Ordners `magnetic_model` in `chapter2_inductors` im Repository gefunden werden:

https://github.com/opensourceelectrical/simulating-magnetics-for-power- electronics.

Der Kern von Abb. 2.3 hat zwei Lufträume der Länge $\frac{l_g}{2}$. Da es sich jedoch um einen einzigen magnetischen Flusspfad handelt, könnten wir einen einzigen Luftraum der Länge l_g annehmen. Der Code kann so geändert werden, dass die folgenden Parameter am Anfang der Datei stehen:

```
length_core   = 15.0 e−2
length_airgap  =  0.2 e−3
length_iron   =  length_core  −  length_airgap
```

Wir haben eine Luftraumlänge von 0,2 mm angenommen. Daher kann die Länge des Eisensegments des Kerns aus der Gesamtlänge des Flusspfads und dem Luftraum berechnet werden.

Die Berechnung der Flussverknüpfungen und des resultierenden Flusses in dem Segment des Kerns, auf dem die Spule gewickelt ist, bleibt unverändert. Die Berechnung der MMK und des resultierenden Stroms durch die Spule erfolgt nun in Bezug auf die Gesamtreluktanz des Eisensegments und des Luftraums:

```
R_iron =  length_iron  / (mu  * cs_area )
R_airgap =  length_airgap / (mu_0 * cs_area )
ind_current =  flux  * ( R_iron  +  R_airgap ) / no_of_
turns
```

Es sollte beachtet werden, dass obwohl der Luftraum nur 0,2 mm beträgt, die Permeabilität des Luftraums 1000-mal niedriger ist als die Permeabilität des Eisens.

Diese Simulation wird sehr unterschiedliche Ergebnisse liefern. Abb. 2.14 zeigt den Induktionsstrom. Die Steigungsrate des Stroms kann als sehr unterschied-

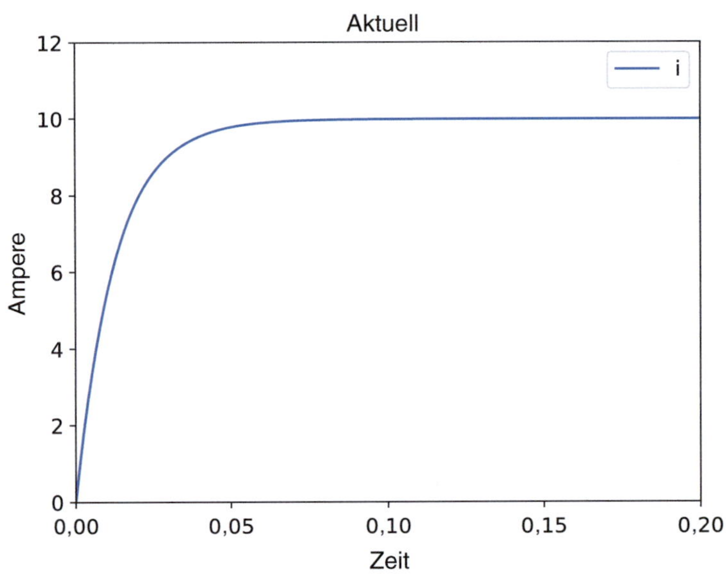

Abb. 2.14 Induktionsstrom

lich gesehen werden. Dem Leser wird empfohlen, die Induktivität aus den Berechnungen im vorherigen Abschnitt zu berechnen und zu überprüfen, dass die Einschwingzeit gleich $4\frac{L}{R}$ ist. Da eine Gleichspannung auf die R-L-Kombination angelegt wird, wird der stationäre Stromwert nicht beeinflusst und beträgt immer noch 10 Ampere.

Abb. 2.15 zeigt den Fluss im Kern. Der maximale Flusswert im stationären Zustand hat abgenommen. Dies liegt daran, dass der stationäre Stromwert durch den 10 Ω Widerstand bestimmt wird. Die Gesamtreluktanz des Eisenkerns ist jedoch aufgrund des Luftspalts viel größer. Daher ist der resultierende Fluss trotz gleichbleibender MMK im stationären Zustand kleiner aufgrund der größeren äquivalenten Reluktanz des magnetischen Kreises. Der Leser kann die Ergebnisse weiter ausbauen, indem er die MMK über den Luftspalt und die MMK über das Eisensegment des Kerns plottet, um zu vergleichen, wie die gesamte von der Spule erzeugte MMK im magnetischen Kreis verwendet wird. Der Leser wird auch ermutigt, die EMK zu plotten und zu überprüfen, ob sie mit der gleichen Rate auf null fällt, wie der Fluss auf seinen stationären Wert ansteigt.

Bevor wir zur nächsten Simulation übergehen, lohnt es sich, die Simulationsergebnisse zu diskutieren. Um die Flussverknüpfungen und den Fluss zu berechnen, haben wir das Faradaysche Gesetz verwendet. Obwohl das Faradaysche Gesetz die induzierte EMK mit der Änderungsrate der Flussverknüpfungen gleichsetzt, ist die angelegte Spannung für die meisten praktischen Induktorspulen mit vernachlässigbarem Wicklungswiderstand ungefähr gleich der induzierten EMK. Daher integrieren wir bei Zeit $t = 0$ die angelegte Spannung, um den Fluss zu berechnen. Da der Fluss mit der Integraloperation in der Berechnung von null ansteigt, wird der Strom entsprechend der MMK berechnet, die benötigt wird, um

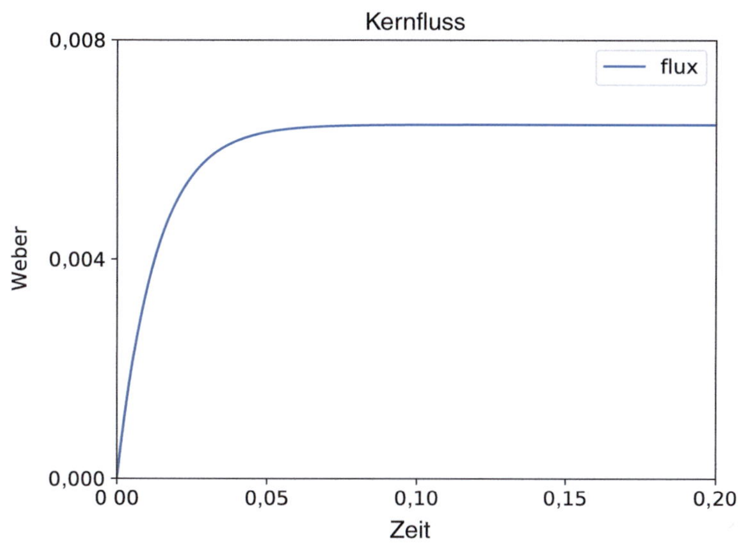

Abb. 2.15 Fluss im Kern mit Luftspalt

die Reluktanz des Kerns und des Luftspalts zu überwinden. Da die Länge des Luftspalts zunimmt, werden auch die MMK und damit der Strom zunehmen. Dies erklärt den schnellen Anstieg des Stroms, da die zur Erzeugung des Flusses benötigte MMK in Anwesenheit des Luftspalts viel größer ist. Es sollte jedoch beachtet werden, dass der Strom auch in dem externen Schaltkreis fließt, der einen 10 Ω Widerstand hat, der einen größeren Spannungsabfall über den externen Widerstand erzeugt, wodurch die an den Induktor angelegte Spannung ebenfalls stark abfällt. Diese niedrigere angelegte Spannung führt wiederum zu niedrigeren Flussverknüpfungen und einem geringeren Kernfluss, was schließlich zu einem niedrigeren stationären Wert des Kernflusses führt.

Jetzt, da wir einen Eisenkern mit einem Luftspalt simuliert haben, betrachten wir einen komplexeren Kern, nämlich wie jenen von Abb. 2.4. Diese Simulation finden Sie im Ordner `multi_limb_core_with_air_gap` innerhalb des Ordners `magnetic_model` in `chapter2_inductors` im Repository:

https://github.com/opensourceelectrical/simulating-magnetics-for-power- electronics.

Der Kern hat mehrere Beine und mehr als einen Luftspalt. Im vorherigen Abschnitt, in dem der Induktor von Abb. 2.4 vorgestellt wurde, wurde die Reluktanz der verschiedenen Beine des Kerns auch aus der Geometrie des Kerns abgeleitet. Wir können diese in Python-Code am Anfang der Steuerdatei übersetzen:

```
length_a  =  5.0 e-2
length_b  =  4.5 e-2
length_c  =  4.0 e-2
length_w  =  3.0 e-2
length_lg_2  =  0.1 e-3
```

Diese Definitionen ähneln den in Abb. 2.4 markierten Abmessungen.

Die Flussverknüpfungen des Kerns werden immer noch genau auf die gleiche Weise berechnet wie bisher, da die Änderungsrate der Flussverknüpfungen weiterhin durch das Faradaysche Gesetz bestimmt wird. Nach der Berechnung der Flussverknüpfungen wird der Fluss auch berechnet, indem die Flussverknüpfungen durch die Anzahl der Windungen der Spule geteilt werden. Dieser berechnete Fluss ist jedoch der Fluss, der durch die Spule fließt. Aus Abb. 2.4 geht hervor, dass dieser Fluss im linken Bein des Kerns liegt, auf dem die Spule gewickelt wurde. Um die MMK zu bestimmen, die diesen Fluss erzeugen würde, können wir den magnetischen Kreis wie in Abb. 2.16 gezeigt lösen.

Der Fluss ϕ kann ausgedrückt werden als:

$$\phi = \frac{\text{MMF}}{\rho_{eq}} = \frac{\text{MMF}}{\rho_1 + \frac{\rho_2\rho_3}{\rho_2+\rho_3}} \tag{2.38}$$

Die Reluktanzen der verschiedenen Segmente des Kerns wurden bereits im vorherigen Abschnitt beschrieben und können in Python-Code übersetzt werden als:

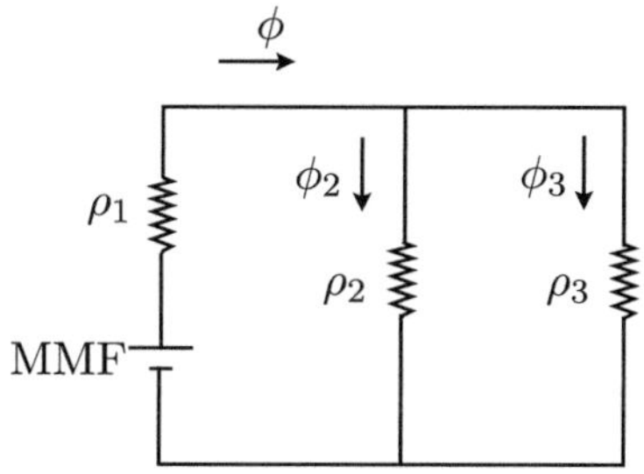

Abb. 2.16 Äquivalenter magnetischer Kreis des mehrschenkligen Kerninduktors

```
R1 = (2* length_a + length_b + 2.0* length_w −
2* length_lg_2 ) / ( mu * cs_area )
Rg1 = 2* length_lg_2 / (mu_0 * cs_area )
R2 = ( length_b + length_w ) / (mu * cs_area )
R3 = (2* length_c + length_b + 2.0* length_w −
2* length_lg_2 ) / ( mu * cs_area )
Rg2 = length_lg_2 / (mu_0 * cs_area )
R_eq = R1 + Rg1 + (R2 * (R3 + Rg2) / (R2 + R3
+ Rg2))
```

Ein möglicher Vorteil der Berechnung der Reluktanzen jedes Kernabschnitts besteht darin, dass wir nun den Fluss (und die Flussdichte) berechnen können, der in jedem Abschnitt fließt. Die Berechnung des Induktionsstroms berücksichtigt nun die äquivalente Reluktanz `R_eq`:

```
ind_current = flux * R_eq / no_of_turns
indmodel_flux = flux
indmodel_flux2 = flux *(R2 * (R3 + Rg2)/(R2 + R3
+ Rg2))/R2
indmodel_flux3 = flux *(R2 * (R3 + Rg2)/(R2 + R3
+ Rg2))/R3
```

Wir können zwei weitere VariableStorage-Elemente `indmodel_flux2` und `indmodel_flux3` erstellen und ihnen die Werte des Flusses im zentralen und im rechten Abschnitt zuweisen.

Die Abb. 2.17 und 2.18 zeigen die Simulationsergebnisse mit dem Induktionsstrom und den Flüssen in den drei Abschnitten. Der Strom hat weiterhin eine viel schnellere Einschwingzeit als das erste Ergebnis von Abb. 2.11. Dies ist auf die kleinere Induktanz aufgrund der Luftspalte in den linken und rechten Abschnitten des Kerns zurückzuführen. Abb. 2.18 zeigt die Flüsse in den drei Abschnitten, wobei der Fluss ϕ im linken Abschnitt am höchsten ist, da die Spule auf diesem Abschnitt gewickelt ist. Der Fluss ϕ_2 im zentralen Abschnitt ist größer als der Fluss ϕ_3 im rechten Abschnitt, da der rechte Abschnitt einen Luftspalt hat, was zu einem Weg mit größerer Reluktanz führt. Der Leser wird auch ermutigt zu über-

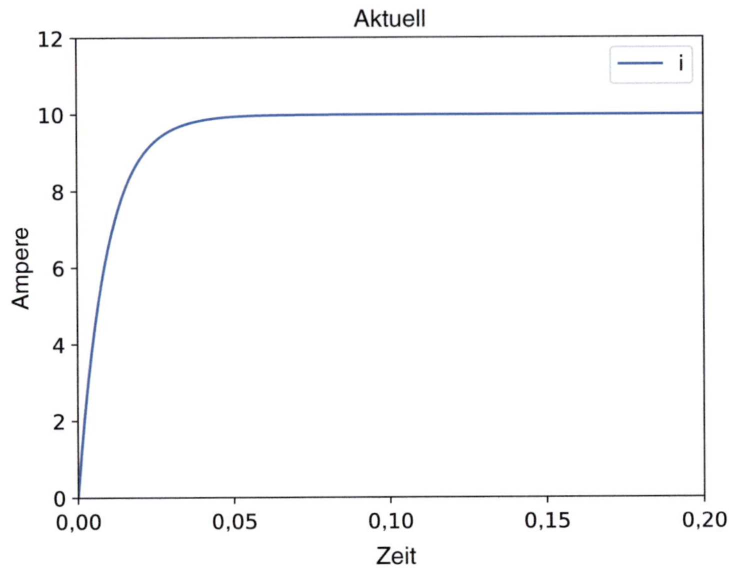

Abb. 2.17 Induktionsstrom

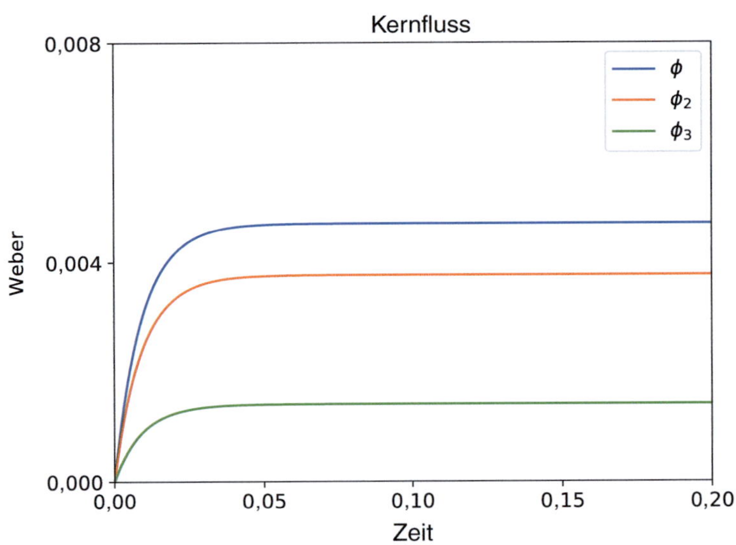

Abb. 2.18 Flüsse in verschiedenen Kernabschnitten

prüfen, dass $\phi=\phi_2+\phi_3$ ist, da der Fluss ϕ im linken Abschnitt sich in ϕ_2 und ϕ_3 aufteilt.

Mit diesen Simulationen haben wir Induktoren simuliert, die auf Kernen mit mehreren Abschnitten und Luftspalten gewickelt sind. Der Zweck dieser Simulationen bestand darin zu demonstrieren, wie ein Simulationsmodell auf der Grundlage der Gesetze der Physik formuliert werden kann. Eine solche Simulation kann verwendet werden, um das Design eines Induktors zu überprüfen, der für eine bestimmte Anwendung gewickelt werden könnte, da die Simulation die Anzahl der Windungen der Induktionsspule und die Konstruktion des Induktorkerns berücksichtigt. Die Simulation ermöglicht es uns, Variablen wie den Fluss in verschiedenen Segmenten des Kerns zu plotten und damit zu bestimmen, ob die Möglichkeit besteht, dass der Kern gesättigt wird.

2.10 Schlussfolgerungen

In diesem Kapitel haben wir das Konzept der magnetischen Schaltkreismodellierung durch Simulation von Induktoren eingeführt. Neben einer theoretischen Einführung in magnetische Schaltkreise bot dieses Kapitel Simulationen von Schaltkreisen mit Induktoren. Dieses Kapitel mag trivial und nutzlos erscheinen, da man sich in den meisten Fällen nicht vorstellen kann, dass es notwendig ist, den magnetischen Schaltkreis eines Induktors zu simulieren. Daher lassen Sie uns zum Abschluss dieses Kapitels diskutieren, was wir aus diesem Kapitel gewonnen haben und was seine Schwächen sind.

Magnetismus als Thema wurde ausgiebig studiert und dieses Kapitel hat lediglich einige der grundlegendsten Gesetze und Ausdrücke in Bezug auf magnetische Felder in elektrischen Schaltkreisen verwendet. Wir haben das Ampèresche Gesetz verwendet, um zu sagen, dass die Induktorspule ein magnetisches Feld erzeugen wird, und haben die Rechte-Hand-Regel verwendet, um die Richtung der magnetischen Flusslinien zu bestimmen. Für einige Arten von Induktorkernen haben wir den Weg des magnetischen Flusses veranschaulicht. Es ist wichtig zu beachten, dass die Bestimmung des magnetischen Flusses ziemlich komplex ist und einen ganz anderen Ansatz erfordert. In diesem Kapitel haben wir das magnetische Feld als gleichmäßig angenommen und alle anderen Effekte – Nichtgleichmäßigkeit, Fransen usw. – vernachlässigt. Der Zweck der Beschreibung des in einem Induktorkern erzeugten magnetischen Feldes bestand darin, das Konzept des magnetischen Schaltkreises einzuführen.

Mit einigen Beispielen haben wir gezeigt, wie ein magnetischer Schaltkreis auf sehr ähnliche Weise wie ein elektrischer Schaltkreis gelöst werden kann. Wir haben das Konzept der magnetomotorischen Kraft (MMK), der Reluktanz des Flusspfades, der magnetischen Feldstärke und der Flussdichte eingeführt. Wir haben gezeigt, wie wir für den Fall einer einfachen Spule, die auf einen Kern gewickelt ist, die erzeugte MMK zusammen mit den Reluktanzen der Kernsegmente verwenden können, um den Fluss zu bestimmen, der in allen Segmenten des Kerns fließt. Da der Fluss analog zum Strom ist, stellten wir fest, dass die Reluktanzen der Kernsegmente genauso behandelt werden können wie Widerstände in einem elektrischen Schaltkreis. Trotz der Tatsache, dass wir alle Nichtlinearitäten im magnetischen Feld vernachlässigt haben, ist es uns möglich, den Fluss in jedem Teil des Kerns zu bestimmen, wenn ein bestimmter Strom durch eine Spule fließt, ein besseres Bild von der Funktion eines Induktors zu erhalten.

Nach einer Diskussion über magnetische Schaltkreise haben wir beschrieben, wie der magnetische Schaltkreis eines Induktors simuliert werden kann. Letztendlich benötigen wir ein Induktormodell, das in einen Schaltkreis eingefügt werden kann. Das Kapitel beschrieb, wie der Induktor als Kombination aus einem Voltmeter, einer gesteuerten Spannungsquelle und einem variablen Widerstand modelliert werden kann. Wir haben beschrieben, wie die Steuerschleife die Spannung über den Induktorklemmen als Eingabe nimmt und ein mathematisches Modell löst, das einen Strom erzeugt, der durch den Induktor fließen wird. Dieser Strom wird erzeugt, indem die Ausgabe der gesteuerten Spannungsquelle in Bezug auf die gemessene Spannung über den Klemmen modifiziert wird. Es wurden mehrere Simulationen vorgestellt, bei denen wir die Komplexität des mathematischen Modells des Induktors schrittweise erhöht haben, bis die endgültige Simulation die Lösung des magnetischen Schaltkreises präsentierte, wobei der Fluss und anschließend die Flussdichte in jedem Teil des Kerns berechnet werden können.

Mit diesem Kapitel haben wir beschrieben, wie die grundlegenden Gesetze der Physik verwendet werden können, um ein Simulationsmodell für den Induktor zu erstellen. Es ist wichtig zu betonen, dass dieses Simulationsmodell die nicht linearen Aspekte des Magnetismus nicht modelliert. Für die meisten Anwendungen in der Leistungselektronik wird jedoch ein grundlegendes Verständnis des magnetischen Schaltkreises eines Induktors ausreichen, um den Betrieb eines Induktors in bestimmten Anwendungen zu bestimmen. Als Beispiel finden sich Ingenieure in Anwendungen für Stromversorgungen oft dabei wieder, Induktoren von Hand zu wickeln. Die Simulationsmodelle in diesem Kapitel können verwendet werden, um grob abzuschätzen, wie sich solche handgewickelten Induktoren in Leistungswandlern verhalten würden. Neben der Bestimmung des durch den Induktor fließenden Stroms können auch andere Details wie die Flussdichte im Kern bestimmt werden.

Der Hauptzweck dieses Kapitels war jedoch, eine schrittweise Einführung in die komplexeren magnetischen Schaltkreise zu bieten, die in Maschinen wie Transformatoren zu finden sind, die in den späteren Kapiteln behandelt werden. Indem wir die Diskussion über magnetische Felder begonnen haben, haben wir das Fundament für das Konzept der Energieübertragung durch das magnetische Feld gelegt. Im nächsten Kapitel werden wir die Diskussion über die magnetische Kopplung zwischen mehreren auf einem Kern gewickelten Spulen beginnen. Das mathematische Modell der gekoppelten Induktoren wird eine Erweiterung des in diesem Kapitel vorgestellten einzelnen Induktors sein, unter Verwendung der gleichen grundlegenden Gesetze der Physik, die in diesem Kapitel vorgestellt wurden. Das nächste Kapitel über gekoppelte Induktoren ist auch ein Zwischenkapitel, bevor wir mit der Simulation von Transformatoren fortfahren. Indem wir uns durch dieses Konzept der magnetischen Schaltkreise schlängeln, möchten wir dem Leser einen Einblick in die Bedeutung des Magnetismus in der Elektrotechnik geben und wie er auf recht einfache Weise mit den grundlegendsten Gesetzen der Physik verstanden und modelliert werden kann.

Literatur

1. V. Valkenburgh, V. Valkenburgh, and Nooger & Neville, *Basic Electricity*. Prompt Publications, 1992, no. Bd. 1–5. [Online]. Available: https://books.google.de/books?id=vmg1UKsTntAC
2. C. R. Paul, *Fundamentals of Circuit Analysis*, 1st ed. John Wiley, 2000.
3. D. A. Lowther and P. P. Silvester, *Computer-Aided Design in Magnetics*, 1st ed. Springer-Verlag Berlin Heidelberg, 1986.
4. P. Smith and D. Pollard, "The role of computer simulations in engineering education," *Computers & Education*, vol. 10, no. 3, pp. 335–340, 1986. [Online]. Available: https://www.sciencedirect.com/science/article/pii/0360131586900023
5. A. Azemi and E. Yaz, "Pspice and matlab in undergraduate and graduate electrical engineering courses," in *Proceedings of 1994 IEEE Frontiers in Education Conference – FIE '94*, 1994, pp. 456–459.
6. C. Canizares and Z. Faur, "Advantages and disadvantages of using various computer tools in electrical engineering courses," *IEEE Transactions on Education*, vol. 40, no. 3, pp. 166–171, 1997.
7. D. Pederson, "A historical review of circuit simulation," *IEEE Transactions on Circuits and Systems*, vol. 31, no. 1, pp. 103–111, 1984.
8. W. Hurley and W. Wölfe, *Transformers and Inductors for Power Electronics: Theory, Design and Applications*, 1st ed. Wiley, 2013.
9. R. A. Serway, J. W. Jewett, and V. Peroomian, *Physics for Scientists and Engineers*, 9th ed. Brooks and Cole, 2012.
10. A. Cunningham and N. Jardine, *Romanticism and the Sciences*. Cambridge University Press, 1990.
11. R. Becker, *Electromagnetic Fields and Interactions*. Dover Publications, 1982.
12. H. A. Rowland, "On the general equations of electro-magnetic action, with application to a new theory of magnetic attractions, and to the theory of the magnetic rotation of the plane of polarization of light," *American Journal of Mathematics*, vol. 3, no. 1, pp. 89–96, 1880.
13. V. C. Valchev and A. V. den Bossche, *Inductors and Transformers for Power Electronics*, 1st ed. CRC Press, 2005.
14. J. Grainger and W. Stevenson, *Power Systems Analysis*, 1st ed. McGraw-Hill Education, 1994.
15. A. I. Zverev, *Handbook of Filter Synthesis*. Wiley-Interscience, 2005.
16. F. J. Taylor and A. Williams, *Electronic Filter Design Handbook*, 4th ed. McGraw-Hill Education, 2006.
17. N. Mohan, T. M. Undeland, and W. P. Robbins, *Power Electronics: Converters, Applications, and Design*, 3rd ed. Wiley, 2002.
18. K. Atkinson, *An Introduction to Numerical Analysis*, 2nd ed. Wiley, 1991.

Kapitel 3
Simulation von magnetisch gekoppelten Schaltkreisen

3.1 Einführung

Im vorherigen Kapitel haben wir beschrieben, wie wir eine grundlegende Induktivität simulieren können, während wir einige Details der Konstruktion in Bezug auf die Kernstruktur und die Anzahl der Windungen der Induktorspule einbeziehen. Da Induktoren eine der grundlegendsten Komponenten in jedem Leistungselektronikkonverter sind, wird die Fähigkeit, eine Induktivität im Detail zu simulieren, für Leistungstechniker von Vorteil sein, die möglicherweise ihre eigenen Induktoren für spezifische Anwendungen wickeln müssen. In diesem Kapitel werden wir unser Wissen über magnetische Schaltungen und den im Kern durch den Stromfluss in der Induktorspule erzeugten Fluss erweitern, um das Verhalten von magnetisch gekoppelten Spulen zu untersuchen.

Eine große Anzahl von Maschinen in der Elektrotechnik nutzt das Konzept der magnetischen Kopplung, um die Übertragung von Leistung zu erreichen [1–4]. Das nächste Kapitel wird den Transformatoren gewidmet sein, in dem beschrieben wird, wie ein Transformator die Übertragung von Leistung von einem isolierten elektrischen System zu einem anderen erreichen kann [5, 10]. Neben Transformatoren nutzen auch Motoren und Generatoren das Konzept der magnetischen Kopplung, um die Umwandlung von elektrischer Energie in mechanische Energie und umgekehrt zu erreichen [3, 4]. Daher ist dieses Kapitel, bevor wir die Funktionsweise von Transformatoren beschreiben, der Beschreibung des Konzepts der magnetischen Kopplung gewidmet. Obwohl die magnetische Kopplung eine bloße Erweiterung der grundlegenden physikalischen Gesetze ist, die bereits im vorherigen Kapitel beschrieben wurden, gibt es mehrere Nuancen, wie magnetisch gekoppelte Schaltungen sich verhalten können. In diesem Kapitel wird die Natur der magnetischen Kopplung anhand einer einfachen Anordnung von zwei auf einem Kern gewickelten Spulen sowohl theoretisch als auch durch Simulationen beschrieben [6].

S. V. Iyer, *Modellierung und Python-Simulation von Magneten für Anwendungen in der Leistungselektronik*, https://doi.org/10.1007/978-3-031-58989-8_3

Alle grundlegenden physikalischen Gesetze (Ampèresches Gesetz, Faradaysches Gesetz und Lenzsches Gesetz) sind anwendbar, wenn mehr als eine Spule auf einem Kern gewickelt ist [8, 9]. Wir werden beschreiben, wie die grundlegende Natur der magnetischen Kopplung darin besteht, dass in allen auf einem Kern gewickelten Spulen EMK induziert werden, durch den ein magnetischer Fluss fließt [6]. Daher kann durch die Erregung einer einzigen auf einem Kern gewickelten Spule Energie auf andere auf dem Kern gewickelte Spulen übertragen werden. Darüber hinaus können wir mit Hilfe des Faradayschen Gesetzes und des Lenzschen Gesetzes die Natur der in allen Spulen induzierten EMK und anschließend den Strom, der durch sie fließen wird, entschlüsseln. Wir können diese Systeme weiterhin in magnetische Schaltungen übersetzen und sie lösen, um den Systembetrieb zu bestimmen. Eine Reihe von Beispielen wird vorgestellt, um diese Konzepte im Detail zu veranschaulichen.

Um magnetisch gekoppelte Schaltungen auf eine prägnante Weise ausdrücken zu können, definieren wir die gegenseitige Induktivität zwischen zwei gekoppelten Spulen [1, 2, 5, 10]. Wir beschreiben, wie die gegenseitige Induktivität zwischen Spulen zusammen mit den Selbstinduktivitäten der Spulen zu prägnanten Ausdrücken von Flussverknüpfungen und anschließend von induzierten EMK führt. Um die Notwendigkeit zu beseitigen, die Polarität der induzierten EMK auf der Grundlage des physischen Wicklungssinns der Spulen zu bestimmen, beschreiben wir die Punktpolaritätskonvention [1, 2, 5, 10]. Mit der Punktpolaritätskonvention beschreiben wir, wie magnetisch gekoppelte Systeme mit einfachen Schaltbildern dargestellt werden können, wobei die einzige Ergänzung Punkte an den Anschlüssen der Induktoren sind, die die Art der Kopplung zwischen den Induktoren anzeigen. Mit Selbst- und gegenseitigen Induktivitäten sowie Punktpolaritäten beschreiben wir, wie detaillierte Simulationsmodelle für mehrere Fälle von gekoppelten Induktoren entwickelt werden können.

Es werden mehrere Simulationen beschrieben, in denen die oben genannten Konzepte in einen praktischen Python-Code übersetzt werden. Die Simulationsergebnisse werden analysiert, um das simulierte Verhalten mit dem zu vergleichen, was wir von theoretischen Ergebnissen erwarten. Zum Abschluss dieses Kapitels werden wir ein skalierbares Simulationsmodell mit Matrixgleichungen vorstellen, mit dem wir eine beliebige Anzahl von gekoppelten Induktoren simulieren können. Im nächsten Kapitel wird dieses skalierbare Simulationsmodell zur Simulation von Transformatoren verwendet. Das nächste Kapitel, das auf Transformatoren basiert, wird die praktische Anwendung der Energieübertragung durch magnetische Kopplung untersuchen. Dieses Kapitel dient als Zwischenkapitel, in dem die magnetische Kopplung mathematisch formuliert wird und auf unserem Wissen über magnetische Schaltungen aufbaut, das im vorherigen Kapitel über Induktoren vorgestellt wurde. Wie im vorherigen Kapitel wird die Theorie durch Simulationen und Codebeispiele unterstützt, die der Leser implementieren und mit denen er experimentieren kann.

3.2 Das Konzept der magnetischen Kopplung

Im vorherigen Kapitel über die Simulation von Induktoren haben wir untersucht, wie eine auf einem Eisenkern gewickelte Spule einen Fluss erzeugt, der durch den gesamten Kern fließt [8, 9]. Wir haben die Reluktanz eines magnetischen Mediums definiert, die, wie wir gezeigt haben, von der Permeabilität des magnetischen Materials, der Länge des Flusswegs durch das Medium und der Querschnittsfläche des Flusswegs abhängt. Wir haben auch untersucht, wie der Fluss mit Hilfe von magnetischen Schaltungen genau wie der Strom in einem elektrischen Schaltkreis berechnet werden kann, wobei die MMK die treibende Kraft ist und die Reluktanz der verschiedenen Teile des magnetischen Kerns als Serien-/Parallelkombinationen wahrgenommen wird.

Im vorherigen Kapitel, als wir das Faradaysche und Lenzsche Gesetz beschrieben haben, um die Größe und Polarität der in einer Induktivität induzierten EMK zu bestimmen, haben wir nur den Strom durch die Induktivität berücksichtigt, der für die Erzeugung des Flusses verantwortlich war. In diesem Kapitel und in diesem Abschnitt werden wir mit dem Konzept der magnetisch gekoppelten Spulen beginnen [6]. Als Beispiel betrachten wir den gleichen rechteckigen Kern wie im vorherigen Kapitel, wie in Abb. 3.1 gezeigt. Nehmen wir jedoch an, dass eine weitere Spule auf dem anderen Schenkel gewickelt ist. Die auf dem linken Schenkel gewickelte Spule ist mit einem externen Schaltkreis verbunden, der aus Gründen der Einfachheit nicht in der Abbildung gezeigt wird, aber dieser externe Schaltkreis führt zu einem Strom *i*, der durch die Spule fließt. Die zweite auf dem rechten Schenkel gewickelte Spule ist offen geschaltet, ohne Verbindung entweder zur Spule auf dem linken Schenkel oder zu einem anderen externen Schaltkreis.

Wie zuvor wird der durch die erste Spule fließende Strom einen magnetischen Fluss erzeugen, der durch den Kern fließt. Die Richtung des Flusses, die durch Pfeile innerhalb des Kerns angezeigt wird, kann mit Hilfe der Rechten-Hand-Regel in Bezug auf den durch die Spule fließenden Strom bestimmt werden. Die Fläche der Spule, durch die der Strom in entgegengesetzter Uhrzeigerrichtung fließt, bildet den Nordpol der Spule und die andere Fläche der Spule bildet den Südpol. Dieser Fluss fließt nicht nur durch die auf dem linken Schenkel gewickelte Spule, die ihn erzeugt, sondern auch durch die zweite neue Spule, die auf dem

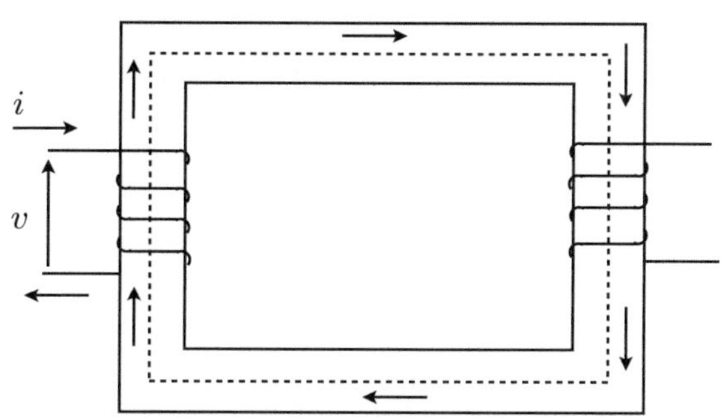

Abb. 3.1 Zwei Spulen auf dem gleichen Kern gewickelt

rechten Schenkel gewickelt ist. Die beiden Spulen, die keine elektrische Verbindung haben, sind nun magnetisch verknüpft. Faradaysches und Lenzsches Gesetz gelten für beide Spulen. Wenn sich der Strom durch die erste Spule ändert, wird sich auch der resultierende Fluss, der durch den Kern fließt, ändern. Daher wird dieser sich ändernde Fluss eine EMK in der ersten Spule sowie in der zweiten Spule induzieren, wobei die Größen der EMK durch das Faradaysche Gesetz, *d. h.* direkt proportional zur Änderungsrate des die Spulen verknüpfenden Flusses, bestimmt werden.

Bevor wir mit der Entwicklung des mathematischen Modells für das gesamte System fortfahren, drücken wir die magnetische Kopplung mathematisch aus [5, 6, 10]. Wenn der Fluss im Kern durch ϕ bezeichnet wird, hat die Spule des linken Schenkels N_1 Windungen und die Spule am rechten Schenkel N_2 Windungen, und so können die Flussverknüpfungen der beiden Spulen wie folgt ausgedrückt werden:

$$\psi_1 = N_1\phi \tag{3.1}$$

$$\psi_2 = N_2\phi \tag{3.2}$$

Die Größe der in den Spulen induzierten EMK wird durch das Faradaysche Gesetz bestimmt:

$$e_1 = \frac{d\psi_1}{dt} = N_1\frac{d\phi}{dt} \tag{3.3}$$

$$e_2 = \frac{d\psi_2}{dt} = N_2\frac{d\phi}{dt} \tag{3.4}$$

Wie aus den obigen Gleichungen zu erkennen ist, sind beide induzierten EMK e_1 und e_2 proportional zur Änderungsrate des Kernflusses $\frac{d\phi}{dt}$. Daher unterscheiden sich die Größen der induzierten EMK nur durch die Anzahl der Windungen N_1 und N_2 der beiden Spulen. Diese Tatsache zeigt die Art der Kopplung zwischen den beiden Spulen. Jede Spule hat eine induzierte EMK mit einer Größe, die der Änderungsrate des Kernflusses folgt. Bisher haben wir die Größe der induzierten EMK untersucht, aber wie steht es mit der Polarität? Wie im Fall von Induktoren im vorherigen Kapitel, ist es besser, die Polarität der induzierten EMK in der Schaltung zu bestimmen, anstatt sie in den Gleichungen auszudrücken. Die Polarität der induzierten EMK kann durch Anwendung des Lenzschen Gesetzes bestimmt werden, das wir bereits im vorherigen Kapitel bei der Simulation von Induktoren verwendet haben. Die induzierte EMK in einer Spule wird in einem solchen Sinne sein, dass sie die Ursache, die sie erzeugt, entgegenwirkt. Die Ursache der induzierten EMK ist der sich ändernde Kernfluss, der durch die Spule geht. Daher werden sowohl e_1 als auch e_2 der Änderung des Flusses ϕ entgegenwirken.

Im Fall des einfachen Induktors im vorherigen Kapitel mussten wir uns nie tief in die Polarität der induzierten EMK vertiefen. Die induzierte EMK war lediglich eine der Zwischenberechnungen bei der Berechnung des durch den Induktor fließenden Stroms. Im Fall von gekoppelten Spulen haben wir jedoch viele interessante Fälle, die bald untersucht werden. Daher ist die Polarität der induzierten EMK jetzt ziemlich wichtig, insbesondere in der zweiten Spule, die auf dem rechten Schenkel gewickelt ist. Um die Polarität der induzierten EMK zu bestimmen, müssen wir die Frage stellen – wie kann die induzierte EMK der Änderung des Kernflusses entgegenwirken, die sie erzeugt? Antwort – die induzierten EMK müssen Kernflüsse erzeugen, die der Änderung des Kernflusses entgegenwirken. Hier ist es wieder wichtig zu betonen, dass die induzierte EMK der Änderung des Kernflusses und nicht dem Kernfluss selbst entgegenwirken wird.

Um die induzierten EMK in den beiden Spulen zu bestimmen, stellen wir fest, dass die auf dem linken Schenkel gewickelte Spule durch eine externe Spannung v erregt wird, während die auf dem rechten Schenkel gewickelte Spule offen geschaltet ist. Daher kann für die auf dem linken Schenkel gewickelte Spule folgender Ausdruck geschrieben werden:

$$v - ir_1 = e_1 \tag{3.5}$$

wo r_1 der Wicklungswiderstand der auf dem linken Schenkel gewickelten Spule ist. Im Fall der auf dem rechten Schenkel gewickelten Spule, da sie offen geschaltet ist, wird kein Strom fließen, noch ist eine externe Spannungsquelle an sie angeschlossen. Wenn jedoch die Spannung über den Anschlüssen der auf dem rechten Schenkel gewickelten Spule gemessen wird, wird sie gleich der induzierten EMK e_2 sein, da es keinen Widerstandsabfall bei null Strom gibt.

Aus Gl. (3.5) scheint es, als ob die induzierte EMK e_1 dem Strom i entgegenwirkt, der durch die auf dem linken Schenkel gewickelte Spule fließt. Dies ist wahr, da das Kirchhoffsche Spannungsgesetz immer in jeder geschlossenen Schleife anwendbar ist und die grundlegende Basis des Gesetzes ist, dass die Summe der Spannungsquellen und Spannungsabfälle in einer geschlossenen Schleife null sein wird. Da der resistive Abfall ir_1 für die meisten praktischen Spulen normalerweise vernachlässigbar ist, ist der Hauptwiderstand gegen die angelegte Spannung die induzierte EMK. Es ist die induzierte EMK, die den Stromfluss durch die Spule begrenzt, wenn eine Spannung an sie angelegt wird. Trotz der Tatsache, dass die induzierte EMK anscheinend der einzige Widerstand gegen den Stromfluss ist, ist es wichtig zu betonen, dass die induzierte EMK nicht immer da sein wird, um den Stromfluss zu behindern. Die induzierte EMK wird *nur* vorhanden sein, wenn sich der mit der Spule verbundene magnetische Fluss im Verhältnis zur Zeit ändert. Wenn zum Beispiel die angelegte Spannung eine Gleichspannung im stationären Zustand wäre, wird die induzierte EMK null sein, sobald der Strom ansteigt und sich auf den stationären Wert einstellt. Wir haben dies im vorherigen Kapitel mit Simulationen untersucht.

Gl. (3.5) kann immer noch verwendet werden, um folgende Frage zu beantworten: Wie wird die induzierte EMK der Ursache entgegenwirken, die sie erzeugt (der sich ändernde Kernfluss)? Wenn wir die angelegte Spannung v durch Kurzschließen entfernen würden, können wir nun die Wirkung der induzierten EMK e_1 allein untersuchen. Abb. 3.2 zeigt die Wirkung der induzierten EMK al-

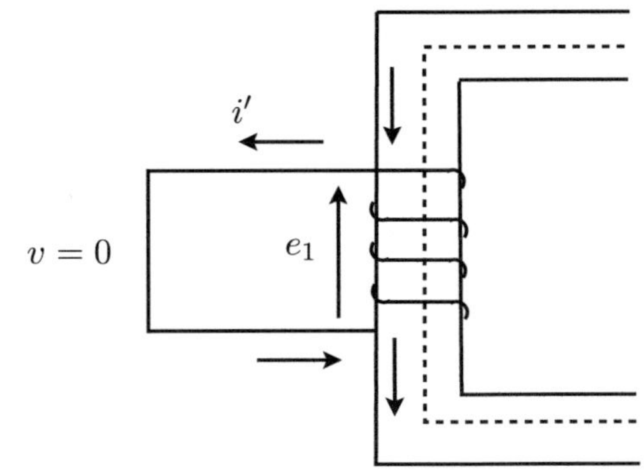

Abb. 3.2 Wirkung der induzierten EMK auf den Kernfluss

lein. Da die Versorgungsspannung durch einen Kurzschluss ersetzt wurde, hat sich die Stromrichtung umgekehrt. Dieser Strom wird durch i' bezeichnet, da er nicht der gleiche ist wie der tatsächliche Spulenstrom in Abb. 3.1. Aufgrund der Umkehrung des Stroms hat sich auch der Kernfluss in Bezug auf den Kernfluss in Abb. 3.1 umgekehrt. Dies kann durch Anwendung der Rechten-Hand-Regel überprüft werden. Daher versucht die induzierte EMK, den sich ändernden Kernfluss zu bekämpfen, indem sie einen sich ändernden Fluss erzeugt, der in umgekehrter Richtung durch den Kern fließt.

Eine tiefere Untersuchung wird die wahre Natur der induzierten EMK zeigen [5, 10]. Nach dem Faradayschen Gesetz ist die induzierte EMK direkt proportional zur Änderungsrate des Kernflusses $\frac{d\phi}{dt}$. Wenn dieser $\frac{d\phi}{dt}$ positiv wäre, würde das bedeuten, dass der Kernfluss in der in Abb. 3.1 gezeigten Richtung zunimmt. Dies würde implizieren, dass die induzierte EMK e_1 auch eine Änderungsrate hätte, die positiv ist, *d. h.* $\frac{de_1}{dt} > 0$. Aus Abb. 3.2 geht hervor, dass eine solche induzierte EMK einen Strom i' erzeugen wird, der ebenfalls eine positive Änderungsrate hat, *d. h.* $\frac{di'}{dt} > 0$. Ein zunehmender Strom i' wird einen zunehmenden Fluss in der abwärts gerichteten Richtung erzeugen. Daher wird der zunehmende Kernfluss durch eine zunehmende induzierte EMK bekämpft, die versucht, einen zunehmenden Kernfluss in der entgegengesetzten Richtung zu erzeugen. Der Leser wird ermutigt, die oben genannten Schritte auszuprobieren, wenn der Kernfluss in Abb. 3.1 abnehmen würde.

In dem oben genannten Fall der Untersuchung der Wirkung der induzierten EMK haben wir das Faradaysche Gesetz und das Kirchhoffsche Spannungsgesetz kombiniert, um zu beweisen, dass das Lenzsche Gesetz anwendbar ist, nämlich dass die induzierte EMK so sein wird, dass sie der Ursache entgegenwirkt, die sie erzeugt. Wir begannen mit dem Argument, dass, wenn eine externe Spannungsquelle nach dem Kirchhoffschen Spannungsgesetz an die Spule angeschlossen ist, die induzierte EMK der angelegten Spannung entgegenwirken wird, da die einzigen Spannungen in der geschlossenen Schleife die angelegte Spannung, der resistive Abfall und die induzierte EMK sind. Wenn wir die Natur der induzierten EMK in der auf dem rechten Schenkel gewickelten Spule bestimmen wollen, können wir das Kirchhoffsche Spannungsgesetz nicht mehr verwenden, da die Spule auf dem rechten Schenkel offen geschaltet ist. Aber selbst, wenn die Spule offen geschaltet ist, wird die induzierte EMK in der Spule dem Faradayschen Gesetz und dem Lenzschen Gesetz folgen.

Wir haben die Gleichung für die Größe der induzierten EMK bereits als direkt proportional zur Änderungsrate des Kernflusses ausgedrückt. Wir müssen nur noch die Polarität der induzierten EMK bestimmen. Abb. 3.3 zeigt die Spule, die auf dem rechten Schenkel gewickelt ist. Um zu bestimmen, wie die induzierte EMK der Ursache, die sie erzeugt, entgegenwirken kann, müssen wir eine Annahme treffen. Dies liegt daran, dass bei offenem Stromkreis kein Strom durch die Spule fließen kann, und daher nichts getan werden kann, um der Änderung des Kernflusses zu entgegenzuwirken, die die Ursache für die Entstehung des Stroms ist. Nehmen wir an, dass die Spule kurzgeschlossen ist, wie durch gestrichelte Linien gezeigt. Wenn wir annehmen, dass die Spule geschlossen ist, kann nun ein Strom durch die Spule fließen und dieser Strom kann einen Fluss erzeugen, der der Änderung des Kernflusses entgegenwirkt. Aus Abb. 3.1 geht hervor, dass der Kernfluss in abwärts gerichteter Richtung durch die Spule fließt. Daher muss, um der Änderung des Kernflusses entgegenzuwirken, der durch die Spule fließende Strom so sein, dass er einen Fluss erzeugt, der in aufwärts gerichteter Richtung durch die Spule fließt, wie in Abb. 3.3 gezeigt. Dies ist nur möglich, wenn die induzierte EMK e_2 eine Polarität hat, wie in Abb. 3.3 gezeigt, was zu dem Strom i_2' führen wird.

Die induzierte EMK e_2 kann in Bezug auf die Änderungsrate des Kernflusses $\frac{d\phi}{dt}$ quantifiziert werden, wie es für die Spule getan wurde, die auf dem linken Schenkel des Kerns gewickelt ist. Betrachten wir, was passiert, wenn der Kernfluss abnimmt, *d. h.* $\frac{d\phi}{dt} < 0$. In diesem Fall wird die induzierte EMK e_2 eine negative Größe haben. Mit der Polarität von e_2 wie in Abb. 3.3 gezeigt, würde eine induzierte EMK negativer Größe zu einem negativen Strom führen. Ein negativer Spulenstrom würde versuchen, einen Fluss im Kern zu erzeugen, der negativ ist, was bedeuten würde, dass für die in Abb. 3.3 gezeigte Richtung der Fluss in abwärts gerichteter Richtung wäre. Dies ist die gleiche Richtung wie der Kernfluss. Dies könnte auf den ersten Blick wie ein Fehler erscheinen, da wir erwarten, dass die induzierte EMK e_2 einen Fluss erzeugt, der dem Kernfluss entgegenwirkt.

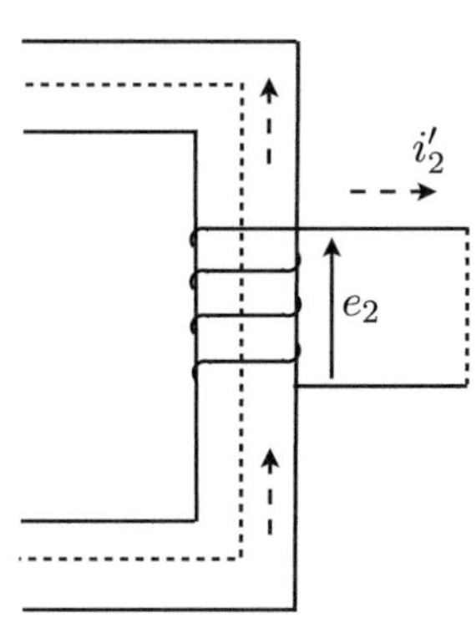

Abb. 3.3 Induzierte EMK in der gekoppelten Spule

Wir möchten noch einmal betonen, dass die induzierte EMK nicht dem Kernfluss entgegenwirkt, sondern der Änderung des Kernflusses. Der Kernfluss nimmt ab und daher wird die induzierte EMK versuchen, einen Fluss zu erzeugen, der dazu führt, dass er zunimmt. Daher versucht die induzierte EMK, einen Fluss in der gleichen Richtung wie der Kernfluss zu erzeugen, und widersetzt sich damit der Abnahme des Kernflusses. Der Leser wird ermutigt, den Fall zu untersuchen, wenn der Kernfluss zunimmt, *d. h.* $\frac{d\phi}{dt} > 0$.

In diesem Abschnitt haben wir im Detail untersucht, wie die grundlegenden Gesetze der Physik verwendet werden können, um zu zeigen, wie zwei Spulen, deren magnetische Felder miteinander interagieren, magnetisch gekoppelt werden. Aufgrund der Tatsache, dass eine der Spulen durch eine Spannungsquelle energetisiert wird, wird in beiden Spulen eine EMK induziert. Die Art der magnetischen Kopplung mag zunächst verwirrend erscheinen. Im nächsten Abschnitt werden wir mehrere verschiedene Fälle mit dem gleichen Beispiel von zwei auf einem rechteckigen Kern gewickelten Spulen untersuchen. Durch diese Fälle wird das Konzept der magnetischen Kopplung für den Leser klarer, nachdem wir mit der Entwicklung des Simulationsmodells fortfahren können.

3.3 Die Natur der magnetischen Kopplung

Im vorherigen Abschnitt hatten wir untersucht, wie zwei auf dem gleichen Kern gewickelte Spulen magnetisch gekoppelt werden, weil das von einer von ihnen erzeugte magnetische Feld mit dem anderen interagiert. Wir hatten einen speziellen Fall verwendet, um zu untersuchen, wie EMK in den beiden Spulen induziert wird. Wenn wir im nächsten Kapitel zu Transformatoren übergehen, kann die Art der magnetischen Kopplung etwas knifflig zu verstehen sein. Daher wäre es besser, anhand einer Reihe von verschiedenen Beispielen zu untersuchen, wie gekoppelte Spulen sich verhalten. Wir werden den gleichen Fall der beiden auf einem rechteckigen Kern gewickelten Spulen in Abb. 3.1 wie im vorherigen Abschnitt betrachten, aber wir werden mehrere verschiedene Szenarien ansehen.

Für jeden der Fälle in diesem Abschnitt werden wir die grundlegenden Gesetze der Physik verwenden, um die Art der Kopplung zu bestimmen, insbesondere das Faradaysche Gesetz und das Lenzsche Gesetz. Der Leser sollte mit diesen Gesetzen und vor allem den Nuancen, die mit diesen Gesetzen verbunden sind, vertraut sein [8, 9]. Das Faradaysche Gesetz besagt, dass ein sich änderndes magnetisches Feld, das mit einer Spule (oder einem Leiter) verbunden ist, eine EMK in der Spule induziert, und die induzierte EMK ist gleich der Änderungsrate der Flussverknüpfungen der Spule. Es ist wichtig zu betonen, dass das magnetische Feld sich ändern muss, damit die EMK induziert wird. Das Lenzsche Gesetz besagt, dass die induzierte EMK so sein wird, dass sie der Ursache, die sie erzeugt, entgegenwirkt. Es ist wieder wichtig zu betonen, dass die Ursache der induzierten EMK das sich ändernde magnetische Feld und nicht das magnetische Feld selbst ist. Bewaffnet mit diesen beiden Gesetzen, wollen wir nun mehrere interessante

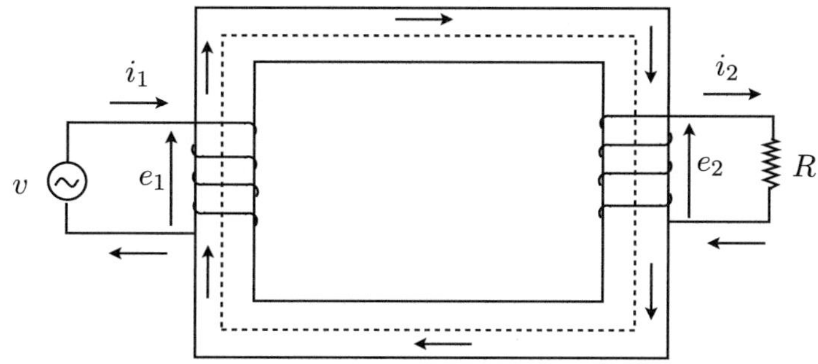

Abb. 3.4 Gekoppelte Spulen

Fälle mit den beiden auf einem rechteckigen Kern gewickelten Spulen untersuchen.

Lassen Sie uns Abb. 3.1 erweitern, indem wir einige Komponenten hinzufügen, wie in Abb. 3.4 gezeigt. Die Spule am linken Schenkel ist mit einer externen Spannungsquelle v verbunden. Es könnte auch eine Serienimpedanz R-L-C-Schaltung mit einer Impedanz von Z_1 zusammen mit der Spannungsquelle geben, aber zur Vereinfachung haben wir die äquivalente Impedanz vorerst vernachlässigt. Die Spule am rechten Schenkel ist mit einem Widerstand verbunden, der als Ableitwiderstand betrachtet werden kann. Der Leser kann die in dem vorherigen Abschnitt verwendete Logik wiederholen, um zu ähnlichen Schlussfolgerungen zu gelangen. Die induzierten EMK e_1 und e_2 sind in den Spulen des linken und rechten Schenkels induziert. Die Ströme i_1 und i_2 fließen durch die beiden Spulen. Der Fluss im Kern wird in der durch die Pfeile angezeigten Richtung fließen.

Auf den ersten Blick erzeugen wir durch das Einschalten der Spule am linken Schenkel Energie in der Spule am rechten Schenkel, die im Ableitwiderstand R verbraucht wird. Durch die magnetische Kopplung zwischen den Spulen wird Energie von einer Spule zur anderen durch das Medium des magnetischen Feldes übertragen. Wir können das Kirchhoffsche Spannungsgesetz für die Spule am linken Schenkel schreiben:

$$v - i_1 r_1 - e_1 = 0 \tag{3.6}$$

Wenn wir annehmen, dass die Schaltung zu Beginn vollständig entladen ist (bei $t = 0$), ist der Strom i_1 bei $t = 0$ gleich 0 und daher ist die induzierte EMK $e_1 = v$. Ein anderer Ansatz zu dieser Beziehung besteht darin, die Tatsache zu nutzen, dass die Spule eine Induktivität hat, die eine schnelle Änderung des durch sie fließenden Stroms nicht zulässt. Daher wird der Strom i_1 durch die Spule allmählich von 0 ändern. Als Ergebnis wird die induzierte EMK e_1 zunächst gleich der angelegten Spannung v sein und allmählich abweichen, wenn der Strom durch die Spule fließt.

Wenn der Strom i_1 durch die Spule im linken Schenkel fließt, wird sich ein Fluss im Kern aufbauen, der in der gezeigten Richtung fließt. Wie können wir diesen Fluss bestimmen? Wir könnten den magnetischen Kreis verwenden, den wir im vorherigen Kapitel bei der Simulation von Induktoren verwendet haben. Die gesamte MMK wird $N_1 i_i - N_2 i_2$ sein. Wenn wir die Abmessungen des Kerns und die relative Permeabilität des Kernmaterials kennen, können wir die Reluktanz des Kerns und anschließend den Fluss berechnen. Anstatt jedoch diese Methode zu verwenden, werden wir eine andere Methode verwenden, die bequemer sein wird, wenn wir mit mehreren gekoppelten Spulen umgehen. Nach dem Faradayschen Gesetz ist die induzierte EMK gleich der Änderungsrate der Flussverknüpfungen:

$$e_1 = \frac{d\psi_1}{dt} = N_1 \frac{d\phi}{dt} \tag{3.7}$$

Daher kann der Fluss im Kern wie folgt ausgedrückt werden:

$$\phi = \frac{1}{N_1} \int e_1 dt = \frac{1}{N_1} \int (v - i_1 r_1) dt \tag{3.8}$$

In der obigen Gleichung ist der Widerstand r_1 ein vernachlässigbarer Wicklungswiderstand der Spule, sodass die angelegte Spannung v hauptsächlich den Kernfluss beeinflusst. An dieser Stelle müssen wir uns daran erinnern, dass wir jede äquivalente Impedanz in Serie mit der angelegten Spannung vernachlässigt haben. Wenn es eine solche Impedanz gäbe (bezeichnet durch sagen wir Z_1), würde die angelegte Spannung v in der obigen Gleichung erweitert zu $v - i_1 Z_1$. In den Simulationen des Induktors im vorherigen Kapitel hatten wir einen Widerstand in Serie mit der simulierten Induktivität betrachtet. Wenn die äquivalente Impedanz Z_1 größer wird, wird der Einfluss der angelegten Spannung v abnehmen.

Nehmen wir vorerst an, dass die angelegte Spannung v eine beliebige Spannung ist – nicht unbedingt eine reine Gleichspannung oder eine reine Wechselspannung mit einer bestimmten Frequenz. Wenn der durch die obige Integralgleichung erzeugte Fluss ϕ nicht konstant ist, sondern sich ändert, wird nach dem Faradayschen Gesetz eine EMK in der Spule im rechten Schenkel induziert, die durch den durch sie fließenden Fluss verursacht wird. Diese induzierte EMK kann wie folgt ausgedrückt werden:

$$e_2 = N_2 \frac{d\phi}{dt} \tag{3.9}$$

Diese induzierte EMK wird einen Stromfluss durch die Spule im rechten Schenkel verursachen, der nach dem Kirchhoffschen Spannungsgesetz wie folgt ausgedrückt wird:

$$e_2 - i_2 r_2 - i_2 R = 0 \tag{3.10}$$

Wie wir bereits im vorherigen Abschnitt besprochen haben, wird die induzierte EMK e_2 nach dem Lenzschen Gesetz so beschaffen sein, dass sie der Ursache, die sie erzeugt, entgegenwirkt. Im vorherigen Abschnitt hatten wir jedoch die Spule im rechten Schenkel als offen betrachtet, sodass, obwohl eine EMK in ihr induziert wurde, kein Strom durch sie floss. In der Schaltung von Abb. 3.4 speist die Spule im rechten Schenkel einen Ableitwiderstand und daher fließt ein Strom durch sie. Der Leser wird ermutigt, die gleiche Logik wie im vorherigen Abschnitt anzuwenden, um zu überprüfen, dass die Polarität der induzierten EMK e_2 wie in Abb. 3.4 dargestellt ist. Nun muss jedoch eine wichtige Frage gestellt werden: Wenn die induzierte EMK e_2 so beschaffen ist, dass sie der Änderung des Kernflusses entgegenwirkt und einen Strom i_2 fließen lässt, wie wird der Kernfluss beeinflusst?

Die von den Spulen im linken und rechten Schenkel erzeugte MMK sind jeweils $N_1 i_1$ und $N_2 i_2$. Angesichts der Richtung der Ströme, die in den beiden Spulen fließen, würden sie versuchen, Flüsse in entgegengesetzte Richtungen zu erzeugen. Der Leser wird ermutigt, diese Tatsache zu überprüfen, indem er die Rechte-Hand-Regel auf die beiden Spulen mit ihren Strömen in der gezeigten Richtung anwendet. Es ist sehr wichtig zu betonen, dass wir nicht nach dem Lenzschen Gesetz schlussfolgern können, dass die von den Strömen in den beiden Spulen erzeugten Flüsse einander entgegenwirken. Nach dem Lenzschen Gesetz werden die induzierten EMK und folglich die Ströme dem *ändernden* Kernfluss entgegenwirken und nicht dem Fluss selbst. Die Tatsache, dass die von den beiden Spulenströmen erzeugten Flüsse einander entgegenwirken, ist die Schlussfolgerung aus der Anwendung des magnetischen Kreises, sobald die Richtungen der Ströme in den Spulen bestimmt wurden.

Nun, da wir festgestellt haben, dass die Ströme in den beiden Spulen dazu neigen werden, im Kern entgegengesetzte Flüsse zu erzeugen, ist klar, dass der Strom i_2, der in der auf dem rechten Schenkel gewickelten Spule fließt, dazu neigen wird, den Kern zu entmagnetisieren, indem er dem von dem Strom i_1, der im linken Schenkel fließt, erzeugten Fluss entgegenwirkt. Für diesen magnetischen Kreis wird die Netto-MMK $N_1 i_1 - N_2 i_2$ sein. Es ist daher ganz natürlich zu erwarten, dass der Fluss im Kern aufgrund dieser verringerten MMK abnehmen wird. Allerdings hatten wir den Kernfluss mit (3.8) ausgedrückt. Wenn die Spannung v gleichbleibt, wird auch der Kernfluss ungefähr gleichbleiben (unter Vernachlässigung des Abfalls $i_1 r_1$). Hier entsteht eine Verwirrung – wenn der Kernfluss sich nicht ändert, welchen Effekt wird der Strom i_2 haben?

Wir müssen uns daran erinnern, dass, wenn Spulen so zusammengewickelt sind, dass ihre magnetischen Felder miteinander interagieren, Energie von einer Spule zur anderen übertragen wird [5, 6, 10]. Energie wird nicht in der auf dem rechten Schenkel gewickelten Spule erzeugt, nur weil sie vom magnetischen Feld der auf dem linken Schenkel gewickelten Spule beeinflusst wird. Dies kann nur geschehen, wenn wir die Energie berücksichtigen, die von der Spule auf dem linken Schenkel auf die Spule auf dem rechten Schenkel übertragen wird. Wenn der Fluss im Kern sich nicht ändern soll, muss die Netto-MMK auf dem Wert von $N_1 i_1$ bleiben. Die MMK in der Spule auf dem rechten Schenkel $N_2 i_2$ muss zusätzlich durch die Spule auf dem linken Schenkel fließen, um sicherzustellen, dass die Netto-MMK gleichbleibt. Die Netto-MMK kann wie folgt ausgedrückt werden:

$$N_1 i_1 + N_2 i_2 - N_2 i_2 = N_1 i_1 + N_1 \frac{N_2}{N_1} i_2 - N_2 i_2 \tag{3.11}$$

Als Ergebnis hat der Strom, der durch die auf dem linken Schenkel gewickelte Spule fließt, zugenommen auf:

$$i_1' = i_1 + \frac{N_2}{N_1} i_2 \tag{3.12}$$

Diese Zunahme des Stroms in der Spule auf dem linken Schenkel ist verständlich, da sie die Energie liefert, die vom Ableitwiderstand R in der Spule auf dem rechten Schenkel verbraucht wird. Der zweite Term in der obigen Gleichung wird als transformierter Strom bezeichnet [5, 10]. Da der Strom in der auf dem linken Schenkel gewickelten Spule zugenommen hat, wird durch (3.8) der Kernfluss abnehmen. Wie stark der Kernfluss abnehmen wird, hängt vom Strom i_1' ab und ob es eine äquivalente Impedanz Z_1 in Serie mit der angelegten Spannung v gibt.

Lassen Sie uns einige Variationen der oben gekoppelten Spulen untersuchen, um tiefer in die Natur der magnetischen Kopplung einzudringen. In Abb. 3.4 haben wir das Lenzsche Gesetz verwendet, um die Polarität der induzierten EMK e_2 in der auf dem rechten Schenkel gewickelten Spule zu bestimmen. Was wäre, wenn wir den Sinn ändern, in dem die Spule auf dem rechten Schenkel gewickelt ist, wie in Abb. 3.5 gezeigt? Wie zuvor können wir durch Anwendung des Lenzschen Gesetzes feststellen, dass die induzierte EMK e_2 so sein muss, dass sie der Änderung des Kernflusses entgegenwirkt. Betrachten wir den Fall, dass der Kernfluss zunimmt, *d. h.* $\frac{d\phi}{dt} > 0$. In diesem Fall wird die induzierte EMK e_2 in ihrer Größe zunehmen. Als Ergebnis wird der Strom i_2, der durch die Spule auf dem rechten Schenkel fließen wird, ebenfalls in seiner Größe zunehmen. Der von diesem Strom erzeugte Fluss wird ein zunehmender Fluss sein. Nach dem Lenzschen Gesetz muss dieser von i_2 erzeugte Fluss der Änderung des Kernflusses entgegenwirken. Damit dieser Widerstand stattfinden kann, muss der von i_2 erzeugte Fluss in entgegengesetzter Richtung zum Hauptkernfluss sein. Damit dies geschieht, müssen die Polarität des Stroms i_2 und daher die induzierte EMK e_2 so sein, wie in Abb. 3.5 gezeigt. Diese Polaritäten sind genau das Gegenteil der Polaritäten in Abb. 3.4. Daher kann durch Änderung des Wicklungssinns einer Spule die Polarität der an den Ableitwiderstand R angelegten Spannung umgekehrt werden.

Betrachten wir einen weiteren Fall, in dem wir die gleichen gekoppelten Spulen in Abb. 3.4 verwenden, aber anstatt einen Ableitwiderstand R an die Spule auf dem

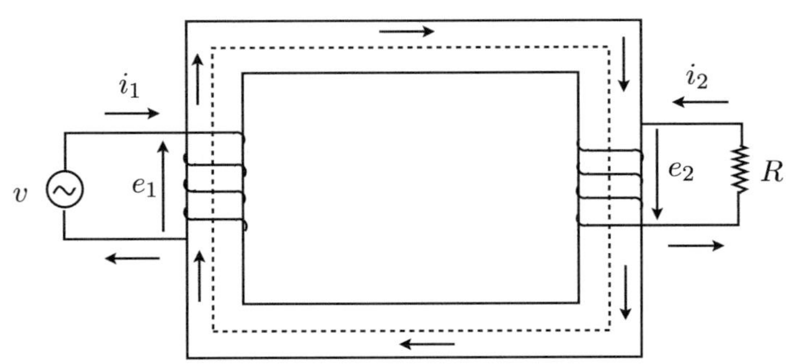

Abb. 3.5 Änderung des Wicklungssinns einer der Spulen

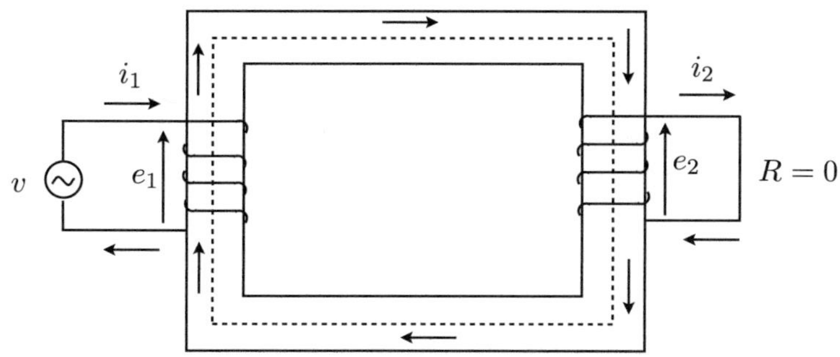

Abb. 3.6 Kurzschließen einer der Spulen

rechten Schenkel anzuschließen, schließen wir die Spule stattdessen kurz. Dies ist in Abb. 3.6 dargestellt. Die Gleichungen, die sich auf die Spule auf dem linken Schenkel beziehen, bleiben gleich. Die Gleichungen, die sich auf die Spule auf dem rechten Schenkel beziehen, ändern sich jedoch wie folgt. Durch Anwendung des Kirchhoffschen Spannungsgesetzes auf die Spule auf dem rechten Schenkel erhalten wir

$$e_2 - i_2 r_2 = 0 \tag{3.13}$$

Da der Wicklungswiderstand der meisten praktischen Spulen vernachlässigbar ist, kann der obige Ausdruck wie folgt approximiert werden:

$$e_2 \approx 0 \tag{3.14}$$

Die Gleichungen, die die beiden Spulen verbinden, bleiben gleich, da die Art ihrer Kopplung sich nicht geändert hat. Daher können die induzierten EMK der Spulen immer noch durch das Faradaysche Gesetz als (3.7) und (3.9) ausgedrückt werden. Die Art der Kopplung der Spulen zeigt sich darin, dass beide induzierten EMK nun proportional zur Änderungsrate des Kernflusses sind. Wenn eine der EMK null wäre, wäre auch die andere EMK null. Dies würde implizieren

$$e_1 \approx 0 \tag{3.15}$$

Daher haben wir durch das Kurzschließen der Spule am rechten Schenkel effektiv auch die Spule am linken Schenkel kurzgeschlossen. Der Strom i_1 wird nur durch die äquivalente Impedanz Z_1 in Reihe mit der angelegten Spannung begrenzt. Wenn diese äquivalente Serienimpedanz Z_1 vernachlässigbar wäre, wäre der Strom i_1 gefährlich hoch und würde normalerweise den Draht der auf dem linken Schenkel gewickelten Spule durchbrennen. Wenn es jedoch eine erhebliche äquivalente Serienimpedanz Z_1 gäbe, wäre der Strom i_1 begrenzt. Eine sehr interessante Frage in diesem Fall wäre – was wäre der Kernfluss? Der Kernfluss würde immer noch mit dem Faradayschen Gesetz bestimmt und kann durch (3.8) ausgedrückt werden. Wenn der Fluss das Integral der induzierten EMK ist, die vernachlässigbar ist, wäre daher auch der Kernfluss vernachlässigbar.

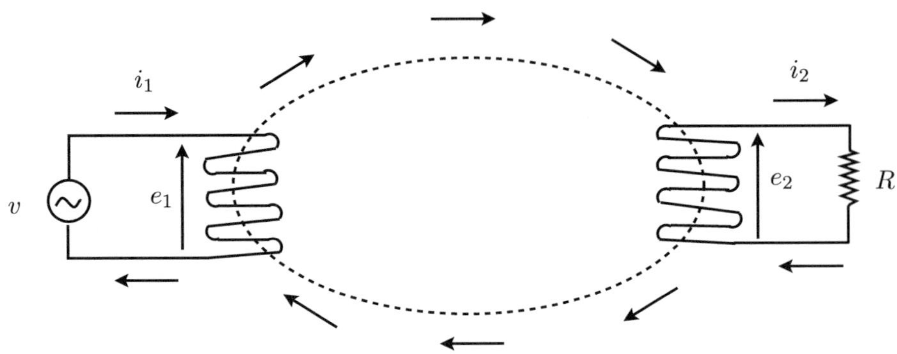

Abb. 3.7 Entfernen des Kerns

Untersuchen wir einen weiteren Fall. Bei den gekoppelten Spulen von Abb. 3.4 entfernen wir den Eisenkern und lassen die Spulen in der Luft gewickelt, wie in Abb. 3.7 gezeigt. Durch das Entfernen des Kerns haben wir das magnetische Medium entfernt, das einen relativ niedrigen Permeabilitätspfad für den Fluss bereitstellte und die beiden Spulen verband. Ein Kern aus laminiertem Eisen hätte eine relative Permeabilität (μ_r) von etwa 1000 im Vergleich zur relativen Permeabilität der Luft von 1. Mit der Abnahme der Permeabilität des Mediums um den Faktor 1000 wird der erzeugte Fluss drastisch abnehmen. Bei einer gegebenen externen Spannung, die auf die Spule links angelegt wird, wird die induzierte EMK aufgrund der Tatsache, dass die Änderungsrate des Flusses bei einem verminderten Fluss ebenfalls viel niedriger sein wird, viel niedriger sein. Darüber hinaus wird, abhängig von der physischen Trennung zwischen den beiden Spulen, der Fluss, der die rechte Spule verbindet, niedriger und in den meisten Fällen fast vernachlässigbar sein. Als Ergebnis wird eine vernachlässigbare EMK e_2 in der Spule rechts induziert und ein sehr großer Strom wird in der Spule links fließen, da e_1 kleiner ist. Es sei denn, die beiden Spulen sind fast zusammengeführt, dann kann man sagen, dass die beiden Spulen praktisch keine Kopplung haben.

Untersuchen wir einen letzten Fall, bevor wir diesen Abschnitt beenden. Im Fall von Abb. 3.4 verbinden wir eine Gleichspannung, wie eine Gleichstrombatterie, mit der Spule, die auf dem linken Schenkel gewickelt ist, wie in Abb. 3.8 gezeigt. Wie zuvor können wir (3.8) verwenden, um den erzeugten Fluss zu bestimmen. Da wir $v - i_1 r1$ integrieren, integrieren wir bei einer praktischen Spule mit vernachlässigbarem Wicklungswiderstand r_1 die angelegte Spannung. Wenn v eine Gleichspannung ist, ist es ziemlich offensichtlich, dass der Fluss sehr bald auf Werte ansteigen wird, die den Kern sättigen. Die induzierte EMK e_1 beginnt mit einem Wert gleich der angelegten Spannung v, da die Spule keinen abrupten Anstieg des Stroms durch sie zulassen wird. Wenn der Kern zu sättigen beginnt, wird die induzierte EMK abnehmen, da sie proportional zur Änderungsrate des Flusses ist, wodurch der Strom i_1 zunimmt. Schließlich wird der gezogene Strom zunehmen, bis er die Spule durchbrennt.

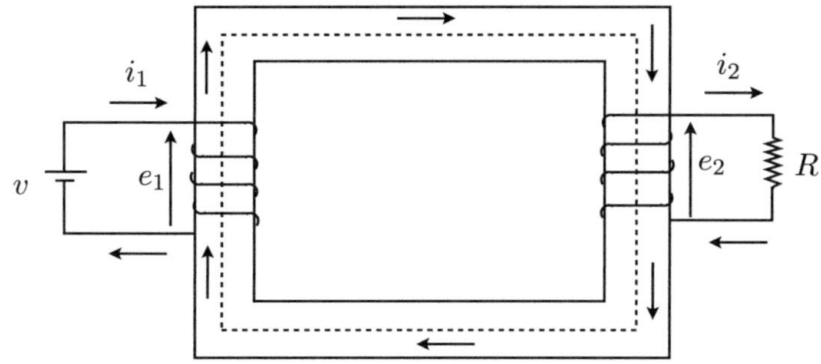

Abb. 3.8 Anlegen einer Gleichspannung

Es gibt jedoch einen interessanten Fall, wenn wir die angelegte Spannung v in Reihe mit einer äquivalenten Serienwicklung Z_1 betrachten. In einem solchen Fall ändert sich die effektiv auf die Spule angelegte Spannung von v zu $v - i_1 Z_1$. Der Kernfluss wird aufgrund der angelegten Gleichspannung und des durch die Spule fließenden Stroms i_1 zunehmen, um die MMK $N_1 i_1$ zu erzeugen, die den Kernfluss aufrechterhält. Wenn der Strom i_1 zunimmt, verringert sich die an die Spule angelegte Spannung $v - i_1 Z_1$. Wenn Z_1 signifikant groß ist, wird die angelegte Spannung einen vernachlässigbaren Wert erreichen, und der Fluss wird aufhören zu steigen und konstant bleiben.

Wenn dieser Kernfluss den Kern nicht sättigt, wird dies dem Spulenkörper oder dem Kern keinen Schaden zufügen. Wenn jedoch Z_1 nicht sehr groß ist, wird der Kernfluss auf Werte ansteigen, die den Kern sättigen. Der Fluss kann sich auf einem Wert in der Sättigungszone der B-H-Kurve einpendeln und der gezogene Strom wird proportional sein, um diesen Fluss aufrechtzuerhalten. Selbst wenn ein solcher Strom nicht dazu führt, dass die Spule beschädigt wird, ist ein solcher Betriebszustand, bei dem der Kern gesättigt ist und die Ströme hoch sind, nicht empfehlenswert, da die übermäßigen Verluste die magnetischen Eigenschaften des Kerns dauerhaft verschlechtern können. Daher wird das Anlegen einer konstanten Gleichspannung an einer Spule nicht empfohlen und wenn man dies tun möchte, muss eine Serienimpedanz angeschlossen werden, um sicherzustellen, dass der Kern nicht gesättigt wird. In beiden Fällen, egal ob der Kern gesättigt wird oder nicht, wird der Fluss einen konstanten Wert im stationären Zustand erreichen, und die induzierten EMK e_1 und e_2 werden null werden. Daher wird im Falle einer an eine Spule angelegten Gleichspannung keine Energie auf eine magnetisch gekoppelte Spule übertragen.

In diesem Abschnitt haben wir mehrere mögliche Fälle mit den zwei magnetisch gekoppelten Spulen untersucht. Der Zweck dieses Abschnitts war es, die Art der magnetischen Kopplung anhand der Grundgesetze der Physik im Detail zu verstehen. Der Zweck der Aufnahme dieses Abschnitts war es, dem Leser den Umgang mit den physikalischen Gesetzen zur Verständigung des Verhaltens gekoppelter Spulen zu erleichtern. In den späteren Abschnitten und auch in den späteren Kapiteln wird diese grundlegende Art der Kopplung die Grundlage für

Transformatoren bilden. Im nächsten Abschnitt werden wir eine verallgemeinerte Menge von Gleichungen für magnetisch gekoppelte Spulen ableiten.

3.4 Gegenseitige Induktivität

Im vorherigen Abschnitt haben wir die Grundgesetze der Physik verwendet, um zu verstehen, wie sich magnetisch gekoppelte Spulen verhalten. Wir konnten verstehen, wie sich die Spulen unter verschiedenen Bedingungen aus mathematischen Gleichungen verhalten würden, die auf diesen Grundgesetzen der Physik basieren. Um jedoch ein Simulationsmodell für gekoppelte Induktoren zu entwickeln, benötigen wir einen strengen Satz von Gleichungen, der all diese physikalischen Phänomene erfasst und auf jede mögliche Bedingung anwendbar ist. In diesem Abschnitt werden wir beginnen, die magnetische Kopplung zwischen Induktoren mathematisch auszudrücken, was wiederum dazu verwendet werden kann, ein Simulationsmodell in den späteren Abschnitten zu entwickeln.

Im vorherigen Kapitel können wir für einen Induktor den Flussverknüpfung ψ in Bezug auf den Strom i mit der Eigenschaft der Induktanz ausdrücken als [1, 2]:

$$\psi = Li \tag{3.16}$$

Dies ist genauso, wie die Eigenschaft der Induktanz definiert ist. Eine Induktanz von 1 Henry ist die Induktanz, die eine Flussverknüpfung von 1 Wb-Umdrehung erzeugt, wenn ein Strom von 1 Ampere durch den Induktor fließt. Da wir den Strom mit der Flussverknüpfung in Beziehung setzen, berücksichtigen wir alles – Anzahl der Windungen, Permeabilität des Kerns, mittlere Länge des Flusswegs, Querschnittsfläche des Kerns. Dies macht die Induktanz zu einer sehr bequemen Eigenschaft, da sie es uns ermöglicht, viele Variablen mit nur einer darzustellen. Denn sobald wir einen Induktor auf einem Kern gewickelt haben, ändern Sie physisch nichts, nur der Strom durch die Spule ändert sich.

Im Falle von gekoppelten Spulen ändert sich die obige Gleichung, da für eine bestimmte Spule die Flussverknüpfungen nicht nur durch den Strom durch diese Spule, sondern auch durch den Strom durch die andere Spule, die magnetisch mit dieser Spule gekoppelt ist, beeinflusst werden. Betrachten wir zunächst das Beispiel von zwei Spulen betrachten, die auf einen rechteckigen Kern gewickelt sind, wie in Abb. 3.9 gezeigt. Die Flussverknüpfung der Spule, die auf dem linken Schenkel gewickelt ist (nennen wir sie Spule 1), wird ausgedrückt als:

$$\psi_1 = L_1 i_1 \pm f(i_2) \tag{3.17}$$

Der erste Term ist genau der gleiche wie zuvor – Induktivität der Spule 1 und Strom i_1 durch Spule 1 beeinflussen die Flussverknüpfungen der Spule. Da jedoch diese Spule 1 magnetisch mit der Spule verknüpft ist, die auf dem rechten Schenkel gewickelt ist (nennen wir sie Spule 2), wird jeder Strom i_2, der durch Spule 2 fließt, auch die Flussverknüpfungen von Spule 1 beeinflussen. Im vorherigen Abschnitt hatten wir spezielle Fälle betrachtet, bei denen Spule 1 durch eine externe

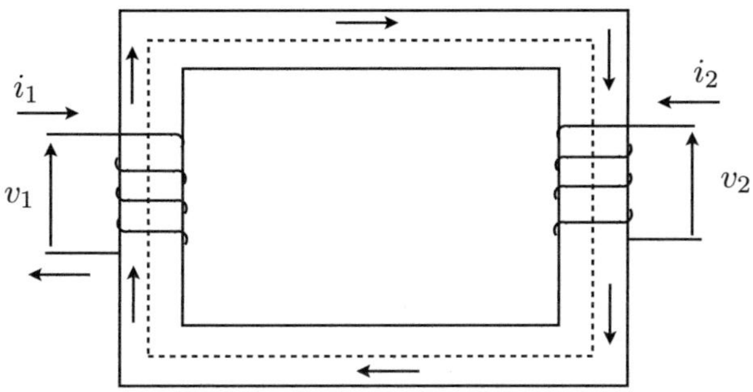

Abb. 3.9 Magnetisch gekoppelte Spulen

Spannung erregt wurde und Spule 2 nicht unabhängig erregt wurde. In diesem Abschnitt gehen wir davon aus, dass die beiden Spulen ihre eigenen unabhängigen externen Schaltungen haben, die Ströme von i_1 und i_2 durch sie fließen lassen. Wir haben die Wirkung des Stroms i_2 in Spule 2 als $\pm f(i_2)$ aufgenommen – eine beliebige Funktion f des Stroms in Spule 2. Außerdem wissen wir nicht, ob das von dem Strom in Spule 2 erzeugte Magnetfeld das von dem Strom in Spule 1 erzeugte Magnetfeld unterstützen oder entgegenwirken wird. Obwohl wir in Abb. 3.9 bestimmen können, ob die von den Strömen erzeugten Magnetfelder sich gegenseitig unterstützen oder entgegenwirken, ignorieren wir die tatsächlichen Wicklungsdetails für jetzt.

Bevor wir mit der detaillierten mathematischen Modellierung fortfahren, müssen wir über die Schaltungen klären, die mit den beiden Spulen verbunden sind. Im vorherigen Abschnitt war Spule 1 die Primärspule, die eine induzierte EMK in Spule 2 verursachen würde, wodurch Energie von Spule 1 auf Spule 2 übertragen wird. Dies ist ein sehr spezifischer Fall. Um jedoch die Diskussion in diesem Abschnitt allgemeiner zu gestalten, möchten wir den Zustand einführen, in dem jede Schaltung an Spule 1 und Spule 2 angeschlossen sein könnte. Beide könnten durch Spannungsquellen erregt werden und könnten auch andere Schnittstellenkomponenten haben. Was uns interessiert, ist, durch Gleichungen den Einfluss des Stroms in einer Spule auf die andere gekoppelte Spule auszudrücken, aufgrund der Tatsache, dass diese magnetisch gekoppelt sind.

In einem solchen Fall, in dem einige willkürliche Ströme i_1 und i_2 durch die Spulen fließen, versuchen Spule 1 und Spule 2 beide, Flüsse im Kern zu erzeugen. Die Richtung der Flüsse kann für die Ströme, die in Spule 1 und Spule 2 fließen, mit der Rechten-Hand-Regel bestimmt werden. In Abb. 3.9 ist das Ergebnis für die Art und Weise, wie die beiden Spulen gewickelt sind, wenn die Ströme in den beiden Spulen wie gezeigt fließen, dass die von den beiden Spulen erzeugten Flüsse in die gleiche Richtung durch den Kern fließen. Man könnte sich einen anderen Fall vorstellen, in dem der Strom, der durch eine der Spulen fließt, umgekehrt wird. Was würde in diesem Fall passieren? Die von den Spulen erzeugten Flüsse würden in entgegengesetzte Richtungen fließen. Die stärkere Spule gewinnt und es gelingt ihr, einen Fluss durch die andere zu drücken. Genauso in einem elektrischen Schaltkreis mit mehreren Spannungsquellen, wo eine Spannungsquelle einen Strom durch die andere erzwingen würde. In diesem einfachen Fall eines rechteckigen Kerns, wie in Abb. 3.9 gezeigt, wäre die stärkere Spule diejenige mit der größeren MMK – dem Produkt aus Strom und Anzahl der Windungen. Es ist sehr wichtig zu betonen, dass in einem komplexeren Kern mit mehreren Gliedern die stärkere Spule nicht nur durch die MMK der Spule bestimmt wird. Schließlich müssen wir den magnetischen Schaltkreis als Ganzes lösen, unter Berücksichtigung der MMK der Spulen und der Reluktanz jedes Gliedes des Kerns.

Um zu veranschaulichen, wie wir den Fluss im Kern durch Lösung des magnetischen Schaltkreises bestimmen können, verwenden wir Abb. 3.10. Wir könnten den Fluss in jedem Glied des Kerns bestimmen, indem wir nur eine Spule auf einmal betrachten und die äquivalente Reluktanz berechnen. Dies würde in zwei Flüssen resultieren, wie durch die durchgezogenen Pfeile (für die auf dem linken Glied gewickelte Spule) und gestrichelten Pfeile (für die auf dem rechten Glied gewickelte Spule) gezeigt. Der Fluss im Kern aufgrund beider Spulen wird die Summe der beiden Flüsse nach dem Überlagerungstheorem sein. Dies wird in den Flüssen resultieren, die als Funktionen des in den Spulen fließenden Stroms ausgedrückt sind. In den folgenden Gleichungen sind ρ_1, ρ_2 und ρ_3 die Reluktanzen des linken Glieds, des rechten Glieds und des zentralen Glieds.

Der im linken Glied fließende Fluss wird ausgedrückt als:

$$\phi_1 = \frac{N_1 i_1}{\rho_1 + \frac{\rho_2 \rho_3}{\rho_2 + \rho_3}} + \frac{N_2 i_2}{\rho_2 + \frac{\rho_1 \rho_3}{\rho_1 + \rho_3}} \frac{\frac{\rho_1 \rho_3}{\rho_1 + \rho_3}}{\rho_1} \tag{3.18}$$

Der im rechten Glied fließende Fluss wird ausgedrückt als:

$$\phi_2 = \frac{N_1 i_1}{\rho_1 + \frac{\rho_2 \rho_3}{\rho_2 + \rho_3}} \frac{\frac{\rho_2 \rho_3}{\rho_2 + \rho_3}}{\rho_2} + \frac{N_2 i_2}{\rho_2 + \frac{\rho_1 \rho_3}{\rho_1 + \rho_3}} \tag{3.19}$$

Weitere Vereinfachungen sind mit den obigen beiden Gleichungen möglich, obwohl ihre Ausdrucksweise in der obigen Form es sehr einfach macht zu verstehen, wie die Flüsse als Wirkung beider Spulen berechnet werden können.

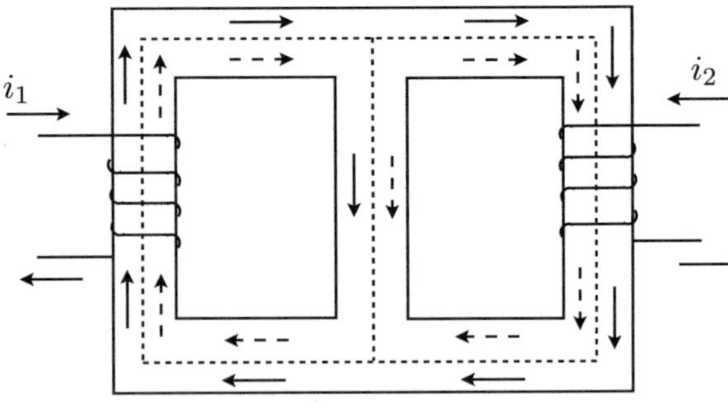

Abb. 3.10 Lösung des magnetischen Schaltkreises für zwei auf einem dreigliedrigen Kern gewickelte Spulen

Anschließend können die Flussverknüpfungen ψ_1 und ψ_2 wie folgt bestimmt werden:

$$\psi_1 = \frac{N_1^2 i_1}{\rho_1 + \frac{\rho_2\rho_3}{\rho_2+\rho_3}} + \frac{N_1 N_2 i_2}{\rho_2 + \frac{\rho_1\rho_3}{\rho_1+\rho_3}} \frac{\frac{\rho_1\rho_3}{\rho_1+\rho_3}}{\rho_1} \tag{3.20}$$

$$\psi_2 = \frac{N_1 N_2 i_1}{\rho_1 + \frac{\rho_2\rho_3}{\rho_2+\rho_3}} \frac{\frac{\rho_2\rho_3}{\rho_2+\rho_3}}{\rho_2} + \frac{N_2^2 i_2}{\rho_2 + \frac{\rho_1\rho_3}{\rho_1+\rho_3}} \tag{3.21}$$

Es ist ziemlich einfach zu beobachten, dass (3.20) die gleiche Struktur hat wie (3.17). Wir haben die Flussverknüpfung ψ_1 als Summe einer Funktion des Stroms i_1 in Spule 1 und einer Funktion des Stroms i_2 in Spule 1 ausgedrückt.

Der Leser wird ermutigt festzustellen, dass der erste Term in (3.20) und der zweite Term in (3.21) lediglich die Induktivitäten L_1 und L_2 der Spulen sind, wenn wir die Wirkung der anderen Spule ignorieren. Diese Berechnung findet sich im vorherigen Kapitel. Wir werden diese Induktivitäten nun L_1 und L_2 als die Selbstinduktivitäten der Spule umbenennen [1, 2]. Die Selbstinduktivität einer Spule drückt die Flussverknüpfungen der Spule aufgrund eines Stroms aus, der durch die Spule selbst fließt, und ignoriert alle anderen Spulen, die magnetisch mit ihr gekoppelt sein könnten. Wir können nun einen weiteren Begriff einführen – die gegenseitige Induktivität. Die gegenseitige Induktivität drückt die Flussverknüpfung einer Spule aufgrund des Stroms aus, der in einer anderen, magnetisch mit ihr gekoppelten Spule fließt [1, 2]. Diese gegenseitige Induktivität ist eine Größe, die die Beziehung zwischen zwei Spulen ausdrückt, und wir verwenden normalerweise den Buchstaben *M*, um sie zu bezeichnen.

Die gegenseitige Induktivität M_{12} definiert die Flussverknüpfung der Spule 1 aufgrund des in Spule 2 fließenden Stroms:

$$M_{12} = \frac{N_1 N_2}{\rho_2 + \frac{\rho_1\rho_3}{\rho_1+\rho_3}} \frac{\rho_3}{\rho_1 + \rho_3} \tag{3.22}$$

Die gegenseitige Induktivität M_{21} definiert die Flussverknüpfung der Spule 2 aufgrund des in Spule 1 fließenden Stroms:

$$M_{21} = \frac{N_1 N_2}{\rho_1 + \frac{\rho_2\rho_3}{\rho_2+\rho_3}} \frac{\rho_3}{\rho_2 + \rho_3} \tag{3.23}$$

Aus den obigen Gleichungen geht hervor, dass die gegenseitigen Induktivitäten gleich sein werden, wenn $\rho_1 = \rho_2$. Es wird normalerweise angenommen, dass, wenn zwei Spulen magnetisch gekoppelt sind, ihre Wirkung aufeinander identisch ist, oder dass die gegenseitige Induktivität gleich ist. Das ist jedoch nicht der Fall – im Allgemeinen muss die Wirkung, die eine Einheit auf die andere hat, nicht die gleiche sein.

Die Flussverknüpfungsgleichungen für die beiden Spulen können wie folgt geschrieben werden [1, 2]:

$$\psi_1 = L_1 i_1 + M_{12} i_2 \tag{3.24}$$

$$\psi_2 = L_2 i_2 + M_{21} i_1 \tag{3.25}$$

Der Begriff mit der gegenseitigen Induktivität hat aufgrund der Wicklungsrichtung der Spulen und der gewählten Stromrichtungen ein positives Zeichen. Würde die Wicklungsrichtung einer der Spulen geändert oder die Stromrichtung umgekehrt, hätte der Begriff mit der gegenseitigen Induktivität ein negatives Zeichen. Der Leser wird ermutigt, dies zu überprüfen.

Theoretisch könnten wir uns viele seltsame Formen von Kernen und Spulen vorstellen, die auf verschiedene Weise gewickelt sind. In solchen Fällen wären die gegenseitigen Induktivitäten M_{xy} und M_{yx} zwischen zwei gekoppelten Spulen x und y nicht gleich. Der praktische Grund für das Wickeln von Spulen auf demselben Kern, sodass sie magnetisch verknüpft sind, besteht jedoch normalerweise darin, entweder die Energieübertragung von einer Spule zur anderen (Transformatoren) zu erreichen oder die effektive Induktivität zu erhöhen/verringern. In solchen Fällen haben praktische Kerne ziemlich regelmäßige Formen, wodurch zwei magnetisch gekoppelte Spulen x und y die gleiche gegenseitige Induktivität $M_{xy} = M_{yx}$ haben werden. Wir können $\rho_1 = \rho_2$ in die Ausdrücke für die gegenseitigen Induktivitäten M_{12} und M_{21} oben einsetzen. Dies würde implizieren, dass der linke und der rechte Kernarm identische Abmessungen haben – mittlere Länge, Querschnittsfläche und relative Permeabilität – was für einen praktischen Kern durchaus vernünftig ist.

Neben der Bequemlichkeit von $M_{12} = M_{21}$ führt die Annahme eines symmetrischen Kerns zu einer weiteren sehr interessanten Beziehung. Die Selbstinduktivitäten L_1 und L_2 können wie folgt geschrieben werden:

$$L_1 = \frac{N_1^2}{\rho_1 + \frac{\rho_1 \rho_3}{\rho_1 + \rho_3}} \tag{3.26}$$

$$L_2 = \frac{N_2^2}{\rho_1 + \frac{\rho_1 \rho_3}{\rho_1 + \rho_3}} \tag{3.27}$$

In den obigen Gleichungen wurde $\rho_1 = \rho_2$ angenommen, um die Anzahl der Variablen zu reduzieren.

Das Produkt der Selbstinduktivitäten in den obigen Ausdrücken führt zu folgendem Ausdruck:

$$L_1 L_2 = \frac{N_1^2 N_2^2}{\left(\rho_1 + \frac{\rho_1 \rho_3}{\rho_1 + \rho_3}\right)^2} \tag{3.28}$$

Wenn wir das Produkt der gegenseitigen Induktivitäten M_{12} und M_{21} nehmen, kommen wir zu folgendem Ausdruck:

$$M_{12}M_{21} = \frac{N_1^2N_2^2}{\left(\rho_1 + \frac{\rho_1\rho_3}{\rho_1+\rho_3}\right)^2}\left(\frac{\rho_3}{\rho_1 + \rho_3}\right)^2 \tag{3.29}$$

Vergleichen wir die obigen Ausdrücke, kommen wir zu folgender Beziehung [1, 2]:

$$M_{12}M_{21} = L_1L_2\left(\frac{\rho_3}{\rho_1 + \rho_3}\right)^2 \tag{3.30}$$

Aus dem obigen Ausdruck haben wir nun einen Weg gefunden, die gegenseitigen Induktivitäten zwischen zwei Spulen in Bezug auf die Selbstinduktivitäten der Spulen zu bestimmen. Da $M_{12}=M_{21}$, können wir die obige Gleichung wie folgt ausdrücken:

$$M_{12} = M_{21} = \frac{\rho_3}{\rho_1 + \rho_3}\sqrt{L_1L_2} = k\sqrt{L_1L_2} \tag{3.31}$$

In der obigen Gleichung haben wir die gegenseitige Induktivität zwischen zwei Spulen in Bezug auf die Selbstinduktivitäten der Spulen und einen Faktor k ausgedrückt. Dieser k wird als Kopplungsfaktor zwischen den Spulen bezeichnet. k ist das Verhältnis des von einer Spule erzeugten Flusses, der mit der anderen gekoppelten Spule verknüpft ist. Im Fall von Abb. 3.10 ist aufgrund des Vorhandenseins des zentralen Gliedes nur ein Teil des von einer Spule erzeugten Flusses mit der anderen verknüpft. Im Fall des einfachen rechteckigen Kerns von Abb. 3.9 ist der Kopplungsfaktor $k=1$, da der gesamte von einer Spule erzeugte Fluss mit der anderen Spule verknüpft ist.

In der obigen Diskussion über den Kopplungsfaktor k haben wir angenommen, dass der gesamte von einer Spule erzeugte Fluss durch den Eisenkern fließen wird. Normalerweise ist dies nicht der Fall und es wird immer eine bestimmte Menge an Fluss geben, die in die Luft ausströmt und nicht durch den Kern fließt. Da der Eisenkern eine Permeabilität hat, die etwa 1000-mal größer ist als die der umgebenden Luft, wird der in die Luft ausströmende Fluss vernachlässigbar sein. Es ist üblich, den Kopplungsfaktor k oben mit einem weiteren Kopplungsfaktor zu multiplizieren, um den Fluss zu berücksichtigen, der in die Luft ausströmt. Dieser Kopplungsfaktor kann durch k_{air} bezeichnet werden und kann zwischen 0,995 und 0,98 liegen, was zu einem Leck von 0,5 bis 2 % führen würde.

In diesem Abschnitt haben wir den Effekt des durch eine Spule fließenden Stroms auf die Flussverknüpfungen einer anderen magnetisch gekoppelten Spule durch die Eigenschaft der gegenseitigen Induktivität quantifiziert. Darüber hinaus leiteten wir die gegenseitigen Induktivitäten zwischen gekoppelten Spulen in Bezug auf die Selbstinduktivitäten der Spulen und das Verhältnis des von einer Spule erzeugten Flusses, der die andere Spule verknüpft, ab. Diese Flussverknüpfungsgleichung ist eine allgemeine Gleichung, die für eine beliebige Anzahl von magnetisch gekoppelten Spulen geschrieben werden kann. Im nächsten Abschnitt sowie in den nächsten Kapiteln werden wir diese Gleichung als Grundlage für das Simulationsmodell für gekoppelte Spulen verwenden.

3.5 Vorgehensweise zur Simulation von gekoppelten Spulen

In diesem Abschnitt werden wir das Konzept der gegenseitigen Induktivität und Selbstinduktivität verwenden, um auf die Methode zur Simulation einer einzelnen Induktivität zu erweitern, die im vorherigen Kapitel beschrieben wurde. Wir hatten Induktoren als variable Spannungsquellen in Serie mit variablen Widerständen modelliert, deren Werte so sind, dass der von der Induktivität gezogene Strom dem aus dem mathematischen Modell berechneten entspricht. Bei der Modellierung von magnetisch gekoppelten Spulen wird jede Spule als variable Spannungsquelle in Serie mit einem variablen Widerstand dargestellt und ihre momentanen Werte werden so sein, dass sie Ströme ziehen, wie sie aus dem mathematischen Modell berechnet werden. In diesem Abschnitt werden wir beschreiben, wie wir dieses mathematische Modell in einer Simulation verwenden werden.

Abb. 3.11 zeigt, wie wir das Modell der Spannung in Serie mit einem Widerstand, das zur Simulation einer einzelnen Induktivität verwendet wurde, auf die gekoppelten Spulen von Abb. 3.9 erweitern können. Die beiden Spulen werden unabhängige elektrische Schaltungen haben, die an ihren getrennten Anschlüssen angeschlossen sind. Die Spannung über jedem Spulenanschluss wird gemessen und an das mathematische Modell gefüttert, das die magnetische Kopplung zwischen den beiden Spulen beschreibt. Die Ausgabe des mathematischen Modells wird der Wert der Spannungen sein, die von den steuerbaren Spannungsquellen erzeugt werden sollen, und optional der Wert der Widerstände in Serie mit den Spannungsquellen. Wie aus Abb. 3.11 zu sehen ist, gibt es ein einziges mathematisches Mo-

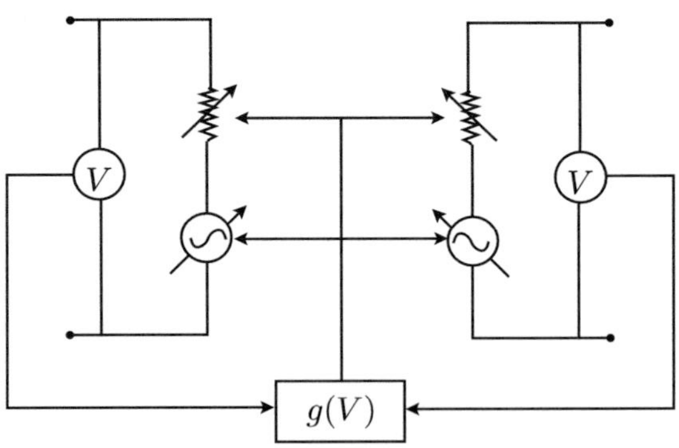

Abb. 3.11 Simulationsmodell von gekoppelten Spulen

dell für beide Spulen und dieses mathematische Modell wird auf den Gleichungen basieren, die im vorherigen Abschnitt abgeleitet wurden.

Lassen Sie die über die Anschlüsse der linken und der rechten Spulen gemessenen Spannungen jeweils v_1 und v_2 sein. Wir können unabhängig voneinander das Kirchhoffsche Spannungsgesetz auf die beiden Spulen anwenden wie folgt:

$$e_1 = v_1 - i_1 r_1 \tag{3.32}$$

$$e_2 = v_2 - i_2 r_2 \tag{3.33}$$

Hier sind e_1 und e_2 die in den beiden Spulen induzierten EMK, während r_1 und r_2 die Wicklungswiderstände der beiden Spulen sind. Für die Richtungen der Ströme i_1 und i_2 wurde angenommen, dass sie die gleichen sind wie in Abb. 3.9 – sie treten in die oberen Anschlüsse jeder Spule ein.

Die in den beiden Spulen induzierten EMK können durch das Faradaysche Gesetz wie folgt ausgedrückt werden:

$$e_1 = \frac{d\psi_1}{dt} \tag{3.34}$$

$$e_2 = \frac{d\psi_2}{dt} \tag{3.35}$$

Anschließend können die Flussverknüpfungen als Integrale der induzierten EMK ausgedrückt werden:

$$\psi_1 = \int e_1 dt \tag{3.36}$$

$$\psi_2 = \int e_2 dt \tag{3.37}$$

Die Flussverknüpfungen einer Spule können als kumulative Wirkung des Stroms durch die Spule und des Stroms durch die magnetisch verknüpfte Spule unter Verwendung von Selbst- und gegenseitigen Induktivitäten ausgedrückt werden, wie im vorherigen Abschnitt beschrieben:

$$\psi_1 = L_1 i_1 \pm M_{12} i_2 \tag{3.38}$$

$$\psi_2 = L_2 i_2 \pm M_{21} i_1 \tag{3.39}$$

In den obigen Gleichungen haben wir alle möglichen Verallgemeinerungen beibehalten. Das $\pm$ Zeichen bei dem Begriff der gegenseitigen Induktivität berücksichtigt die Tatsache, dass die Spulen so gewickelt sein können, dass die von den Spulen erzeugten Flüsse in die gleiche Richtung oder in entgegengesetzte Richtungen sein könnten. Darüber hinaus könnten die gegenseitigen Induktivitäten M_{12} und M_{21} zwischen den Spulen je nach Kernkonstruktion unterschiedlich sein, obwohl sie im Falle des rechteckigen Kerns von Abb. 3.9 gleich sind.

In den Gl. (3.38) und (3.39) werden die Flussverknüpfungen ψ_1 und ψ_2 aus den angelegten Spannungen und den bereits durch die Spulen fließenden Strömen berechnet. Dieses Konzept wurde im vorherigen Kapitel beschrieben, in dem das Simulationsmodell für den Induktor entwickelt wurde. Daher sind (3.38) und (3.39) gleichzeitige Gleichungen mit den Variablen i_1 und i_2 und durch ihre Lösung würden wir die aktualisierten Werte der Ströme i_1 und i_2 erhalten, die durch die beiden Spulen fließen. Das Lösen von gleichzeitigen Gleichungen ist recht einfach und in diesem speziellen Fall von zwei gekoppelten Spulen könnten wir sie durch bloße Beobachtung lösen, wie folgt:

$$i_1 = \frac{\psi_1 \mp M_{12} i_2}{L_1} \tag{3.40}$$

$$i_2 = \frac{\psi_2 \mp \frac{M_{21}}{L_1} \psi_1}{L_2 \mp \frac{M_{12} M_{21}}{L_1}} \tag{3.41}$$

Aus den obigen Gleichungen ist es ziemlich offensichtlich, dass einige Vereinfachungen die Lösung viel sauberer machen werden. Zunächst könnte es eine beliebige Anzahl von Spulen geben, die magnetisch gekoppelt sind, in welchem Fall eine solche Lösung sehr unpraktisch wäre. In einem späteren Abschnitt werden wir die Lösung verallgemeinern, indem wir die Gleichungen in Matrixform ausdrücken und sie mit Matrixmanipulationen lösen. Der zweite unordentliche Aspekt der obigen Gleichungen ist die Tatsache, dass wir den $\pm$-Term aufgenommen haben, um den Wicklungssinn der beiden Spulen zu berücksichtigen. Obwohl es unerlässlich ist, den Wicklungssinn der Spulen in das Modell einzubeziehen, führt die Aufnahme in die obigen Gleichungen zu Gleichungen, die für jede Gruppe von gekoppelten Spulen unterschiedlich sein können. Wenn wir die Flussverknüpfungsgleichungen mit nur positiven Zeichen für jeden wechselseitigen Induktanzterm schreiben könnten, würden wir eine Reihe von Gleichungen erhalten, die für jedes magnetisch gekoppelte System identisch wären. Im nächsten Abschnitt werden wir das Konzept der Punktpolarität einführen, das eine visuelle Methode zur Darstellung des Wicklungssinns von Spulen ist, während die Gleichungen in jedem Fall identisch bleiben.

3.6 Punktpolarität von gekoppelten Spulen

Im vorherigen Abschnitt haben wir ein Simulationsmodell für die in Abb. 3.9 dargestellten gekoppelten Induktoren entwickelt. Die Gleichungen für die Flussverknüpfungen jeder Spule berücksichtigen die wechselseitigen Induktanzen zwi-

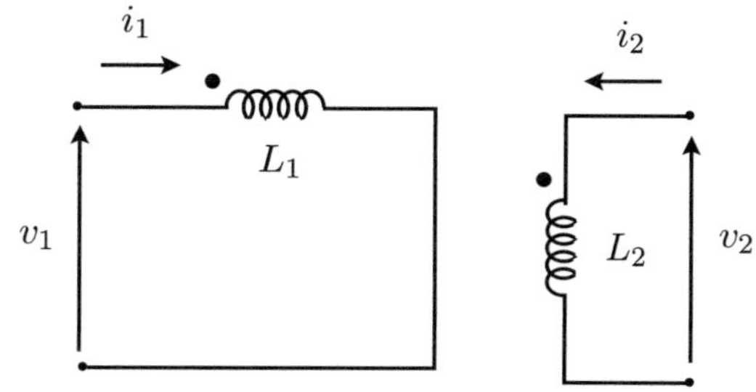

Abb. 3.12 Punktpolarität zur Anzeige des Wicklungssinns von gekoppelten Spulen mit unterstützenden Flüssen

schen den Spulen, wobei der Wicklungssinn der Spulen in den Gleichungen als positive Terme erscheint, falls die Flüsse in die gleiche Richtung fließen, und als negative Terme, falls die Flüsse in die entgegengesetzte Richtung fließen. Dies ist etwas unpraktisch, da es eine Diskrepanz zwischen der Schaltung und den Gleichungen gibt. Wenn wir gekoppelte Spulen darstellen, würden wir normalerweise nicht die auf einem Kern gewickelten Spulen zeigen, da dies die Schaltungsdiagramme kompliziert machen würde. Wir möchten die gekoppelten Spulen als bloße Induktoren darstellen und ihren Wicklungssinn auf irgendeine Weise visuell auf einer Schaltung kennzeichnen. In diesem Abschnitt werden wir das Konzept der Punktpolarität einführen, das eine bequeme Art der Markierung des relativen Wicklungssinns von zwei gekoppelten Spulen ist [1, 2].

Abb. 3.12 zeigt, wie die gekoppelten Spulen von Abb. 3.9 als bloße Induktoren ohne Details des Kerns oder wie die Spulen auf dem Kern gewickelt sind, dargestellt werden können. Wie man sehen kann, gibt es einen „Punkt“ auf jedem Induktor (Spule) – am linken Anschluss für den linken Induktor und am oberen Anschluss für den rechten Induktor [1, 2]. In komplexeren Schaltungen mit mehreren gekoppelten Spulen, die auf getrennten Kernen gewickelt sind, könnten wir eine Reihe von verschiedenen Formen wie Dreiecke, Rechtecke, Ellipsen usw. verwenden, um anzuzeigen, dass Spulen zusammengekoppelt sind [1, 2]. Darüber hinaus können mehrere Induktoren gekoppelt sein, da es mehrere Spulen geben könnte, die auf dem gleichen Kern gewickelt sind, in welchem Fall sie alle eine ähnliche Form (wie einen Punkt) an einem ihrer Anschlüsse haben werden.

Durch die Verwendung von Punktpolaritäten haben wir die Notwendigkeit eliminiert, den Kern und die auf dem Kern gewickelte Spule zu zeichnen, wie wir es in den vorherigen Abschnitten getan haben. Dies macht Schaltungsdiagramme viel einfacher. Die Punktpolarität zeigt an, dass die beiden gezeigten Induktoren magnetisch gekoppelt sind. Umgekehrt zeigt das Vorhandensein von Formen wie einem Punkt auf Induktoren irgendwo in einer Schaltung an, dass sie magnetisch gekoppelt sind. In Abb. 3.12 wurden die Induktoren absichtlich so gezeichnet, dass einer horizontal und der andere vertikal ist. In komplexen Schaltungen können Induktoren weit auseinanderliegen im Schaltungsdiagramm, aber eine Punktpolarität zeigt an, dass sie immer noch magnetisch gekoppelt sind. Jetzt, da wir beschrieben haben, wie Punktpolaritäten verwendet werden, lassen Sie uns untersuchen, was sie für die Art der magnetischen Kopplung zwischen ihnen implizieren und wie der Wicklungssinn abgeleitet werden kann.

Einfach ausgedrückt, bedeutet das Vorhandensein einer Punktpolarität auf zwei Induktoren, wie in Abb. 3.12 gezeigt, dass Ströme, die durch die Induktoren fließen, während sie an den durch Punkte markierten Anschlüssen eintreten, Flüsse im Kern erzeugen, die in die gleiche Richtung fließen [1, 2]. Außerdem können mehrere Induktoren gekoppelt werden, da mehrere Spulen auf den Kern gewickelt sein können und in diesem Fall alle eine ähnliche Form (z.B. einen Punkt) an einem ihrer Anschlüsse haben. Mit dieser Definition kann der Leser überprüfen, dass die Induktoren mit den Punktpolaritäten von Abb. 3.12 genau die gekoppelten Spulen darstellen, die auf einem rechteckigen Kern in Abb. 3.9 gewickelt sind.

Sobald wir diese grundlegende Definition festgelegt haben, können auf ähnliche Weise wie im vorherigen Abschnitt auch eine Reihe anderer Effekte abgeleitet werden. Wenn ein steigender Strom durch eine der Induktivitäten fließt und dabei an einem mit einem Punkt markierten Anschluss eintritt, werden die in allen Induktivitäten induzierten EMK so sein, dass die positive Polarität der EMK an allen mit Punkten markierten Anschlüssen erscheint. Umgekehrt, wenn ein abnehmender Strom durch eine der Induktivitäten fließt und dabei an einem mit einem Punkt markierten Anschluss eintritt, werden die in allen Induktivitäten induzierten EMK so sein, dass die negative Polarität der EMK an allen mit Punkten markierten Anschlüssen erscheint. Man kann auch Fälle untersuchen, in denen steigende oder abnehmende Ströme durch die Induktivitäten fließen, sodass sie einen mit einem Punkt markierten Anschluss verlassen. Der Leser wird ermutigt, dies zu überprüfen und Abb. 3.9 mit den Spulen auf dem Kern zu verwenden, sodass das Faradaysche Gesetz, das Lenzsche Gesetz und die Rechte-Hand-Regel in jedem Fall angewendet werden können.

Um die Erklärung darüber abzuschließen, wie Punktpolaritäten verwendet werden können, um den Wicklungssinn von magnetisch gekoppelten Induktivitäten zu bezeichnen, betrachten wir den Fall von Abb. 3.13, in dem die Spule auf dem rechten Schenkel in einem Sinn gewickelt ist, der dem von Abb. 3.9 entgegengesetzt ist. Mit der Rechten-Hand-Regel wird für den Strom i_2, der durch die Spule auf dem rechten Schenkel fließt, wie gezeigt, der erzeugte Fluss in eine Richtung gehen, die dem Fluss entgegengesetzt ist, der durch den Strom erzeugt wird, der in der Spule auf dem linken Schenkel fließt. Ein solches Spulenpaar kann auch bequem mit bloßen Induktivitäten mit Punktpolaritäten dargestellt werden. Wir

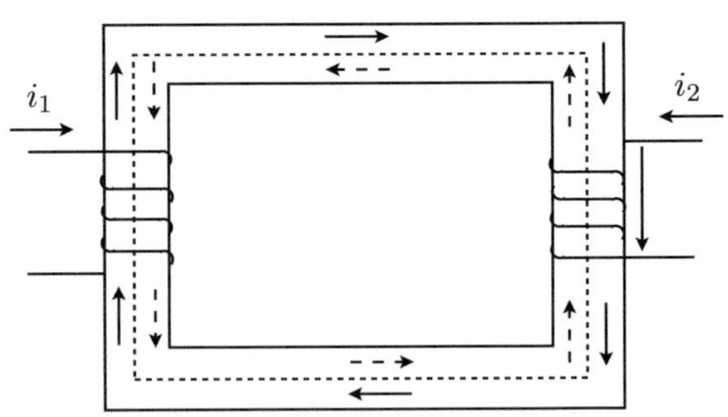

Abb. 3.13 Spulen, die auf einem Kern gewickelt sind, und entgegengesetzte Flüsse im Kern erzeugen

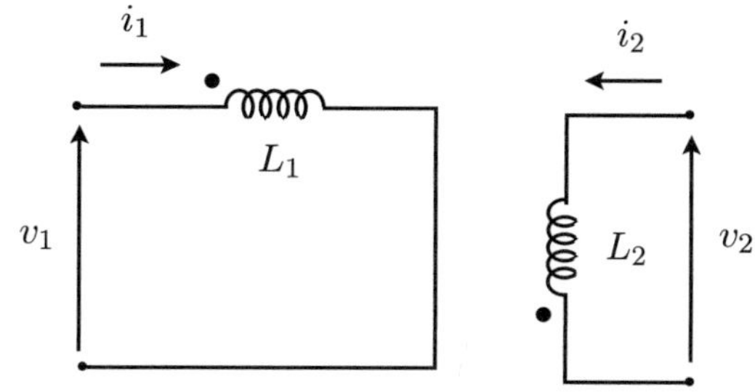

Abb. 3.14 Punktpolarität zur Anzeige des Wicklungssinns von gekoppelten Spulen mit entgegengesetzten Flüssen

müssen nur die Frage stellen, an welchem Anschluss der Induktivitäten (Spulen) die Ströme eintreten müssten, während sie durch die Induktivitäten fließen, damit die Flüsse im Kern aufgrund der Ströme in die gleiche Richtung gehen. Aus Abb. 3.13 geht hervor, dass der Strom an dem unteren Anschluss in die Spule auf dem rechten Schenkel eintreten müsste, um einen Fluss in die gleiche Richtung zu erzeugen wie der Strom, der an dem oberen Anschluss in die Spule auf dem linken Schenkel eintritt. Daher sind, wie in Abb. 3.14 gezeigt, die Punktpolaritäten so angeordnet, dass ein Punkt am linken Anschluss der linken Induktivität und am unteren Anschluss der rechten Induktivität erscheint. Es ist wichtig zu verstehen, dass diese Punkte lediglich eine Konvention sind, und wir können sie auch an den anderen Anschlüssen der jeweiligen Induktivität platzieren, *d. h.* am rechten Anschluss der linken Induktivität und am oberen Anschluss der rechten Induktivität.

Indem wir Punktpolaritäten verwenden, um den Wicklungssinn von magnetisch gekoppelten Spulen darzustellen, können wir nun den Kopplungssinn aus den Flussverknüpfungsgleichungen entfernen und stattdessen visuell darstellen, wie gekoppelte Spulen in ihren jeweiligen Schaltungen verbunden sind. Wir müssen jedoch eine Annahme treffen, während wir Punktpolaritäten in gekoppelten Spulen verwenden. Wir nehmen an, dass der Strom durch die Spule an dem mit einem Punkt markierten Anschluss eintritt. Wir nehmen auch an, dass die über eine Spule gemessene Spannung so ist, dass der Anschluss mit dem Punkt die positive Polarität hat. Wir stellen diese Annahmen für beide Fälle dar, wie in Abb. 3.15 gezeigt. Für die Gruppe von Induktivitäten auf der rechten Seite wurden die Richtung des Stroms i_2 und die gemessene Spannung v_2 umgekehrt. Da die Ströme i_1 und i_2 die mit Punkten markierten Anschlüsse betreten, werden die Flussverknüpfungsgleichungen in beiden Fällen gleich sein und können ausgedrückt werden als:

$$\psi_1 = L_1 i_1 + M_{12} i_2 \tag{3.42}$$

$$\psi_2 = L_2 i_2 + M_{21} i_1 \tag{3.43}$$

In diesem Abschnitt haben wir eine bequeme Art und Weise beschrieben, magnetisch gekoppelte Spulen als Induktivitäten darzustellen und dabei visuell zu zeigen, wie sie Flüsse im Kern erzeugen. Diese Methode kann auch bei der Entwicklung von Simulationsmodellen verwendet werden, um beliebig viele Spulen zu simulieren, die magnetisch gekoppelt sind. Darüber hinaus können wir

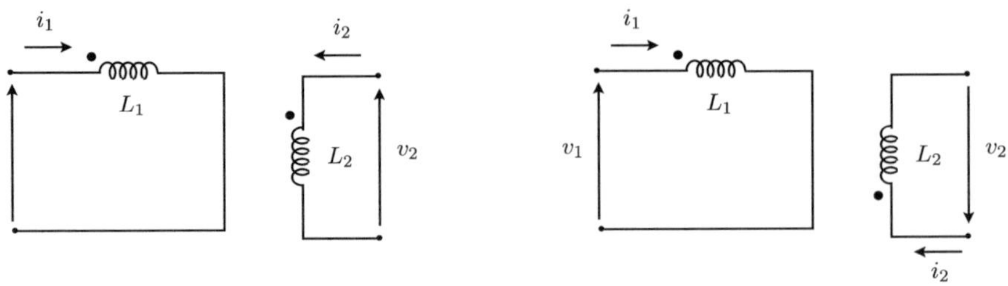

Abb. 3.15 Vergleich der Darstellung der Punktpolarität von gekoppelten Spulen mit unterstützenden und entgegengesetzten Flüssen

durch die Wahl günstiger Richtungen für den durch eine Spule fließenden Strom und die über die Spulenanschlüsse gemessene Spannung die Flussverknüpfungsgleichungen schreiben, ohne über die Art der Kopplung zwischen den Spulen nachdenken zu müssen. In dem nächsten Abschnitt sowie in den nächsten Kapiteln helfen diese Annahmen dabei, mehrere magnetisch gekoppelte Spulen auf einfachst mögliche Weise zu modellieren.

3.7 Simulation von magnetisch gekoppelten Spulen

In den vorangegangenen Abschnitten haben wir mehrere Konzepte eingeführt, die wir nun verwenden können, um magnetisch gekoppelte Spulen zu simulieren. Wir haben untersucht, wie die Kopplung zwischen Spulen durch Berechnung der gegenseitigen Induktivität zwischen den gekoppelten Spulen quantifiziert werden kann. Wir haben auch beschrieben, wie Punktpolaritäten verwendet werden können, um visuell darzustellen, welchen Effekt ein in einer Spule fließender Strom auf den Fluss hat, der durch eine andere magnetisch gekoppelte Spule fließt. In diesem Abschnitt werden wir all diese Konzepte verwenden, um magnetisch gekoppelte Spulen zu simulieren, die auf einem Eisenkern gewickelt sind. Die Grundlage für diese Simulation wird sehr ähnlich sein wie die Simulationen von Induktivitäten, die im vorherigen Kapitel durchgeführt wurden.

Abb. 3.16 zeigt die Topologie der Schaltung, die für die Simulation ausgewählt wird. Diese Simulation befindet sich im Ordner `basic_concept` innerhalb von `chapter3_magnetic_coupling` im folgenden Link im Simulations-Repository:

https://github.com/opensourceelectrical/simulating-magnetics-for-power- electronics.

Wir haben die Punktpolaritätskonvention verwendet, um die Art der magnetischen Kopplung zwischen den Spulen darzustellen. Jede Spule ist mit ihrer eigenen Schaltung verbunden, die aus Spannungsquellen v_{s1} und v_{s2} in Reihe mit Zuführimpedanzen Z_{s1} und Z_{s2} bestehen kann. Darüber hinaus können die Schaltungen auch Lasten wie Z_{L1} und Z_{L2} speisen. Die Spannungsquellen v_{s1} und v_{s2}

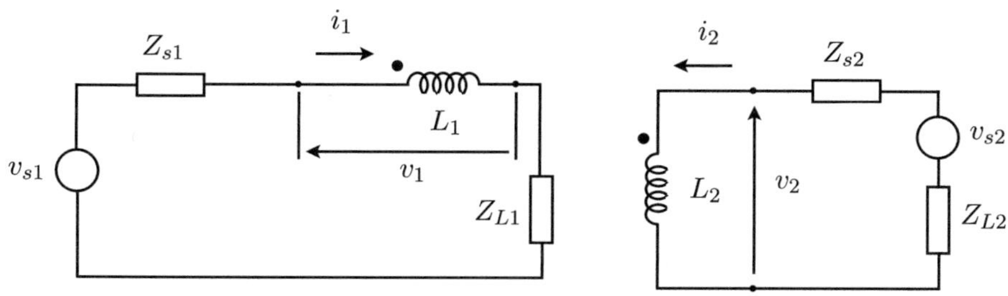

Abb. 3.16 Schaltungstopologie mit gekoppelten Spulen

können Gleichspannungsquellen, Wechselspannungsquellen oder sogar Ausgangsspannungen von Leistungswandlern sein. An dieser Stelle beginnen wir unsere Simulationen mit dem einfachen Fall, dass die Spannungsquellen Gleichspannungen sind. Lassen Sie uns auch die Annahmen treffen, dass die Zuführimpedanzen Z_{s1} und Z_{s2} bloße Zuführwiderstände R_{s1} und R_{s2} und die Lasten Z_{L1} und Z_{L2} bloße Lastwiderstände R_{L1} und R_{L2} sind. Lassen Sie uns $R_{s1} = R_{s2} = 0{,}1\,\Omega$ und $R_{L1} = R_{L2} = 10\,\Omega$ wählen. Beginnen wir mit der Spannungsquelle $v_{s1} = 24$ Volt und $v_{s2} = 0$, was bedeutet, dass nur die Schaltung auf der linken Seite eingeschaltet ist.

Wir müssen nun die Spulen und die Kopplung zwischen ihnen definieren. Wir könnten die Spulen in Bezug auf die Anzahl der Windungen definieren, in diesem Fall bräuchten wir auch die Abmessungen des Eisenkerns, um den magnetischen Kreis zu definieren. Es ist immer möglich, jede Simulation einer magnetischen Komponente wie einer Induktivität, gekoppelten Induktivitäten oder sogar Maschinen wie Transformatoren, Motoren und Generatoren, mit jedem Detail ihrer Konstruktion zu beginnen. Wenn jedoch das Ziel der Simulation nicht darin besteht, den detaillierten Zustand der Komponente oder Maschine wie den Fluss in verschiedenen Teilen des Kerns zu bestimmen, ist die Verwendung der Konstruktion der Komponente oder Maschine in einer Simulation unpraktisch. Der Einfachheit halber werden bei der Simulation von gekoppelten Induktivitäten und in späteren Kapiteln Transformatoren als ein äquivalenter Schaltkreis mit Induktivitäten und Widerständen dargestellt.

Im Falle der in Abb. 3.16 gezeigten gekoppelten Spulen benötigen wir nur ihre Selbstinduktivitäten L_1 und L_2, die gegenseitige Induktivität $M_{12} = M_{21} = M$ zwischen ihnen und ihre Wicklungswiderstände r_1 und r_2. Wie bereits im vorherigen Abschnitt zur gegenseitigen Induktivität diskutiert, wird bei einem einfachen rechteckigen Kern die gegenseitige Induktivität einer Spule in Bezug auf die andere die gleiche sein wie die der anderen. In den meisten praktischen Fällen werden Kernformen so einfach wie möglich gewählt und daher, wenn zwei Spulen magnetisch gekoppelt werden müssen, besteht keine Notwendigkeit, einen Kern einer sehr komplexen Form zu wählen. Eine solche Annahme vereinfacht auch die Berechnung der gegenseitigen Induktivität in Bezug auf die Selbstinduktivitäten als $M = k\sqrt{L_1 L_2}$ mit k als Kopplungsfaktor. Im Falle des einfachen rechteckigen Kerns berücksichtigt k den Leckfluss und kann daher als 0,99 gewählt werden, da dies impliziert, dass 1 % des von einer Spule erzeugten Flusses nicht die andere Spule verbindet, sondern stattdessen leckt.

Mit den obigen Definitionen können wir mit dem Steuercode für das magnetische Modell des gegenseitigen Induktors mit den folgenden Parameterdefinitionen beginnen:

```
import math
dt  =   1.0 e-6
L1  =   0.3
L2  =   0.3
r1  =   0.1
r2  =   0.1
coupling_factor   =  0.99
M   =   coupling_factor *math . sqrt (L1 * L2)
res_output1  =  100.0
res_output2  =  100.0
 if   t_clock   >=  t1 :
        #  Model
     t1  +=  dt
```

Wie im Fall der Simulation von Induktoren, da wir ein mathematisches Modell lösen werden, das wiederum numerische Integration beinhaltet, müssen wir den Code in einem Zeitintervall ausführen. Im obigen Code ist `t1` die Zeitereignisvariable, die in der Konfiguration der Steuerungsdatei definiert werden muss. In dem obigen Code sind die anderen beiden Variablen `res_output1` und `res_output2` die variablen Widerstände in Reihe mit den steuerbaren Spannungsquellen, wie in Abb. 3.11 gezeigt. Da die Werte dieser Variablen mit dem Widerstand der VariableResistor-Elemente in der Schaltung verknüpft werden müssen, müssen wir diese Variablen als Ausgabevariablen in der Konfiguration der Steuerungsdatei definieren. Da dies nur eine grundlegende Simulation ist, die das Konzept der gegenseitigen Induktanzen beweist, können wir einen Integrationsschritt von 1 μs wählen und wir können auch das Intervall, in dem der obige Code ausgeführt wird, gleichsetzen, indem wir `dt` auf 1 μs setzen.

Wir können nun damit beginnen, den Code zum Modell hinzuzufügen, der iterativ gelöst wird. Wir müssen die induzierten EMK der beiden gekoppelten Spulen berechnen und anschließend die Flussverknüpfungen der Spulen:

```
if   t_clock   >=  t1 :
   e1  =  v1 -   ind_curr1 * r1
   e2  =  v2 -   ind_curr2 * r2
   psi1   +=  e1*dt
   psi2   +=  e2*dt
    . . .
   t1  +=  dt
```

In den obigen Aussagen verwenden wir die Spannungen `v1` und `v2`, die über den Klemmen gemessen werden (Abb. 3.11 und 3.16). Diese Variablen `v1` und `v2` müssen als Eingabevariablen in der Konfigurationsdatei definiert werden und ihre Eingabequelle muss als die von den Voltmetern in Abb. 3.11 gemessenen Spannungen definiert werden. Die Ströme `ind_curr1` und `ind_curr2` müssen als statische Variablen in der Steuerungskonfiguration definiert werden, da sie vom Modell berechnet werden. `psi1` und `psi2` sind Flussverknüpfungen, die durch Integration der induzierten EMK berechnet werden und daher auch als statische Variablen in der Steuerungskonfiguration definiert werden müssen. Die induzierten EMK `e1` und `e2` sind temporäre Variablen in diesem Modell und sie können als normale lokale Python-Variablen bleiben, die in jeder Iteration erstellt und zerstört werden. Wenn wir jedoch diese Variablen plotten oder andere Berechnungen durchführen möchten, ist es ratsam, `e1` und `e2` auch als statische Variablen in der Steuerungskonfiguration zu definieren. Um sicherzustellen, dass der Python-Compiler keine unerwarteten Fehler aufgrund der Referenzierung einer nicht existierenden Variablen wirft, muss jede Variable in jeder Iteration definiert werden, entweder, indem sie am Anfang der Datei im Falle von Parametern definiert werden, oder indem die speziellen Variablen in der Steuerungskonfiguration verwendet werden.

Jetzt, da die Flussverknüpfungen `psi1` und `psi2` berechnet wurden, können wir die Ströme mit Hilfe von (3.40) und (3.41) berechnen:

```
if t_clock >= t1 :
    . . .
    ind_curr2 = ( psi2 - ( M * psi1 / L1 )) /
    ( L2 - ( M * M / L1 ))
    ind_curr1 = ( psi1 - ( M * ind_curr2 )) / L1
    . . .
    t1 += dt
```

Wir lösen lediglich ein simultanes Gleichungssystem, wobei die Variablen `ind_curr1` und `ind_curr2` sind. Später in diesem Abschnitt werden wir eine elegantere Lösung mit Matrixgleichungen untersuchen.

Jetzt, da wir die Ströme berechnet haben, die durch die beiden Spulen fließen müssen, müssen wir nur noch die Ausgangsspannungen der steuerbaren Spannungen in Abb. 3.11 anpassen. Wir können zwei Ausgabevariablen `vout1` und `vout2` in der Steuerungskonfiguration definieren und das Ziel der Variablen als die steuerbaren Spannungsquellen in Abb. 3.11 angeben. Wir können die Ausgangsspannungen berechnen, indem wir das Kirchhoffsche Spannungsgesetz entweder auf Abb. 3.11 oder den Teilschaltkreis von Abb. 3.16 anwenden wie folgt:

```
if  t_clock  >=  t1 :
  . . .
  vout1  =  v1 -  ind_curr1 * res_output1
  vout2  =  v2 -  ind_curr2 * res_output2
  . . .
  t1  +=  dt
```

Die Abb. 3.17, 3.18, 3.19 und 3.20 zeigen die Simulationsergebnisse. Abb. 3.17 zeigt die Klemmenspannungen v_1 und v_2 über den Spulen und es ist zu erkennen, dass sie von einem Wert von etwa 12V auf null im stationären Zustand abfallen. Um dieses Verhalten von v_1 und v_2 zu verstehen, betrachten wir die induzierten EMK in Abb. 3.19, die zeigt, dass die induzierten EMK ebenfalls von einem Wert von etwa 12 V auf null im stationären Zustand abfallen. Aus den Abb. 3.17 und 3.19 kann beobachtet werden, dass es einen sehr kurzlebigen transienten Zustand gibt, wenn der Schaltkreis eingeschaltet wird. Abb. 3.20 zeigt diesen transienten Zustand in den induzierten EMK. Die induzierte EMK e_1 zur Zeit $t = 0$ entspricht der Gleichstromquelle von 24 V. Dies ist verständlich, da der Strom durch die Induktivität nicht abrupt ansteigen kann, sondern allmählich zunehmen muss. Allerdings fällt e_1 kurz darauf drastisch ab und die induzierte EMK e_2 in Spule 2 steigt ebenso drastisch an, um einen Wert nahe e_1 zu erreichen. Dieses Verhalten mag

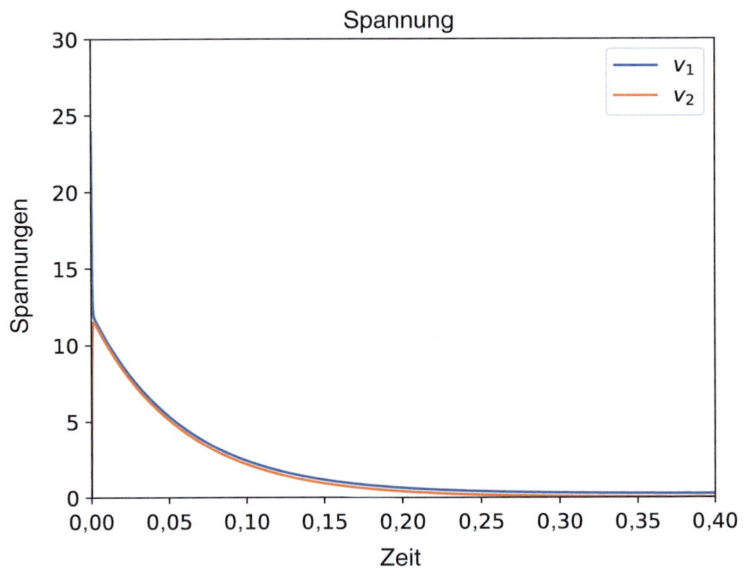

Abb. 3.17 Klemmenspannungen im Fall von gekoppelten Spulen, die unterstützende Flüsse erzeugen

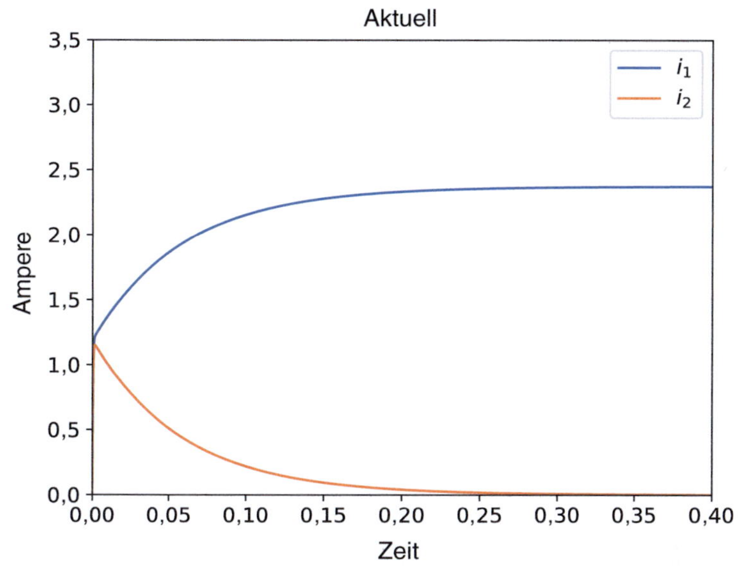

Abb. 3.18 Spulenströme im Fall von gekoppelten Spulen, die unterstützende Flüsse erzeugen

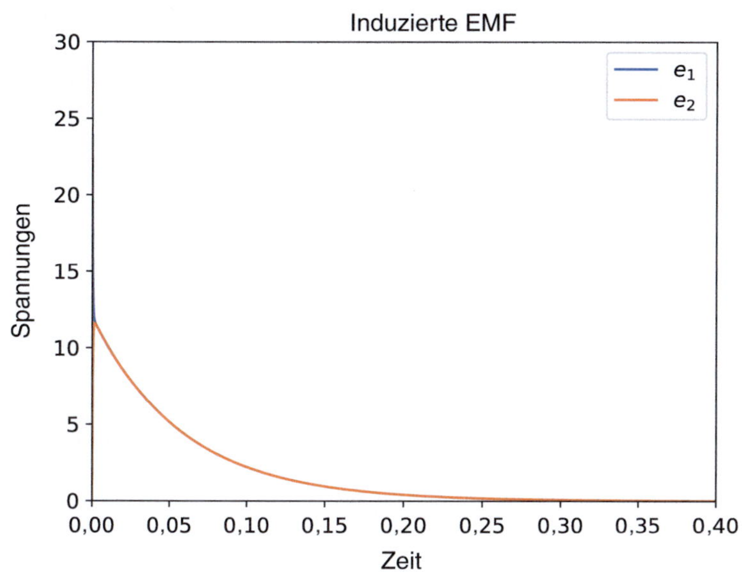

Abb. 3.19 Induzierte EMK im Fall von gekoppelten Spulen, die unterstützende Flüsse erzeugen

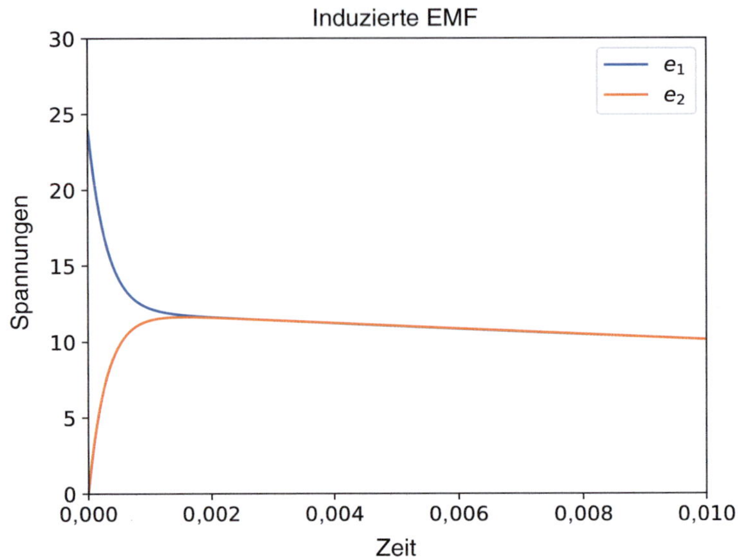

Abb. 3.20 Induzierte EMK während der Schaltungseinschaltung

sehr verwirrend erscheinen, kann aber verstanden werden, wenn wir den Grundgesetzen folgen wie zuvor.

Aufgrund der gegenseitigen Kopplung zwischen den beiden Spulen wird ihre induzierte EMK proportional zur Anzahl der Windungen sein. In diesem Fall haben wir zwei Spulen mit der gleichen Selbstinduktivität betrachtet, was bedeutet, dass sie die gleiche Anzahl von Windungen haben, vorausgesetzt, die Teile des Kerns, auf denen sie gewickelt sind, haben die gleichen Abmessungen. Daher wird, sobald e_1 in Spule 1 erzeugt wird, auch eine proportionale e_2 in Spule 2 entwickelt. Sobald e_2 in Spule 2 zunimmt, resultiert dies in einer Klemmenspannung v_2, die über Spule 2 entwickelt wird, wie in Abb. 3.17 gezeigt. Daher wird der Strom i_2, der durch Spule 2 fließt, je nach Wert des Lastwiderstands R_{L2} zunehmen. Dies kann aus Abb. 3.18 entnommen werden. Der Leser wird ermutigt, den vorherigen Abschnitt zu überarbeiten, der die verschiedenen Möglichkeiten mit gekoppelten Spulen beschrieb, in denen wir sahen, wie der Strom, der in einer Spule fließt, auf die gekoppelte Spule übertragen wird. Daher wird der Strom i_2, der in Spule 2 fließt, auf Spule 1 übertragen.

Mit einem aktuellen i_1, der durch Spule 1 fließt, wird die Klemmenspannung v_1 über Spule 1 aufgrund des Lastwiderstands R_{L1} fallen. Dies führt zu einem Abfall der induzierten EMK e_1, wie in Abb. 3.20 gezeigt. Nach diesem anfänglichen Übergang folgen die beiden induzierten EMK dem gleichen Pfad. Wenn der Strom i_1 durch Spule 1 zunimmt und einen stabilen Zustand erreicht, wird auch der Fluss im Kern einen stabilen Zustand erreichen und daher werden e_1 und e_2 auf null abfallen. Mit e_2, der auf null abfällt, wird auch der Strom i_2, der durch Spule 2 fließt, auf null abfallen. Aus Abb. 3.17 ist zu sehen, dass die Spannung v_1 über Spule 1

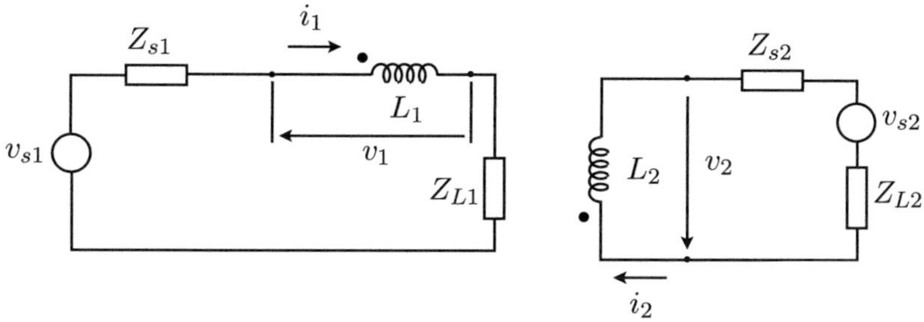

Abb. 3.21 Schaltungstopologie mit gekoppelten Spulen bei Umkehrung des Wicklungssinns

im stabilen Zustand nicht null ist, sondern einen kleinen von null verschiedenen Wert hat. Dies ist lediglich auf den Abfall über den Spulenwicklungswiderstand bei einem stabilen Strom i_1, der durch Spule 1 fließt, zurückzuführen.

Die Quelle, die zur Energieversorgung von Spule 1 in der obigen Simulation verwendet wurde, war eine Gleichstromquelle. Der Leser ist jedoch eingeladen, die Simulation mit einer Wechselstromversorgung zu wiederholen. Darüber hinaus kann der Leser auch die Parameter der gekoppelten Induktoren, wie die Selbstinduktanzen und den Kopplungsfaktor, ändern. Da die späteren Kapitel dem Betrieb von Transformatoren gewidmet sind, die mit Wechselstrom versorgt werden, werden diese Simulationsergebnisse in diesem Kapitel nicht präsentiert. Wir werden jedoch die Simulation für den Fall wiederholen, wenn die Punktpolaritäten der gekoppelten Spulen wie in der rechten Unterabbildung von Abb. 3.15 gezeigt sind. Die zu simulierende Schaltung kann, wie in Abb. 3.21 gezeigt, neu gezeichnet werden. Aus Abb. 3.21 ist ersichtlich, dass der Strom i_2 in Spule 2 in die Richtung umgekehrt wurde, sodass er in den durch den Punkt gekennzeichneten Anschluss eintritt. Darüber hinaus wurde die Spannung v_2 über die Anschlüsse der Spule 2 ebenfalls umgekehrt, sodass die positive Polarität am durch den Punkt gekennzeichneten Anschluss liegt. Diese Konventionen stellen sicher, dass die Flussverknüpfungsgleichungen immer positive Vorzeichen haben und daher der Code, der das mathematische Modell repräsentiert, sich nicht ändert. Um sich an diese Punktkonventionen anzupassen, wird die Polarität des Voltmeters und der gesteuerten Spannungsquelle rechts in Abb. 3.11 umgekehrt.

Die Abb. 3.22, 3.23, 3.24 und 3.25 zeigen die Simulationsergebnisse für die Schaltung von Abb. 3.21. Die Abb. 3.22 und 3.23 zeigen die Spulen-Klemmenspannungen und die in den Spulen induzierten EMK. Seltsamerweise sind diese genau die gleichen wie bei der vorherigen Simulation. Es ist jedoch wichtig zu bedenken, dass, da Spule 2 keine Spannungsquelle hat, die Klemmenspannung gleich der induzierten EMK sein wird. Aus der Definition der Punktpolarität geht hervor, dass ein zunehmender Strom, der an einem durch einen Punkt gekennzeichneten Anschluss in eine der Spulen eintritt, eine induzierte EMK in der anderen Spule erzeugt, sodass die Polarität der EMK an dem durch den entsprechenden Punkt gekennzeichneten Anschluss positiv ist. Daher werden, da der Strom i_1 zunächst zunimmt und an einem durch einen Punkt gekennzeichneten Anschluss in

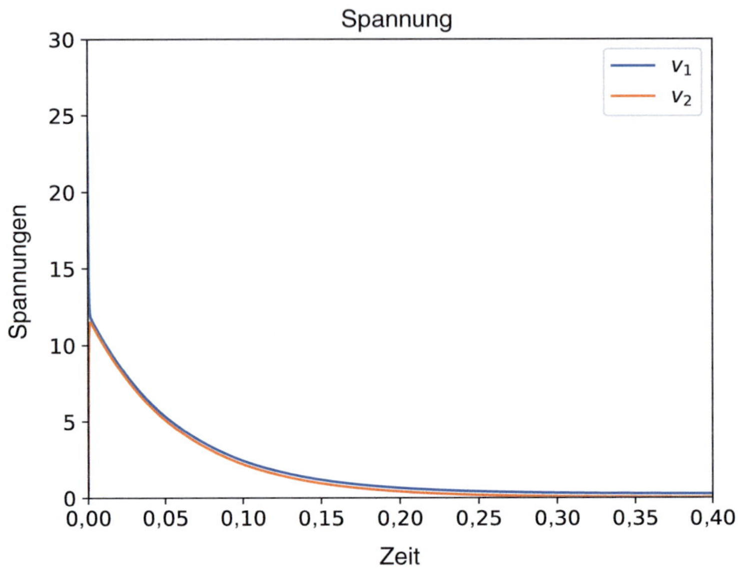

Abb. 3.22 Spulen-Klemmenspannungen im Fall von gekoppelten Spulen, die entgegengesetzte Flüsse erzeugen

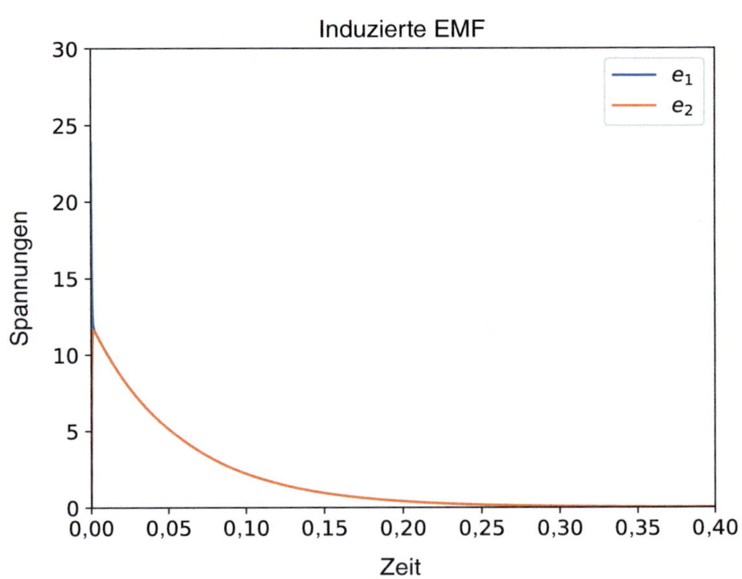

Abb. 3.23 Induzierte EMK in Spulen im Fall von gekoppelten Spulen, die entgegengesetzte Flüsse erzeugen

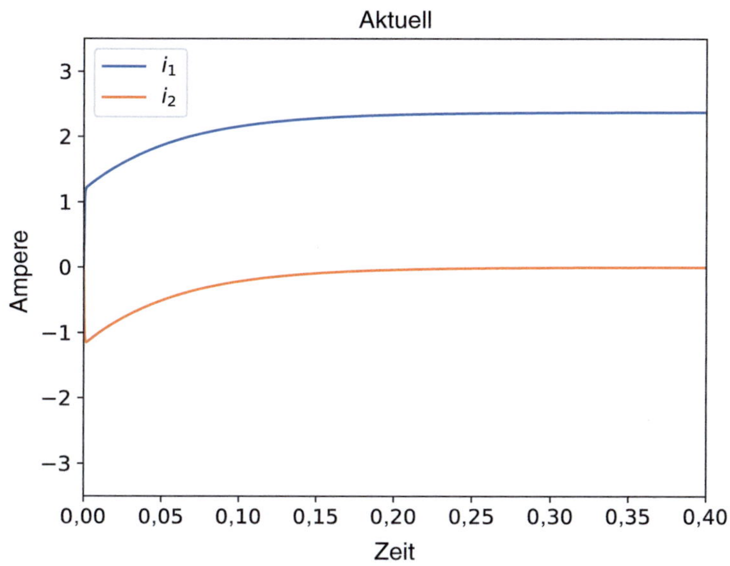

Abb. 3.24 Spulenströme im Fall von gekoppelten Spulen, die entgegengesetzte Flüsse erzeugen

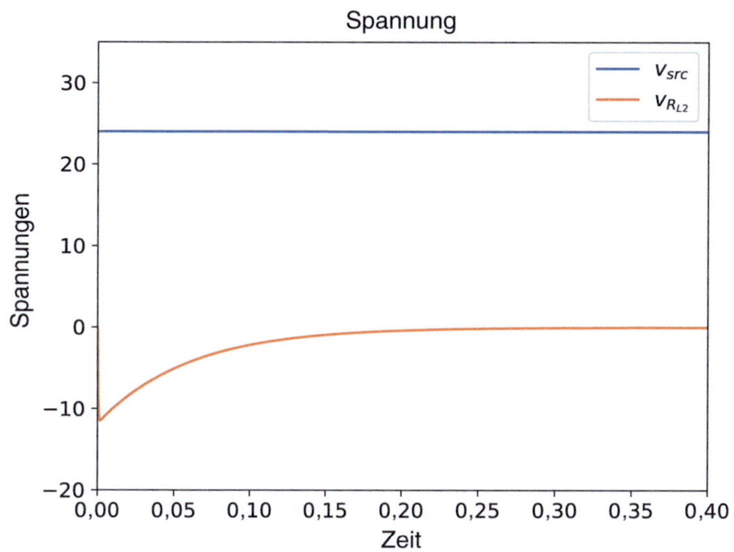

Abb. 3.25 Speisespannung und Spannung über Last R_{L2}

Spule 1 eintritt, die induzierten EMK und die Spulenspannungen die gleichen sein wie in der vorherigen Simulation.

Der Unterschied zwischen den Simulationen wird bekannt sein, wenn wir die Spulenströme wie in Abb. 3.24 dargestellt auftragen. Der Strom i_2 in Spule 2 hat die entgegengesetzte Polarität wie in der vorherigen Simulation. Dies liegt daran, dass die induzierte EMK e_2 in Spule 2 eine Polarität hat, sodass sie positiv an der mit dem Punkt markierten Klemme ist. Infolgedessen wird der Strom, der durch den Lastwiderstand R_{L2} fließt, in die entgegengesetzte Richtung sein. Um ein besseres Verständnis der von den Spulen erzeugten Spannungen zu erhalten, zeigt Abb. 3.25 die Versorgungsspannung von 24 V und die über den Lastwiderstand R_{L2} auftretende Spannung. Die Versorgungsspannung beträgt wie erwartet konstant 24 V, während die Spannung über R_{L2} auf etwa -12 V ansteigt und dann auf null abfällt, sobald der Strom i_1 durch Spule 1 einen konstanten Wert im stationären Zustand erreicht.

In diesem Abschnitt haben wir die in den letzten Abschnitten beschriebene Theorie verwendet, um Simulationsmodelle für gekoppelte Spulen in einem sehr einfachen Schaltkreis zu entwickeln. Der Zweck dieses Abschnitts war es zu beschreiben, wie wir mit Python-Code gekoppelte Leiter simulieren können und dabei auch den Wicklungssinn der Spulen mit Punktpolaritäten berücksichtigen. Die Simulationsergebnisse unterstützen unsere theoretischen Diskussionen und der Leser wird ermutigt, diese Simulationen mit Variationen in der Schaltkreistopologie zu erweitern. Im nächsten Abschnitt werden wir einen praktischeren Fall diskutieren, wenn gekoppelte Induktivitäten simuliert werden müssen. Das nächste Kapitel über Transformatoren wird eine praktische Anwendung der magnetischen Kopplung detailliert beschreiben.

3.8 Ćuk-Wandler

Im vorherigen Abschnitt haben wir magnetisch gekoppelte Spulen simuliert, die an zwei unabhängige isolierte elektrische Schaltkreise angeschlossen waren. Wenn wir elektrische Energie von einem Schaltkreis auf einen anderen isolierten Schaltkreis übertragen möchten, würden wir einen Transformator verwenden, der ein Spezialfall von magnetisch gekoppelten Spulen ist, die so konzipiert sind, dass sie eine maximale Leistungsübertragung mit möglichst geringem Leck und wenig Verlusten erreichen. In Bachelor-Kursen, als Elektroingenieure, analysieren wir oft zufällige Schaltkreise, die gekoppelte Spulen enthalten, die normalerweise mit Punktpolaritäten markiert sind. In solchen Schaltkreisen befinden sich die gekoppelten Induktivitäten möglicherweise nicht in isolierten Teil-Schaltkreisen. In diesem Abschnitt werden wir einen solchen Fall untersuchen, in dem gekoppelte Induktivitäten in einem Leistungselektronikwandler verwendet werden könnten [7, 12, 13].

Neben der Verwendung der magnetischen Kopplung zur Energieübertragung von einem isolierten Schaltkreis auf einen anderen, ist ein weiterer Grund für die magnetische Kopplung zwischen Induktivitäten, dass sie auf demselben Kern gewickelt sind. Bei einer Induktivität führt der Kern dazu, dass die Induktivität sperrig ist und Platz in einem Wandler einnimmt. Wenn ein Wandler als Stromversorgung verwendet wird, möchten wir die Größe so weit wie möglich reduzieren, um die Stromversorgung tragbar und leicht zu machen. In Leistungswandlern sind Induktivitäten und Kondensatoren integraler Bestandteil, da sie Energiespeicherelemente sind, die es uns ermöglichen, die Leistung zu konditionieren und dabei einen bestimmten Ausgang für eine gegebene Eingabe zu erzeugen. Wenn ein Leistungswandler mehrere Induktivitäten hat, wenn jede Induktivität einen separaten Kern benötigt, würde dies dazu führen, dass die Größe des Wandlers zunimmt und möglicherweise sperrig wird. Andererseits, wenn mehr als eine Induktivität auf demselben Kern gewickelt werden könnte, könnte die Größe des Wandlers verringert werden. Sobald Spulen auf demselben Kern gewickelt sind, wird es eine gegenseitige Induktivität zwischen den Spulen geben. In den Schaltkreisgleichungen wird die gegenseitige Induktivität zusätzlich zur Selbstinduktivität der Spulen auftreten.

Neben der Notwendigkeit, die Schaltkreisgleichungen zu modifizieren, ist das Wickeln von mehr als einer Induktivität auf demselben Kern nur unter bestimmten Umständen praktisch. Dies liegt daran, dass der Fluss im Kern nun von dem durch beide Spulen fließenden Strom abhängt. Infolgedessen werden auch die in den Spulen induzierten EMK von der Änderungsrate des durch beide Spulen fließenden Stroms beeinflusst. Wenn ein Schaltkreis so konzipiert ist, dass der durch zwei oder mehr Induktivitäten fließende Strom das gleiche Muster hat – während der gleichen Intervalle zunimmt und während der gleichen Intervalle abnimmt – könnten diese Induktivitäten auf demselben Kern gewickelt werden. Wenn jedoch die Art des durch die Induktivitäten fließenden Stroms sehr unterschiedlich und überhaupt nicht korreliert ist, könnte das Wickeln auf demselben Kern dazu führen, dass der Betrieb des Schaltkreises verändert wird und schließlich dazu führt, dass der Schaltkreis nicht funktioniert. Dieses Konzept kann am besten anhand des Beispiels des Ćuk-Wandlers beschrieben werden [12, 13].

Abb. 3.26 zeigt die Topologie eines Ćuk-Wandlers, der nach Slobodan Ćuk benannt ist, der sein Design erstmals als Verbesserung gegenüber dem grundlegenden Buck-Boost-Wandler vorgestellt hat [12]. Der Ćuk-Wandler kann eine

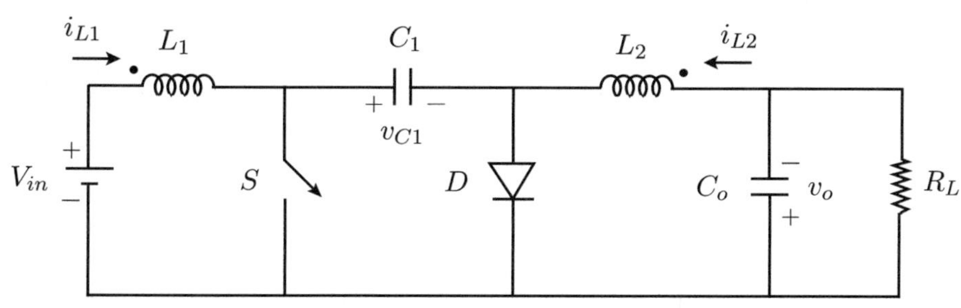

Abb. 3.26 Ćuk-Wandler

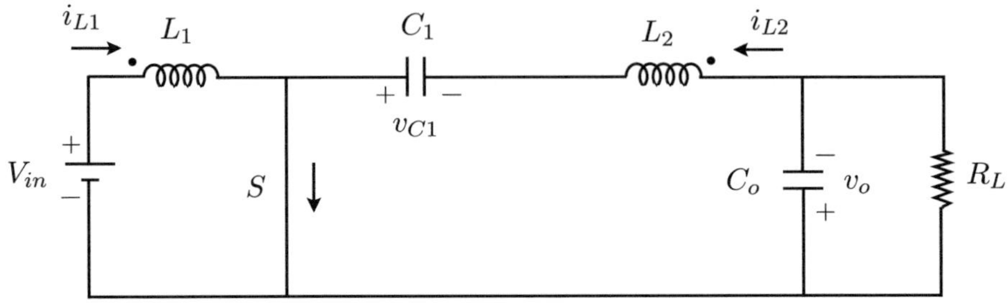

Abb. 3.27 Ćuk-Konverter-Betrieb, wenn Schalter *S* leitet

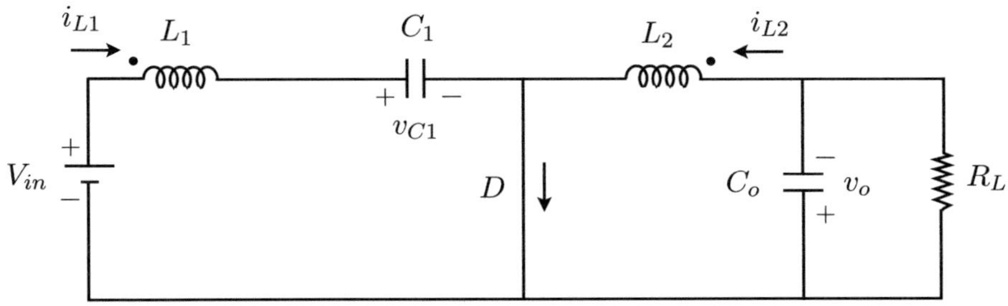

Abb. 3.28 Ćuk-Konverter-Betrieb, wenn Diode *D* leitet

Ausgangsspannung v_o erreichen, die entweder höher oder niedriger als die Eingabe V_{in} (Buck-Boost) ist, obwohl der Ausgang wie bei einem herkömmlichen Buck-Boost-Wandler invertiert ist. Das Hauptenergiespeichergerät im Wandler ist der Kondensator C_1. Dies steht im Gegensatz zum herkömmlichen Buck-Boost-Wandler, der die Induktivität als Energiespeichergerät verwendet, was entweder zu hohen Rippelströmen oder zu einem sperrigen Wandler führt, wenn eine große Induktivität gewählt wird, um den Rippelstrom zu verringern. Im Ćuk-Wandler erfahren die Induktivitäten L_1 und L_2 einen viel geringeren Rippelstrom und zusätzlich sind ihre Ströme i_{L1} und i_{L2} kontinuierlich, was das Design der geschlossenen Regelkreissteuerung einfacher macht.

Die Arbeitsweise des Ćuk-Konverters kann durch Abb. 3.27 und 3.28 dargestellt werden. Wenn der Schalter *S* eingeschaltet wird, versorgt die Spannungsquelle V_{in} den Induktor L_1 und der Strom i_{L1} erhöht sich. Anfangs, wenn alle Ströme und Spannungen null sind und die Schaltung in Ruhe ist, wird die erste Aktion die Energiezufuhr zum Induktor L_1 sein. Wenn der Schalter *S* ausgeschaltet wird, wird der Strom i_{L1} durch die Diode *D* freilaufen und daher den Kondensator C_1 aufladen, wodurch die Spannung v_{C1} mit der gezeigten Polarität zunimmt. Da die Energie im Induktor L_1 den Kondensator C_1 auflädt, wird der Strom i_{L1} abnehmen. Wenn der Schalter *S* im nächsten Zyklus eingeschaltet wird, wird der Strom i_{L1} wie zuvor zunehmen, wobei Energie im Induktor gespeichert wird. Jetzt jedoch, da der Kondensator C_1 geladen ist, wird dieser Kondensator den Induktor

L_2 aufladen und der Strom i_{L2} wird zunehmen. Als Ergebnis wurde Energie von der Versorgung V_{in} zu C_1 durch den Induktor L_1 übertragen und nun überträgt der Kondensator C_1 Energie zu L_2. Zusammen mit der Energiezufuhr zum Induktor L_2, wenn der Schalter leitet, überträgt der Kondensator C_1 auch Energie zum Ausgangskondensator C_o und die Ausgangsspannung v_o wird zunehmen. Wenn der Schalter ausgeschaltet wird, überträgt der Induktor L_1 Energie zum Kondensator C_1. Da der Induktor L_2 ebenfalls mit Energie versorgt wird, wird der Strom i_{L2} freilaufen und weiterhin den Ausgangskondensator versorgen. Da beide Induktoren durch die Diode D freilaufen, werden die Ströme i_{L1} und i_{L2} abnehmen.

Aus der Arbeitsweise des Ćuk-Konverters können einige Schlussfolgerungen gezogen werden. Wenn der Schalter eingeschaltet wird, steigen die Ströme i_{L1} und i_{L2} gleichzeitig an – Induktor L_1 wird von der Versorgung und Induktor L_2 vom Kondensator C_1 gespeist. Wenn der Schalter ausgeschaltet wird, sinken die Ströme i_{L1} und i_{L2} gleichzeitig – Induktor L_1 überträgt Energie auf den Kondensator C_1 und Induktor L_2 überträgt Energie auf den Ausgangskondensator C_o. Daher verwendet der Ćuk-Konverter zwei Induktoren L_1 und L_2, deren Ströme während der gleichen Intervalle gleichzeitig ansteigen und abfallen. Darüber hinaus besteht die Funktion dieser Induktoren lediglich darin, Energie zum und vom Kondensator C_1 zu übertragen. Aufgrund der Energieübertragung wird eine gewisse Welligkeit in den Strömen i_{L1} und i_{L2} vorhanden sein. Um jedoch die elektromagnetische Störung zu verringern, ist es ratsam, die Restwelligkeit so weit wie möglich zu verringern. Der einfachste Weg, den Rippelstrom zu verringern, besteht darin, die Größe der Induktoren zu erhöhen. Dies würde jedoch zu einem sperrigeren Konverter führen, was unerwünscht ist. Daher ist eine bequeme Möglichkeit, die Restwelligkeit zu verringern und gleichzeitig die Größe der Induktoren zu begrenzen, sie auf demselben Kern zu wickeln, um eine gegenseitige Induktanz zwischen ihnen einzuführen.

In Abb. 3.26 wurden die Induktoren L_1 und L_2 durch Punktpolaritäten an ihren Anschlüssen gekennzeichnet, um anzuzeigen, dass sie magnetisch gekoppelt sind. Es ist wichtig zu beachten, dass die Polaritäten so sind, dass die Ströme i_{L1} und i_{L2} die durch die Punktpolaritäten gekennzeichneten Anschlüsse fließen, was impliziert, dass die durch die Ströme erzeugten Flüsse in die gleiche Richtung gehen. Die Flussverknüpfungsgleichung für L_1 und L_2 kann wie folgt ausgedrückt werden:

$$\psi_1 = L_1 i_1 + M i_2 \tag{3.44}$$

$$\psi_2 = L_2 i_2 + M i_1 \tag{3.45}$$

In den obigen Gleichungen gibt es jetzt einen Begriff für die gegenseitige Induktanz M. Dieser Begriff führt dazu, dass die Flussverknüpfungen beider Induktoren größer sind, als sie es gewesen wären, wenn die Induktoren isoliert und auf getrennten Kernen gewickelt worden wären. Daraufhin wird auch die Änderungsrate der Flussverknüpfungen größer sein, was zu großen induzierten EMK in den Induktoren führt. Da die induzierte EMK im Induktor der primäre

Gegner der Änderung des durch den Induktor fließenden Stroms ist, wird dies zu einer reduzierten Stromwelligkeit führen.

Die Simulation des Ćuk-Konverters kann im Ordner `cuk_converter` innerhalb von `chapter3_magnetic_coupling` im folgenden Link im Simulations-Repository gefunden werden:

https://github.com/opensourceelectrical/simulating-magnetics-for-power- electronics

Um den Ćuk-Konverter von Abb. 3.26 zu simulieren, benötigen wir eine zusätzliche Steuerkomponente, um Gate-Signale für den Schalter S zu erzeugen. Da wir nur die grundlegende Funktion des Ćuk-Konverters demonstrieren müssen, wählen wir einen einfachen konstanten Frequenzbetrieb des Konverters, bei dem der Schalter S für eine Dauer der Schaltzeitperiode eingeschaltet ist [11]. Daher, wenn T die Zeitperiode eines Schaltzyklus und t_{on} das Zeitintervall ist, für das der Schalter S eingeschaltet ist, definieren wir das Tastverhältnis d als:

$$d = \frac{t_{on}}{T} \tag{3.46}$$

Daher liegt d zwischen 0 und 1. Durch Variieren des Tastverhältnisses und damit Variieren des Zeitintervalls, für das der Schalter S eingeschaltet ist, kann die Ausgangsspannung v_o variiert werden. Um die Ausgangsspannung v_o auf einen gewünschten Referenzwert zu regeln, variieren wir das Tastverhältnis d.

In dieser Simulation werden wir keine Ausgangsspannungsregelung implementieren, da die geschlossene Regelung ein ziemlich umfangreiches Thema ist. Stattdessen nehmen wir einen Wert von d zwischen 0 und 1 (sagen wir 0,3) an. Um diesen Tastverhältniswert in ein Gate-Signal umzuwandeln, verwenden wir die Pulsweitenmodulation (PWM), bei der wir das Tastverhältnis mit einer festen Trägerfrequenz vergleichen. Bei einem Gleichstrom-Gleichstrom-Wandler ist die feste Trägerfrequenz normalerweise eine Sägezahnwelle [11]. Die PWM-Technik kann mit dem folgenden Codeblock implementiert werden:

```
dt = 1.0 e-8
f_sw = 20000.0
T_sw = 1 / f_sw
carr_slope = 1 / T_sw
if t_clock >= t1 :
    carr_wave += carr_slope *dt
    if carr_wave > 1 . 0 :
        carr_wave = 0.0
    duty_ratio = 0.3
    if duty_ratio > carr_wave :
        s1gate = 1.0
    else :
        s1gate = 0.0
    pwm_carr = carr_wave
```

```
pwm_dutyratio = duty_ratio
pwm_gate = s1gate
t1 += dt
```

Im obigen Codeblock haben wir die Schaltfrequenz `f_sw` auf 20 kHz oder 20.000 Hz gewählt. Dies ist typisch für einen Gleichstrom-Gleichstrom-Wandler wie den Ćuk-Wandler. Wie bei anderen Steuerungscodes hat dieser eine Zeitereignisvariable `t1`, die in einem konstanten Intervall aktualisiert wird, in dem wir möchten, dass der Steuerungscode ausgeführt wird. Dies ist normalerweise der Fall, wenn wir die Steuerung in Hardware mit Plattformen wie Mikrocontrollern implementieren. Der Steuerungscode wird in regelmäßigen Abständen durch Konfigurieren eines Timers ausgeführt. Da unsere Schaltfrequenz `f_sw` 20.000 Hz beträgt, wählen wir das Zeitintervall der Steuerung auf 10 Nanosekunden. Dies soll sicherstellen, dass wir innerhalb jeder Schaltzeitperiode genaue Schaltgate-Signale erzeugen können.

Die Trägerwelle wird durch die Variable `carr_wave` dargestellt. Diese Trägerwelle wird mit dem festen Tastverhältnis von 0,3 verglichen (der Leser wird ermutigt, andere Werte auszuprobieren). Wenn das Tastverhältnis größer als die Trägerwelle ist, wird der Schalter *S* durch Bereitstellung eines Gate-Signals von 1 eingeschaltet, während wenn das Tastverhältnis kleiner als die Trägerwelle ist, der Schalter durch Bereitstellung eines Gate-Signals von 0 ausgeschaltet wird. Dies kann in Abb. 3.29 dargestellt werden. Wie man sehen kann, wird das Tastverhältnis von 0,3 mit der PWM-Technik in eine Einschaltzeit für den Schalter von 30 % der Zeitperiode eines Schaltzyklus übersetzt.

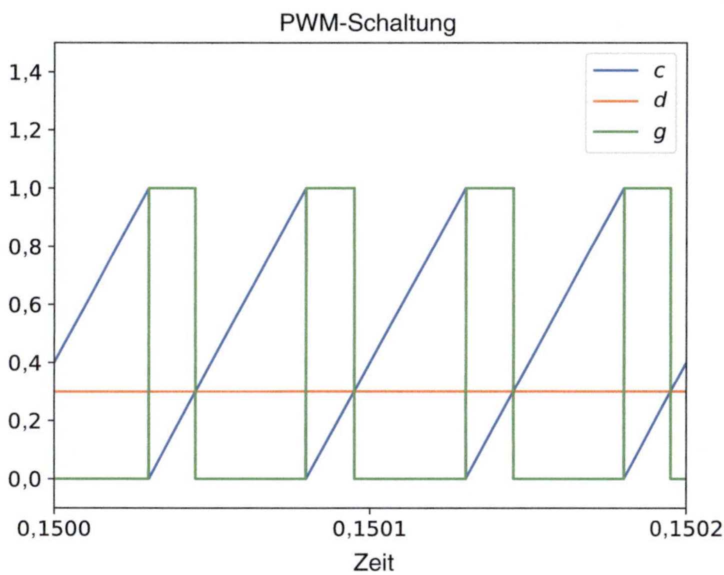

Abb. 3.29 Gate-Signale erzeugt durch PWM

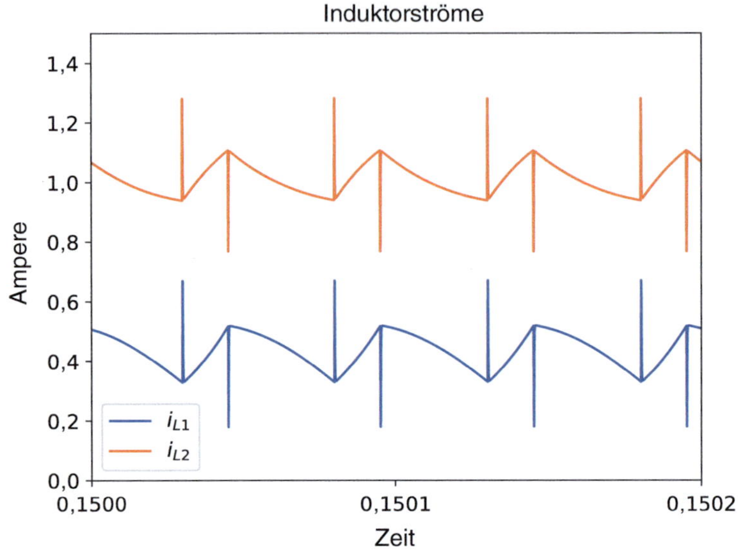

Abb. 3.30 Induktorenströme i_{L1} und i_{L2}

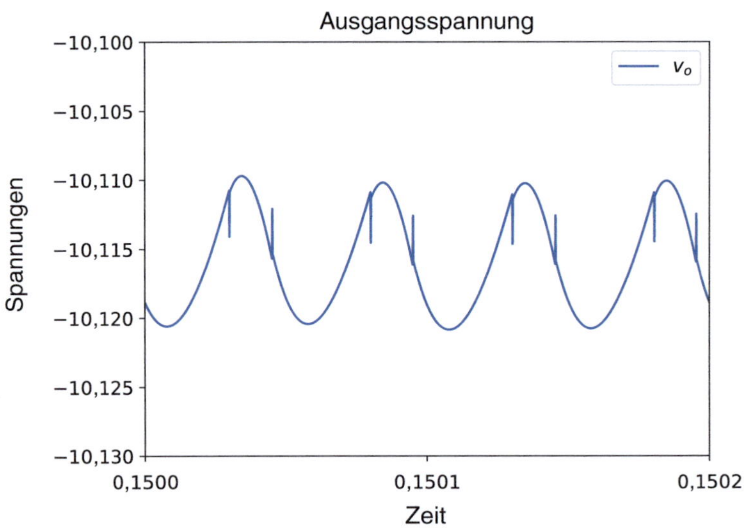

Abb. 3.31 Ausgangsspannung v_o

Abb. 3.30 zeigt die Ströme i_{L1} und i_{L2} durch die Induktoren L_1 und L_2. Die Ströme nehmen zu, wenn der Schalter S eingeschaltet und leitend ist, und sie nehmen ab, wenn der Schalter S ausgeschaltet ist und stattdessen die Diode D leitend ist. Wichtig ist, dass die Ströme gleichzeitig während des gleichen Intervalls ansteigen und abfallen. Abb. 3.31 zeigt die Ausgangsspannung. Wenn der Schalter

S eingeschaltet ist, scheint die Ausgangsspannung abzunehmen, was im Widerspruch zu unserer theoretischen Diskussion steht. Wir haben jedoch die Ausgangsspannung mit einer solchen Polarität gemessen, dass es sich um eine negative Spannung handelt. Daher erhöht sich in Wirklichkeit, wenn die Spannung zu sinken scheint, die Größe, aber im negativen Sinne.

Die Simulation des Ćuk-Wandlers zeigt somit einen Anwendungsfall, bei dem wir Induktoren auf dem gleichen Kern wickeln können, wodurch sie eine gegenseitige Induktivität haben. Die kumulative Wirkung der Selbstinduktivität und der gegenseitigen Induktivität verringert die Stromwelligkeit. Der Leser wird ermutigt, die Simulation mit entweder getrennten Induktoren oder durch Setzen der gegenseitigen Induktivität M auf null im mathematischen Modell der gekoppelten Induktoren zu wiederholen. Daher hat das Wickeln von Induktoren auf dem gleichen Kern in einem solchen Fall einen doppelten Vorteil – es verringert die Größe des Wandlers, da es nur einen Kern gibt und verringert auch die Stromwelligkeit, ohne die Größe des Induktors erhöhen zu müssen.

Mit der Simulation des Ćuk-Konverters haben wir einen praktischen Fall vorgestellt, in dem die magnetische Kopplung zwischen zwei Induktoren vorteilhaft ist, obwohl es nicht darum geht, Leistung von einer Spule zur anderen zu übertragen. In einer Vielzahl von Fällen besteht die Absicht der magnetischen Kopplung zwischen Spulen normalerweise darin, die Leistung von einer Spule zur anderen zu übertragen, was im nächsten Kapitel besprochen wird. Bevor wir dieses Kapitel abschließen, werden wir ein weiteres Problem im mathematischen Modell der gekoppelten Induktoren ansprechen. Das Modell gilt speziell für zwei Spulen und die Ströme wurden durch Lösung simultaner Gleichungen der Flussverknüpfungen der beiden Spulen ermittelt. Es könnten jedoch beliebig viele Spulen auf demselben Kern gewickelt sein, was zu vielen magnetisch gekoppelten Induktoren führt. Um die Ströme durch alle Spulen auszudrücken, müssten wir die Flussverknüpfungsgleichungen als Matrixgleichungen lösen. Dies wird im nächsten Abschnitt besprochen.

3.9 Skalierbare mathematische Modelle mit magnetischer Kopplung

In den vorherigen Abschnitten hatten wir das mathematische Modell für zwei gekoppelte Spulen mit simultanen Gleichungen ausgedrückt. Eine solche Beschreibung ist sehr praktisch, um das Phänomen der magnetischen Kopplung zu analysieren und zu verstehen. Im nächsten Kapitel, in dem wir beginnen, Transformatoren zu modellieren und zu simulieren, können wir viele Spulen haben, die magnetisch gekoppelt sind, da in vielen Fällen Transformatoren mehrere Wicklungen haben, wobei eine Spannungsquelle an einer Wicklung Lasten in allen anderen versorgt. In solchen Fällen ist die Methode des manuellen Lösens simultaner Gleichungen nicht durchführbar. Der sinnvolle Weg, Gleichungen in solchen Fällen zu lösen, besteht darin, sie als Matrixgleichungen auszudrücken und Matrixmanipulationstechniken zu verwenden, um sie zu vereinfachen.

Beginnen wir mit dem gleichen Fall wie die gekoppelten Spulen mit Punktpolaritäten, sodass Ströme in die Anschlüsse beider Spulen eintreten, die durch Punkte gekennzeichnet sind, wodurch die durch die Ströme erzeugten Flüsse in die gleiche Richtung durch den Kern gehen.

$$v_1 = r_1 i_1 + e_1 = r_1 i_1 + L_1 \frac{di_1}{dt} + M \frac{di_2}{dt} \tag{3.47}$$

$$v_2 = r_2 i_2 + e_2 = r_2 i_2 + M \frac{di_1}{dt} + L_2 \frac{di_2}{dt} \tag{3.48}$$

Wir haben lediglich die induzierten EMK-Begriffe e_1 und e_2 mit den Änderungsraten der Flussverknüpfungen ψ_1 und ψ_2 erweitert, die wiederum mit Strömen und Induktivitäten ausgedrückt wurden.

Wenn wir auf ein solches System simultaner Gleichungen stoßen, können wir beginnen, sie mit Matrizen auszudrücken, indem wir einige Vektoren definieren. Wir können einen Spannungsvektor **v** und einen Stromvektor **i** definieren als:

$$\mathbf{v} = \begin{bmatrix} v_1 \\ v_2 \end{bmatrix} \quad , \quad \mathbf{i} = \begin{bmatrix} i_1 \\ i_2 \end{bmatrix} \tag{3.49}$$

Wir können die simultanen Gleichungen mit diesen Vektoren und zwei weiteren Matrizen wie folgt ausdrücken:

$$\begin{bmatrix} v_1 \\ v_2 \end{bmatrix} = \begin{bmatrix} r_1 & 0 \\ 0 & r_2 \end{bmatrix} \begin{bmatrix} i_1 \\ i_2 \end{bmatrix} + \begin{bmatrix} L_1 & M \\ M & L_2 \end{bmatrix} \frac{d}{dt} \begin{bmatrix} i_1 \\ i_2 \end{bmatrix} \tag{3.50}$$

Wir haben direkt die Differentialgleichungen für die Ströme geschrieben, die wir berechnen möchten, ohne die Zwischenberechnung der Spulenflussverknüpfungen. Wir können diese Differentialgleichungen mit jeder numerischen Integrationstechnik lösen, um die Ströme für jede Probe k in Bezug auf die Spannungen in der gleichen Probe k und die Ströme aus der vorherigen Probe $k-1$ zu erhalten. Bevor wir zum Schritt der numerischen Integration übergehen, müssen wir die Matrixgleichung vereinfachen. Dies liegt daran, dass in dem aktuellen Zustand beide Gleichungen gekoppelt sind und wenn wir eine der Gleichungen integrieren, integrieren wir beide Ströme. Glücklicherweise haben wir durch die Verwendung von Matrizen zum Ausdruck der Gleichung viele Manipulationstechniken zur Verfügung, mit denen die Matrizen in eine andere Struktur transformiert werden können, was die Lösung der Gleichungen erheblich vereinfacht [14].

Betrachten Sie diese Matrix, die die Selbst- und gegenseitigen Induktivitäten enthält:

$$\begin{bmatrix} L_1 & M \\ M & L_2 \end{bmatrix} \tag{3.51}$$

Diese Matrix koppelt die Ableitungen der Induktorströme. Wenn diese Matrix in eine dieser Formen umgewandelt werden kann,

$$\begin{bmatrix} L_1' & M' \\ 0 & L_2' \end{bmatrix} \qquad \begin{bmatrix} 0 & M' \\ M'' & L_2' \end{bmatrix} \tag{3.52}$$

hätten wir ein gewisses Maß an Entkopplung erreicht, da nun die Ableitung eines der Ströme direkt integriert werden kann, ohne dass die Ableitung des anderen Stroms Einfluss hat. Zur Erläuterung: I

n der Matrix auf der linken Seite kann $\frac{di_2}{dt}$ integriert werden, um i_2 zu berechnen, während für die Matrix auf der rechten Seite $\frac{di_1}{dt}$ integriert werden kann, um i_1 zu berechnen. Sobald die Ableitung einer der Ströme berechnet werden kann, kann die Ableitung des anderen Stroms berechnet werden, indem die zuvor berechnete Ableitung eingesetzt wird. Daher existiert in beiden Matrixformen eine Lösung zur Berechnung aller Ströme.

Die Matrix oben links wird als obere Dreiecksmatrix bezeichnet, während die Matrix oben rechts als untere Dreiecksmatrix bezeichnet wird [14]. Erstere ist eine Matrix, bei der alle Elemente unterhalb der Diagonalen null sind, während letztere eine Matrix ist, bei der alle Elemente oberhalb der Diagonalen null sind. Eine dieser beiden kann ausgewählt werden und die Technik zur Erzeugung dieser Transformation wird in beiden Fällen gleich sein, mit Ausnahme der genauen Schritte, die variieren werden. Lassen Sie uns als Beispiel wählen, die Matrix in eine obere Dreieckform zu transformieren. Um unsere Lösung zu beginnen, lassen Sie uns unsere Matrixgleichung wie folgt umschreiben:

$$\begin{bmatrix} L_1 & M \\ M & L_2 \end{bmatrix} \frac{d}{dt} \begin{bmatrix} i_1 \\ i_2 \end{bmatrix} = - \begin{bmatrix} r_1 & 0 \\ 0 & r_2 \end{bmatrix} \begin{bmatrix} i_1 \\ i_2 \end{bmatrix} + \begin{bmatrix} v_1 \\ v_2 \end{bmatrix} \tag{3.53}$$

Wir haben unsere Gleichung in eine linke und rechte Seite umgeordnet, mit dem Ziel, die Matrixgleichung so zu vereinfachen, dass die linke Seite von $\left[\frac{di_1}{dt}, \frac{di_2}{dt}\right]^T$ berechnet werden kann und anschließend integriert wird, um die Ströme i_1 und i_2 zu liefern. Aus der Grundmathematik wissen wir, dass wir eine Reihe von Operationen an der linken und rechten Seite der Gleichung durchführen können, die die Lösung nicht verändern, solange die gleiche Operation auf beiden Seiten der Gleichung durchgeführt wird [14]. Als Beispiel könnten wir eine Zeile aller Matrizen auf beiden Seiten der Gleichung mit einer skalaren Konstanten (sagen wir 5) multiplizieren, ohne die Lösung zu verändern:

$$\begin{bmatrix} 5L_1 & 5M \\ M & L_2 \end{bmatrix} \frac{d}{dt} \begin{bmatrix} i_1 \\ i_2 \end{bmatrix} = - \begin{bmatrix} 5r_1 & 0 \\ 0 & r_2 \end{bmatrix} \begin{bmatrix} i_1 \\ i_2 \end{bmatrix} + \begin{bmatrix} 5v_1 \\ v_2 \end{bmatrix} \tag{3.54}$$

Wir könnten auch eine Zeile jeder Matrix zu einer anderen Zeile jeder Matrix auf beiden Seiten der Gleichung hinzufügen, ohne die Lösung zu verändern. Zum Beispiel, wenn wir die erste Zeile zur zweiten Zeile hinzufügen:

$$\begin{bmatrix} 5L_1 & 5M \\ M + 5L_1 & L_2 + 5M \end{bmatrix} \frac{d}{dt} \begin{bmatrix} i_1 \\ i_2 \end{bmatrix} = - \begin{bmatrix} 5r_1 & 0 \\ 5r_1 & r_2 \end{bmatrix} \begin{bmatrix} i_1 \\ i_2 \end{bmatrix} + \begin{bmatrix} 5v_1 \\ v_2 + 5v_1 \end{bmatrix} \tag{3.55}$$

Diese Operationen unterscheiden sich nicht von der Art und Weise, wie Gleichungssysteme von Hand gelöst werden. Der Leser wird ermutigt, dies zu überprüfen.

Anstatt den zufälligen Wert von 5 zu wählen, um die erste Zeile zu multiplizieren, wenn wir den Wert von $-\frac{M}{L_1}$ wählen, stellt sich die Matrixgleichung heraus als

$$\begin{bmatrix} L_1 & M \\ 0 & L_2 - \frac{M^2}{L_1} \end{bmatrix} \frac{d}{dt} \begin{bmatrix} i_1 \\ i_2 \end{bmatrix} = - \begin{bmatrix} r_1 & 0 \\ r_1 - \frac{Mr_1}{L_1} & r_2 \end{bmatrix} \begin{bmatrix} i_1 \\ i_2 \end{bmatrix} + \begin{bmatrix} v_1 \\ v_2 - \frac{Mv_1}{L_1} \end{bmatrix} \quad (3.56)$$

In der obigen Gleichung haben wir die erste Zeile in ihrer ursprünglichen Form beibehalten, ohne sie mit Konstanten zu multiplizieren, aber zur zweiten Zeile Terme hinzugefügt, die die erste Zeile multipliziert mit der Konstanten $-\frac{M}{L_1}$ enthalten. Wie man sehen kann, haben wir die Matrix auf der linken Seite der Gleichung in eine obere Dreiecksform transformiert. Es sollte beachtet werden, dass diese Transformation nicht zufällig war, sondern absichtlich durch die Wahl eines Multiplikationsfaktors, der das Element in der zweiten Zeile und ersten Spalte für die Matrix auf der linken Seite eliminieren würde.

Die Schönheit dieser Technik liegt in der Tatsache, dass sie auf jede Matrix angewendet werden kann, die irgendein System repräsentiert und als Algorithmus formuliert werden kann, der von einem Computer gelöst wird. Zum Beispiel nehmen wir an, es gäbe drei Spulen, die auf demselben Kern gewickelt sind, mit Selbstinduktivitäten L_1, L_2 und L_3. Nehmen wir an, die gegenseitige Induktivität zwischen den Spulen 1 und 2 war M_{12}, die gegenseitige Induktivität zwischen den Spulen 2 und 3 war M_{23} und die gegenseitige Induktivität zwischen den Spulen 1 und 3 war M_{13}. Die neue Reihe von Gleichungen kann in der Matrixform wie folgt dargestellt werden:

$$\begin{bmatrix} L_1 & M_{12} & M_{13} \\ M_{12} & L_2 & M_{23} \\ M_{13} & M_{23} & L_3 \end{bmatrix} \frac{d}{dt} \begin{bmatrix} i_1 \\ i_2 \\ i_3 \end{bmatrix} = - \begin{bmatrix} r_1 & 0 & 0 \\ 0 & r_2 & 0 \\ 0 & 0 & r_3 \end{bmatrix} \begin{bmatrix} i_1 \\ i_2 \\ i_3 \end{bmatrix} + \begin{bmatrix} v_1 \\ v_2 \\ v_3 \end{bmatrix} \quad (3.57)$$

Um die Matrix auf der linken Seite der obigen Gleichung in eine obere Dreiecksform zu transformieren, müssen wir drei Elemente auf null reduzieren – Element (2, 1) (=M_{12}), Element (3, 1) (=M_{13}) und Element (3, 2) (=M_{23}). Wir können zur zweiten Zeile aller Matrizen auf beiden Seiten der Gleichung die erste Zeile der gleichen Matrix addieren, multipliziert mit dem Produkt $-\frac{M_{12}}{L_1}$. Dies wird das Element (2, 1) der linken Matrix eliminieren, während die Elemente in der zweiten Zeile aller Matrizen auf beiden Seiten der Gleichung verändert werden. Darüber hinaus können wir zur dritten Zeile aller Matrizen auf beiden Seiten der Gleichung die erste Zeile der gleichen Matrix addieren, multipliziert mit dem Produkt $-\frac{M_{13}}{L_1}$. Dies wird das Element (3, 1) der linken Matrix eliminieren, während die Elemente in der dritten Zeile aller Matrizen auf beiden Seiten der Gleichung verändert werden. Wir können das Element (3, 2) der linken Matrix eliminieren, indem wir die zweite Zeile, multipliziert mit einem geeigneten Faktor, zur dritten Zeile aller Matrizen auf beiden Seiten der Gleichung hinzufügen. Dieser Faktor muss nach der im vorherigen Schritt durchgeführten Berechnung bestimmt werden, da die zweite Zeile bereits geändert wurde.

Obwohl der oben beschriebene Prozess mühsam erscheinen mag, handelt es sich um einen mechanischen Prozess, der mit Code automatisiert werden kann, wie folgt:

```
L = [ [ L1 , M] , [M , L2 ] ]
R = [ [ r1 , 0 . 0 ] , [ 0 . 0 , r2 ] ]
V = [24.0 , 0 . 0 ]
for count1 in range ( len (L ) ) :
    if not L[ count1 ] [ count1 ] :
        for count2 in range ( count1+1, len (L ) ) :
            if L[ count2 ] [ count1 ] :
                L[ count1 ] , L[ count2 ] = L[ count2 ] ,
                 L[ count1 ]
                 R[ count1 ] , R[ count2 ] = R[ count2 ] ,
                 R[ count1 ]
                 V[ count1 ] , V[ count2 ] = V[ count2 ] ,
                 V[ count1 ]
                break
    if L[ count1 ] [ count1 ] :
        for count2 in range ( count1+1, len (L ) ) :
            comm_factor = L[ count2 ] [ count1 ]/L[ count1 ]
                 [ count1 ]
            for count3 in range ( len (L[ count1 ] ) ) ) :
                 L[ count2 ] [ count3 ] -= L [ count1 ]
                 [ count3 ]* comm_factor
                 R[ count2 ] [ count3 ] -= R [ count1 ]
                 [ count3 ]* comm_factor
             V[ count2 ] -= V [ count1 ]* comm_factor
```

Aus dem Codeblock geht hervor, dass wir nur die Matrizen definieren müssen ist, und dass der Prozess der Triangularisierung, der folgt, ein mechanischer Prozess ist. Der Leser wird ermutigt, größere Matrizen für **L**, **R** und **V** zu wählen und zu überprüfen, dass der Prozess in der Lage ist, die Matrix **L** in jedem Fall in eine obere Dreiecksform zu konvertieren. Der einzige wichtige Faktor ist, dass die Matrizen **L** und **R** quadratisch sein sollten und die gleichen Dimensionen haben, während die Matrix **V** die gleiche Anzahl von Zeilen wie **L** und **R** haben sollte. Nach der Dreieckbildung können die Differentialgleichungen in umgekehrter Reihenfolge gelöst werden wie folgt:

```
dibydt = [0.0, 0.0]
for count1 in range(len(L)-1, -1, -1):
    if L[count1][count1]:
        k = [0.0, 0.0, 0.0, 0.0]
        for k_count in range(len(k)):
            for count2 in range(len(B[count1])):
                k[k_count] += B[count1][count2]*coil_voltages[count2]
            for count2 in range(len(A[count1])):
                if (k_count==0):
                    k[k_count] -= A[count1][count2]*ind_current[count2]
                elif count2>count1:
                    k[k_count] -= A[count1][count2]*(ind_current[count2] + \
                                    dt*dibydt[count2])
                if (k_count==1):
                    if (count2 == count1):
                        k[k_count] -= A[count1][count2]*(ind_current[count2] + \
                                    dt*k[0]/2.0)
                    elif count2>count1:
                        k[k_count] -= A[count1][count2]*(ind_current[count2] + \
                                    dt*dibydt[count2])
                    else:
                        k[k_count] -= A[count1][count2]*ind_current[count2]
                if (k_count==2):
                    if (count2 == count1):
                        k[k_count] -= A[count1][count2]*(ind_current[count2] + \
                                    dt*k[1]/2.0)
                    elif count2>count1:
                        k[k_count] -= A[count1][count2]*(ind_current[count2] + \
                                    dt*dibydt[count2])
                    else:
                        k[k_count] -= A[count1][count2]*ind_current[count2]
                if (k_count==3):
                    if (count2 == count1):
                        k[k_count] -= A[count1][count2]*(ind_current[count2] + \
                                    dt*k[2]/2.0)
                    elif count2>count1:
                        k[k_count] -= A[count1][count2]*(ind_current[count2] + \
                                    dt*dibydt[count2])
                    else:
                        k[k_count] -= A[count1][count2]*ind_current[count2]


 for count2 in range(len(L[count1])):
                if not count2==count1:
                    k[k_count] -= L[count1][count2]*dibydt[count2]
            k[k_count] = k[k_count] / L[count1][count1]
        dibydt[count1] = (k[0] + 2*k[1] + 2*k[2] + k[3])/6.0
        ind_current[count1] += dibydt[count1]*dt
    else:
        ind_current[count1] = V[count1]
        for count2 in range(count1+1, len(L)):
            ind_current[count1] -= L[count1][count2] * dibydt[count2]
        for count2 in range(count1+1, len(R)):
            if not count2==count1:
                ind_current[count1] -= R[count1][count2] * ind_current[count2]
                ind_current[count1] = ind_current[count1] / R[count1][count1]
```

In dem oben gezeigten Codeabschnitt wurde die numerische Integration mit der Runge-Kutta-Methode vierter Ordnung durchgeführt, die eine größere Genauigkeit bietet als die einfache Integration mit der Backward-Euler-Methode, die in den vorherigen Simulationen verwendet wurde. Der Leser wird ermutigt, diese beiden Codeabschnitte in die Simulation der gekoppelten Induktoren, die zuvor in diesem Kapitel vorgestellt wurden, sowie in die Simulation des Ćuk-Konverters einzufügen. Im nächsten Kapitel werden die Systemgleichungen in Matrixform ausgedrückt und mit der oben gezeigten Runge-Kutta-Methode vierter Ordnung integriert.

3.10 Schlussfolgerungen

In diesem Kapitel haben wir unser Wissen über magnetische Schaltungen aus dem vorherigen Kapitel genutzt, um Simulationsmodelle für magnetisch gekoppelte Schaltungen zu entwickeln. Wir begannen mit unserer Behauptung, dass alle grundlegenden Gesetze der Physik, die für eine Induktivität (einzige Spule auf einem Kern gewickelt) gelten, auch für den Fall mehrerer Spulen gelten, die auf demselben Kern gewickelt sind. Solche Systeme können auch durch magnetische Schaltungen dargestellt werden, die aus den MMK bestehen, die von jeder Spule erzeugt werden, und den Reluktanzen jedes Kernabschnitts. Die in den Spulen induzierten EMK können in Bezug auf die Änderungsrate der Flussverknüpfungen der Spulen ausgedrückt werden. Das Kapitel begann mit einer einfachen Erklärung des Konzepts der magnetischen Kopplung zwischen zwei auf einem rechteckigen Kern gewickelten Spulen, wobei nur eine Spule erregt wird.

Da das Konzept der magnetischen Kopplung die Grundlage für den Betrieb von Transformatoren bildet, der im nächsten Kapitel behandelt wird, haben wir verschiedene Möglichkeiten, die auftreten können, wenn mehrere Spulen auf einem einzigen Kern gewickelt sind, im Detail untersucht. Wir haben äquivalente magnetische Schaltungen ausgedrückt und eine mathematische Analyse für verschiedene Bedingungen durchgeführt. Zunächst haben wir nur die grundlegenden Gesetze der Physik wie das Ampèresche Gesetz, das Faradaysche Gesetz und das Lenzsche Gesetz verwendet, um das Verhalten der magnetisch gekoppelten Spulen zu bestimmen. Die Szenarien halfen uns zu verstehen, wie Energie von einer Spule zu einer anderen magnetisch gekoppelten Spule übertragen wird. Das Ziel dieser Diskussionen war es zu verstehen, wie die grundlegenden Gesetze der Physik weiterhin angewendet werden können, obwohl sich das Verhalten eines magnetisch gekoppelten Systems von einer einzelnen Induktivität unterscheidet.

Nach unseren Diskussionen über das Verständnis des Konzepts der magnetischen Kopplung gingen wir dazu über, ein mathematisches Modell für ein magnetisch gekoppeltes System zu formulieren. Wir führten das Konzept der gegenseitigen Induktivität zusätzlich zur Selbstinduktivität ein, um die Flussverknüpfungen einer Spule in Bezug auf die in allen Spulen des magnetisch gekoppelten Systems fließenden Ströme auszudrücken. Wir beschrieben auch, wie Punktpolaritäten verwendet werden können, um den Sinn der Wicklungen von Spulen anzuzeigen, sodass magnetisch gekoppelte Spulen als einfache Induktoren mit Punkten an einem ihrer Anschlüsse dargestellt werden können, anstatt die detaillierten Wicklungen auf dem Kern darzustellen. Durch Kombination von gegenseitigen Induktivitäten und Punktpolaritäten konnten dann prägnante Flussverknüpfungsgleichungen für jedes magnetisch gekoppelte System geschrieben werden.

Das Kapitel konsolidiert die theoretische Diskussion mit einer Simulation von zwei auf demselben Kern gewickelten Spulen. Die Simulation hat zwei separate Fälle, in denen die Punktpolarität der Spulen so ist, dass in einem Fall die von den Spulen erzeugten Flüsse in die gleiche Richtung gehen, während in dem anderen Fall die von den Spulen erzeugten Flüsse in entgegengesetzte Richtungen gehen. Um einen praktischen Aspekt in die Diskussion über die magnetische Kopplung einzuführen, beschrieben wir den Betrieb eines Ćuk-Konverters, in dem oft magnetisch gekoppelte Induktoren verwendet werden. Mit dem Ćuk-Konverter beschrieben wir, wann es vorteilhaft ist, mehrere Induktoren auf demselben Kern zu wickeln. Simulationen des Ćuk-Konverters zeigten, wie ähnliche Muster von Strömen durch die Induktoren es ermöglichen, sie auf demselben Kern zu wickeln, wodurch die Größe des Konverters und auch die Stromwelligkeit verringert wird.

Um die Simulation eines magnetisch gekoppelten Systems zu verallgemeinern, wird das Simulationsmodell in eine Matrixform umgewandelt, sodass eine beliebige Anzahl von Spulen, die auf einem Kern gewickelt sind, modelliert werden kann. Wir beschrieben den Vorteil einer Matrixdarstellung mit der prägnanten Matrixgleichung, die das Ergebnis war. Um die Matrixgleichung zu vereinfachen, beschrieben wir einen Prozess, bei dem die Induktanzmatrix in eine obere Dreiecksform umgewandelt werden konnte und präsentierten den Codeblock dafür. Nach der Dreieckbildung wurde der Prozess der numerischen Integration für die Matrixdarstellung modifiziert. Eine solche Matrixdarstellung führt zu einem bequemen und erweiterbaren Simulationsmodell, wie im nächsten Kapitel zu sehen sein wird, wenn wir Transformatoren simulieren.

Im nächsten Kapitel werden wir Transformatoren modellieren und simulieren, indem wir die Grundlagen der magnetischen Kopplung verwenden, die in diesem Kapitel beschrieben wurden. Transformatoren sind eine spezifische Anwendung von gekoppelten Spulen, die auf einem Kern gewickelt sind, um die maximale mögliche Energieübertragung von einer Spule zur anderen zu erreichen. Dieses Kapitel wird dem Leser jedoch helfen, die grundlegende Natur der magnetischen Kopplung zu verstehen, die dies ermöglicht. Darüber hinaus kann diese Art der magnetischen Kopplung auch auf rotierende Maschinen wie Motoren und Generatoren ausgedehnt werden, obwohl dieses Buch sie nicht abdecken wird.

Literatur

1. V. Valkenburgh, V. Valkenburgh, and Nooger & Neville, *Basic Electricity*. Prompt Publications, 1992, no. Bd. 1–5. [Online]. Available: https://books.google.de/books?id=vmg1UKsTntAC
2. C. R. Paul, *Fundamentals of Circuit Analysis*, 1st ed. John Wiley, 2000.
3. S. J. Chapman, *Electric Machinery Fundamentals*, 5th ed. McGraw-Hill Education, 2011.

4. A. E. Fitzgerald, C. Kingsley, and S. D. Umans, *Electric Machinery*, 6th ed. McGraw-Hill, 2005.
5. W. Hurley and W. Wölfe, *Transformers and Inductors for Power Electronics: Theory, Design and Applications*, 1st ed. Wiley, 2013.
6. A. Witulski, "Introduction to modeling of transformers and coupled inductors," *IEEE Transactions on Power Electronics*, vol. 10, no. 3, pp. 349–357, 1995.
7. G. Zhu, B. A. McDonald, and K. Wang, "Modeling and analysis of coupled inductors in power converters," *IEEE Transactions on Power Electronics*, vol. 26, no. 5, pp. 1355–1363, 2011.
8. R. A. Serway, J. W. Jewett, and V. Peroomian, *Physics for Scientists and Engineers*, 9th ed. Brooks and Cole, 2012.
9. R. Becker, *Electromagnetic Fields and Interactions*. Dover Publications, 1982.
10. V. C. Valchev and A. V. den Bossche, *Inductors and Transformers for Power Electronics*, 1st ed. CRC Press, 2005.
11. N. Mohan, T. M. Undeland, and W. P. Robbins, *Power Electronics: Converters, Applications, and Design*, 3rd ed. Wiley, 2002.
12. M. Brkovic and S. Cuk, "Input current shaper using cuk converter," in *[Proceedings] Fourteenth International Telecommunications Energy Conference – INTELEC '92*, 1992, pp. 532–539.
13. E. Santi and S. Cuk, "Comparison and design of three coupled inductor structures," in *Proceedings of IECON'94 – 20th Annual Conference of IEEE Industrial Electronics*, vol. 1, 1994, pp. 262–267 vol.1.
14. S. Axler, *Linear Algebra Done Right*, 3rd ed. Springer International Publishing, 2015.

Kapitel 4
Modellierung und Simulation von Transformatoren

4.1 Einführung

In den vorherigen Kapiteln haben wir die Diskussion über den Energieübertrag durch magnetische Kopplung schrittweise aufgebaut. Das Ziel der vorherigen Kapitel war es, eine Brücke zwischen Magnetismus, wie er in der Physik behandelt wird, und Simulationsmodellen von Komponenten wie Induktoren, die Magnetismus nutzen, zu schlagen. Das Thema Magnetismus ist umfangreich und die Modellierung des Magnetfeldes genau ist sehr komplex und erfordert spezielle Techniken und Lösungen. Indem wir jedoch von gleichmäßigen Magnetfeldern und linearen magnetischen Eigenschaften ausgegangen sind, konnten wir prägnante mathematische Modelle formulieren, die das Phänomen der magnetischen Kopplung in einem für die meisten elektrotechnischen Anwendungen akzeptablen Maße erfassten. Da Magnetismus als Konzept etwas knifflig ist und die Übersetzung physikalischer Gesetze, die sich auf Magnetismus beziehen, in die Elektrotechnik zu Verwirrung führen kann, haben die letzten beiden Kapitel die Modellierung von magnetischen Schaltkreisen eingeführt, um das Verhalten eines beliebigen magnetischen Schaltkreises zu verstehen.

In diesem Kapitel kommen wir endlich zum Hauptthema dieses Buches – einer elektrischen Maschine, die auf dem Energieübertrag durch magnetische Kopplung basiert. Der Transformator ist eine statische Maschine, die in der Elektrotechnik sehr häufig zur Verbindung verschiedener elektrischer Systeme verwendet wird [2, 6, 4, 5]. Es gibt zahlreiche Anwendungen von Transformatoren, und es ist unmöglich, alle verschiedenen Anwendungen in einem einzigen Buch zu behandeln [4, 5]. Das Ziel dieses Kapitels ist es, einige der häufigsten Anwendungen von Transformatoren vorzustellen, die ein Elektroingenieur möglicherweise antrifft, und Simulationsmodelle für diese Anwendungen zu präsentieren. Wie zuvor bleibt das grundlegende Konzept der Transformatorsimulationen für die meisten Anwendungen gleich, für ein tieferes Verständnis des Transformatorbetriebs untersucht dieses Kapitel jedoch verschiedene Anwendungen in getrennten Abschnitten.

S. V. Iyer, *Modellierung und Python-Simulation von Magneten für Anwendungen in der Leistungselektronik*, https://doi.org/10.1007/978-3-031-58989-8_4

Unter der Haube ist ein Transformator nur ein Satz magnetisch gekoppelter Spulen. Daher wird dem Leser empfohlen, vor dem Lesen dieses Kapitels mit allen Feinheiten von magnetisch gekoppelten Spulen vertraut zu sein, wie sie im vorherigen Kapitel beschrieben wurden. Was einen Transformator zu einem speziellen Fall von magnetisch gekoppelten Spulen macht, ist, dass ein Transformator in den meisten Fällen so konzipiert ist, dass er eine maximale Leistungsübertragung von einer Spule zu anderen Spulen erreicht. Daher wird, obwohl das zugrunde liegende Simulationsmodell ähnlich wie einfache magnetisch gekoppelte Spulen ist, das Erreichen des Basismodells aus den Spezifikationen eines Transformators als Maschine durch Darstellung des äquivalenten Schaltkreises eines Transformators beschrieben. Der äquivalente Schaltkreis eines Transformators wird während des Grundstudiums behandelt [4, 5]. Dieses Kapitel wird jedoch den äquivalenten Schaltkreis des Transformators mit dem Simulationsmodell in Beziehung setzen. Darüber hinaus wird der äquivalente Schaltkreis schrittweise aufgebaut, während wir Details zum Transformatormodell hinzufügen.

Während meiner Studienjahre stieß ich auf viel Verwirrungen bezüglich des detaillierten Betriebs eines Transformators. Insbesondere war es schwierig zu verstehen, wie das Übersetzungsverhältnis eines Transformators mit der Art und Weise zusammenhängt, wie die Wicklungsströme des Transformators ausgedrückt werden, was normalerweise einfach als eine einfache Formel angenommen wurde. Im Großen und Ganzen fand ich es hinderlich, als ich ein Doktorand wurde, eine Reihe von Formeln zu verwenden, um den Betrieb einer Ausrüstung oder Maschine zu verstehen, ohne ein physisches Verständnis von deren Arbeitsweise zu haben. Dies ist ein Hindernis für die meisten Ingenieure. Die Dimension, mit der sie Transformatoren und Maschinen im Allgemeinen lernten, war unzureichend für die Anwendung während ihrer beruflichen Laufbahn oder für die Forschung.

Als ich später das Bedürfnis verspürte, elektrische Maschinen aus einer anderen Perspektive neu zu lernen, fand ich auch die Motivation, nicht nur durch Gleichungen, sondern auch durch Simulationen zu lernen. Simulationen ermöglichen es uns, die physikalischen Phänomene hinter dem Betrieb einer Maschine nachzubilden, die uns verstehen lassen, wie die verschiedenen physikalischen Gesetze zusammenhängen [1]. Obwohl uns die grundlegenden Gesetze der Physik aus den Kursen der Oberstufe bekannt sind, kann es ein wenig knifflig sein, sie so zusammenzufügen, dass der Betrieb einer Maschine verstanden werden kann, und es wird ein Hin und Her zwischen diesen Gesetzen benötigen. Dieser Ansatz wurde in Kap. 2 bei der Einführung von magnetischen Schaltkreisen im Kontext von Induktoren und in Kap. 3 bei der Erweiterung der magnetischen Schaltkreise zum Verständnis gekoppelter magnetischer Schaltkreise übernommen.

In diesem Kapitel werden nach der Erweiterung des Simulationsmodells von gekoppelten Induktoren auf Transformatoren mehrere Abschnitte der Beschreibung des Transformatorbetriebs durch Simulationsergebnisse gewidmet [4, 5]. Das Konzept der Stromtransformation und der MMK-Ausgleich werden ausführlich sowohl theoretisch als auch durch Simulationen erklärt. Das Kapitel wird Simulationen von Step-up- und Step-down-Transformatoren präsentieren und die Auswirkungen des Übersetzungsverhältnisses auf die Wicklungsspannungen und

-ströme beschreiben. Schließlich wird das Kapitel auch beschreiben, wie Mehrwickeltransformatoren (mit mehr als zwei Wicklungen) modelliert und simuliert werden können. Dies wird die Grundlage für das nächste Kapitel legen, das diskutieren wird, wie Dreiphasentransformatoren modelliert und simuliert werden können.

Wie die vorherigen Kapitel wird auch dieses Kapitel versuchen, Theorie und Simulationen zu kombinieren, indem es auf die grundlegenden Gesetze der Physik verweist, während es Simulationsergebnisse beschreibt. Der Leser könnte einige der Diskussionen als repetitiv empfinden. Der Zweck dieser langen Diskussionen besteht jedoch darin, einen Rahmen zu schaffen, in dem der Leser versuchen kann, Verbindungen zwischen den verschiedenen Gesetzen der Physik herzustellen, um Simulationsergebnisse zu interpretieren. Ein solcher Ansatz wird nicht nur nützlich sein, um den Betrieb von Transformatoren zu verstehen, sondern kann später auch auf andere elektrische Maschinen wie Motoren und Generatoren ausgedehnt werden. Der Leser wird ermutigt, die im Kapitel beschriebenen Simulationen auszuprobieren und auch einige der vorgeschlagenen Modifikationen als Übungen zu versuchen.

4.2 Hintergrund

Transformatoren gehören zu den am häufigsten verwendeten elektrischen Maschinen und ohne sie wäre das moderne elektrische Netz nicht möglich [6]. Die verschiedenen Anwendungen von Transformatoren und die von ihnen angebotenen Lösungen werden leider von den meisten Elektroingenieuren nicht vollständig geschätzt [4]. Für einen Energieingenieur ist ein tiefgreifendes Verständnis der Transformatorfunktion äußerst wichtig. Leider bemühen sich nur sehr wenige Energieingenieure, die Funktionsweise eines Transformators vollständig zu verstehen und halten sich an die grundlegendsten Gleichungen, die zur mathematischen Darstellung der Transformatorfunktion verwendet werden. Wie bereits in den vorherigen Kapiteln beschrieben, sind für das vollständige Verständnis einer statischen magnetischen Komponente oder Maschine nur einige grundlegende physikalische Gesetze erforderlich – das Ampèresche Gesetz, das Faradaysche Gesetz und das Lenzsche Gesetz. In diesem Kapitel werden wir unser Wissen über die magnetische Kopplung, die im vorherigen Kapitel beschrieben wurde, erweitern, um die Funktionsweise von Transformatoren im Detail zu untersuchen.

Transformatoren haben zahlreiche Anwendungen und Einsatzmöglichkeiten. Bevor wir uns mit den Details der Transformatorfunktion befassen, werfen wir einen Blick auf einige der wichtigsten Anwendungen von Transformatoren [4]. Wie bereits erwähnt, wäre das moderne elektrische Netz ohne Transformatoren nicht möglich. Um dies zu verdeutlichen, müssen wir anerkennen, dass moderne elektrische Netze in den meisten Teilen der Welt gigantische vernetzte Systeme sind, ähnlich dem Netzwerk von Straßen und Eisenbahnen, die verschiedene Teile einer Landmasse verbinden. Elektrische Energie wird in Kraftwerken erzeugt, die auf thermischer (Kohle, Gas oder Kernenergie), Wasserkraft und heutzutage sogar erneuerbaren Energiequellen (Solar, Wind usw.) basieren können. Mit Ausnahme der erneuerbaren Energieerzeugung, die direkt am Verbrauchsort in Form von Dachsolaranlagen möglich ist, befinden sich andere Formen der Energieerzeugung normalerweise in abgelegenen Gebieten. Die Abgelegenheit der Kraftwerke hat verschiedene Gründe – Sicherheit (zum Beispiel Kernenergie) oder die Nähe zur Energiequelle (zum Beispiel Wasserkraft).

Die in abgelegenen Kraftwerken erzeugte elektrische Energie muss zu den Verbrauchszentren, das sind Städte und Industriegebiete, die möglicherweise mehrere hundert oder tausend Kilometer entfernt sind, über Übertragungssysteme transportiert werden. Die Generatoren in den Kraftwerken erzeugen elektrische Energie mit einer Spannung im Bereich von 500 V bis 11 kV, und ein großes Kraftwerk (zum Beispiel ein thermisches Kraftwerk) könnte tausende von Megawatt Leistung erzeugen. Wenn solche großen Mengen an Leistung über lange Strecken bei der erzeugten Spannung übertragen würden, würden die fließenden Ströme zu sehr großen ohmschen Verlusten führen, was ein sehr ineffizientes Übertragungssystem zur Folge hätte. Um große Mengen an Leistung über lange Strecken zu übertragen, muss das Spannungsniveau erhöht werden. Da die Leistung das Produkt aus Spannung und Strom ist, führt ein höheres Spannungsniveau zu geringeren Strömen und daher zu geringeren ohmschen Verlusten. Diese Erhöhung des Spannungsniveaus vom Kraftwerk zum Übertragungssystem wird mit Transformatoren durchgeführt. Mit Transformatoren wurden Übertragungssysteme auf Spannungsniveaus von mehreren hundert Kilovolt gebracht, wobei die höchsten Spannungsniveaus bei etwa 800 kV liegen.

Um zu verstehen, wie elektrische Energieübertragungssysteme funktionieren, ist ein guter Vergleich das Netzwerk von Straßen, das ein Land oder eine Region verbindet. Innerhalb einer Stadt oder einer Gemeinde gibt es normalerweise verschiedene Arten von Straßen mit unterschiedlichen Geschwindigkeitsbegrenzungen. In Wohngebieten der Stadt könnten die Straßen zwei- oder vierspurig sein mit einer Geschwindigkeitsbegrenzung von 40 oder 50 km/h. Es gibt spezielle Zonen wie Schulen und Krankenhäuser, in denen die Straßen reduzierte Geschwindigkeitsbegrenzungen von 20 oder 30 km/h haben und überhöhte Geschwindigkeiten durch Geschwindigkeitsbegrenzungen verhindert werden. Andererseits könnten Hauptverkehrsstraßen, die verschiedene Teile der Stadt miteinander verbinden, sechsspurig sein und höhere Geschwindigkeitsbegrenzungen von 60 bis 80 km/h haben, um den Fahrern eine schnellere Fortbewegung zu ermöglichen. Autobahnen, die entfernte Teile der Stadt oder verschiedene Städte miteinander verbinden, können Geschwindigkeitsbegrenzungen von über 100 km/h haben, und zu langsames Fahren wird nicht erlaubt sein. Die Philosophie bei der Planung des Straßennetzes besteht darin, den Fahrern eine möglichst schnelle Fortbewegung zu ermöglichen, während gleichzeitig die Sicherheit der Fahrer sowie der Fußgänger und der Umgebung gewährleistet wird. Zu schnelles Fahren in einem Wohngebiet ist eine Gefahr für Fußgänger, und Verkehrssicherheitsplaner werden Maßnahmen wie Geschwindigkeitsfallen und Geschwindigkeitskameras einsetzen, um Verstöße zu erkennen. Auf einer Autobahn hingegen werden Geschwindigkeitsbegrenzungen, sofern sie existieren, zur Sicherheit der Fahrer eingeführt, ansonsten dienen Autobahnen der schnellen Fortbewegung von Fahrzeugen.

Genauso gibt es in einem elektrischen Netz eine Reihe von verschiedenen Spannungsniveaus. In Wohnungen und Büros liegen die Spannungsniveaus normalerweise entweder bei 240 oder 120 V (in den USA und Kanada), wobei die meisten Geräte für diese Spannungen ausgelegt sind. Der Grund dafür ist, dass der Stromverbrauch von Haushaltsgeräten selten größer als einige tausend Watt ist und bei 120 oder 240 V der von diesen Geräten gezogene Strom höchstens einige zehn Ampere beträgt. Ströme, die größer als einige zehn Ampere in einer häuslichen Situation sind, können gefährlich sein und Brandschutzprobleme verursachen. Es ist wichtig zu beachten, dass eine große Anzahl von Hausbränden durch Kurzschlüsse verursacht wird, die große Ströme in der Größenordnung von mehreren zehn oder hundert Ampere erzeugen. Das Spannungsniveau, mit dem Wohngebäude und Häuser versorgt werden, ist jedoch normalerweise viel höher. Dies liegt daran, dass ein einzelner Zuleitungskabel eine Reihe von Häusern oder Wohngebäuden versorgt und daher die insgesamt von diesem Zuleitungskabel gelieferte Leistung im Bereich von mehreren tausend Watt liegen kann. Zum Beispiel könnte eine Reihe von Wohngebäuden von einem Zuleitungskabel mit einem Spannungsbereich von 3,3 bis 11 kV versorgt werden. Das höhere Spannungsniveau ermöglicht es, diese erhöhte Leistung bei geringeren Stromstärken zu liefern. Ebenso können, wenn wir uns in der Netzstruktur nach oben bewegen, mit Teilen der Stadt, die von einem Zuleitungskabel versorgt werden, die Spannungsniveaus des Zuleitungskabels im Bereich von 11 bis 33 kV oder sogar höher liegen. Schließlich werden die Hauptübertragungsleitungen, die die Stadt versorgen, bei weitaus höheren Spannungsniveaus im Bereich von 110 bis 400 kV liegen.

Vergleicht man also das elektrische Netz und das Straßennetz, so entspricht die von einer Übertragungsleitung oder einem Zuleitungskabel im elektrischen Netz gelieferte Leistung dem Volumen oder der Anzahl der Fahrzeuge, die auf einer Autobahn oder Straße im Straßennetz unterwegs sind. Das Spannungsniveau einer Übertragungsleitung oder eines Zuleitungskabels im elektrischen Netz entspricht der Geschwindigkeitsbegrenzung einer Autobahn oder einer Straße im Straßennetz. Der durch eine Übertragungsleitung oder ein Zuleitungskabel im elektrischen Netz fließende Strom entspricht der Dichte der Fahrzeuge auf einer Autobahn oder einer Straße im Straßennetz. Transformatoren zusammen mit einer Reihe von anderen Geräten stellen sicher, dass wir in der Lage sind, große Mengen an Leistung über lange Strecken zu übertragen und sie von einem Spannungsniveau auf ein anderes umzuwandeln, um die Sicherheit des Systems zu gewährleisten. Ohne Transformatoren hätten wir nur ein einziges Spannungsniveau im gesamten Netz, das entweder zu niedrig wäre, um völlig ineffizient zu sein, oder zu hoch, um potenziell gefährlich zu sein. Daher sollte man einen Moment innehalten, um die Rolle zu würdigen, die Transformatoren im modernen Energiesystem spielen.

Neben ihrer entscheidenden Rolle im modernen Energiesystem zur Transformation von Spannungsniveaus werden Transformatoren auch aus zahlreichen anderen Gründen zur Isolierung von Schaltkreisen eingesetzt [2, 4, 5, 7]. Als Beispiel können beim Entwerfen von Steuerschaltungen verschiedene Teile eines Controllers elektrisch isoliert werden müssen, um sicherzustellen, dass sie sich nicht gegenseitig stören. Dies ist oft der Fall bei einem Leistungswandler mit mehreren Leistungsgeräten, wobei der Gate-Treiber jedes Leistungsgeräts von einer isolierten Stromversorgung gespeist wird. Die Stromversorgungen müssen möglicherweise isoliert sein, um sicherzustellen, dass kein zirkulierender Strom entsteht, der versehentlich dazu führen könnte, dass ein Leistungsgerät leitet, wenn es nicht leiten sollte. Transformatoren werden auch in bestimmten Leistungswandlertopologien wie kaskadierten Wandlern verwendet, um sicherzustellen, dass zirkulierende Ströme zwischen Modulen nicht möglich sind [2, 7]. Einige dieser Beispiele werden simuliert, um die Rolle zu zeigen, die Transformatoren spielen.

Der Grundgedanke der Idee war, die Bedeutung von Transformatoren in der Elektrotechnik zu beleuchten. Es ist schwierig für einen Energieingenieur, nicht irgendwann während eines Projekts auf einen Transformator zu stoßen. Obwohl es transformatorlose Geräte gibt, die speziell ohne einen Transformator entworfen wurden, um die Größe und die Kosten zu senken, benötigt eine große Anzahl von Geräten und Systemen Transformatoren, um zu funktionieren. Im nächsten Abschnitt werden wir uns schrittweise mit der Modellierung von Transformatoren auseinandersetzen, ausgehend von den grundlegendsten physikalischen Konzepten, wie wir es in den vorherigen Kapiteln für Induktoren und gekoppelte Induktoren getan haben.

4.3 Grundlagen der Transformatoren

In diesem Abschnitt werden wir mit dem grundlegenden Betriebsprinzip eines Transformators beginnen [4, 5, 8, 9]. Wir werden das detaillierte Modell und die Simulation für einen späteren Abschnitt aufheben. Wie wir es im vorherigen Kapitel mit gekoppelten Spulen gemacht haben, werden wir uns allmählich durch das Konzept durcharbeiten, wie ein Transformator entsteht und wie er funktioniert. Das vorherige Kapitel behandelte ausführlich die Modellierung und Simulation von magnetisch gekoppelten Spulen. Unter der Haube ist ein Transformator lediglich ein Satz von magnetisch gekoppelten Spulen. Ein Transformator ist ein Spezialfall von magnetisch gekoppelten Spulen, der so konzipiert ist, dass er die Energieübertragung von einer Spule zur anderen maximiert, während er Verluste und Leckagen minimiert. Dies ist wesentlich, um sicherzustellen, dass das Stromsystem effizient bleibt mit minimalen Verlusten, während Spannungspegel mit Transformatoren erhöht oder gesenkt werden.

Beginnen wir mit der grundlegenden Anordnung von zwei auf einen Eisenkern gewickelten Spulen, wie in Abb. 4.1 dargestellt. Eine ausführliche Diskussion findet sich im vorherigen Kapitel. Lassen Sie uns einige der grundlegenden Ausdrücke schnell wiederholen, um unsere Diskussion spezifischer auf Transformatoren auszudehnen. Die Spannung v_1, die an die auf dem linken Schenkel ge-

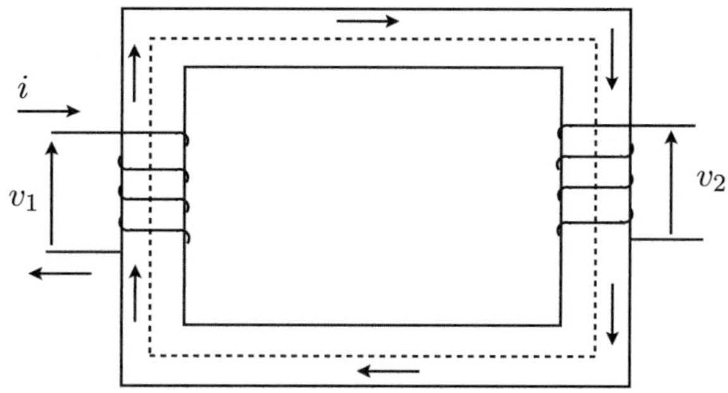

Abb. 4.1 Zwei auf demselben Kern gewickelte Spulen

wickelte Spule (nennen wir sie Spule 1) angelegt wird, kann ausgedrückt werden als

$$v_1 = e_1 + i_1 r_1 \tag{4.1}$$

wo r_1 der Wicklungswiderstand, e_1 die induzierte EMK und i_1 der Strom in Spule 1 ist. Dieser Ausdruck ist lediglich das Kirchhoffsche Spannungsgesetz, angewendet auf Spule 1. Da die auf dem rechten Schenkel gewickelte Spule (nennen wir sie Spule 2) offen geschaltet ist, wird kein Strom i_2 durch sie fließen und daher,

$$v_2 = e_2 \tag{4.2}$$

Die Spannung v_2 über den Anschlüssen entspricht der in der Spule induzierten EMK e_2.

Mit Hilfe des Faradayschen Gesetzes ist die in den Spulen induzierte EMK gleich der Änderungsrate der Flussverkettungen der Spulen:

$$e_1 = \frac{\psi_1}{dt} = v_1 - i_1 r_1 \tag{4.3}$$

$$e_2 = \frac{\psi_2}{dt} = v_2 \tag{4.4}$$

Wenn L_1 und L_2 die Selbstinduktivitäten von Spule 1 und 2 sind, und M die gegenseitige Induktivität zwischen den Spulen ist, können die Flussverkettungen ausgedrückt werden als

$$\psi_1 = L_1 i_1 \tag{4.5}$$

$$\psi_2 = M i_1 \tag{4.6}$$

Diese Gleichungen gelten für den Spezialfall von Abb. 4.1, bei dem Spule 2 offen geschaltet ist. Daher sind die Flussverkettungen von Spulen 1 und 2 nur auf den in Spule 1 fließenden Strom zurückzuführen. Das Konzept der gegenseitigen Induktivität wurde im vorherigen Kapitel ausführlich beschrieben, und der Leser wird ermutigt, das vorherige Kapitel erneut zu besuchen, wenn der obige Ausdruck unklar ist.

Aufgrund des aktuellen i_1, das in Spule 1 fließt, verbindet der im Kern erzeugte Fluss mit Spule 2, um Flussverbindungen ψ_2 zu erzeugen. Wenn der Strom i_1 sich ändert, werden die Flussverbindungen ψ_1 und ψ_2 ebenfalls ändern, wodurch die EMK e_1 und e_2 in den Spulen induziert werden. Die in Spule 2 induzierte EMK e_2 erzeugt eine Spannung v_2 über die Anschlüsse der Spule. Da Spule 2 offen geschaltet ist, wird die über die Spulenanschlüsse erzeugte Spannung keinen verbrauchten Strom erzeugen. Wenn wir jedoch eine Last wie eine einfache Widerstandslast anschließen, fließt ein Strom i_2 durch Spule 2. Damit haben wir nun die Übertragung von Energie von Spule 1 zu Spule 2 ohne elektrische Verbindung zwischen den Spulen erreicht. Dieses Phänomen der Energieübertragung wurde im vorherigen Kapitel ausführlich mit mehreren verschiedenen möglichen Variationen beschrieben. Auf einer fundamentalen Ebene ist diese Energieübertragung die Grundlage für den Betrieb eines Transformators.

Nach dieser sehr grundlegenden Diskussion, in der ein Transformator lediglich als magnetisch gekoppelte Spulen betrachtet wird, können wir die Diskussion nun auf die Besonderheiten eines Transformators ausweiten. Im vorherigen Kapitel hatten wir die Spulen in Abb. 4.1 entweder als mit zwei unabhängigen isolierten Schaltungen verbunden oder im Falle des Ćuk-Konverters mit verschiedenen Teilen derselben Schaltung betrachtet. Im Falle eines Transformators sind die verschiedenen Spulen, außer in sehr spezifischen Fällen, normalerweise mit unabhängigen isolierten Schaltungen verbunden. Darüber hinaus ist das Ziel eines Transformators die Übertragung von Leistung von einem isolierten Stromkreis zu einem anderen, daher ist die primäre Spezifikation eines Transformators die maximale Leistung, die von einem isolierten Stromkreis zu anderen isolierten Stromkreisen übertragen werden kann [4, 5, 8, 9]. Dies steht im Gegensatz zu einer Reihe von gegenseitig gekoppelten Spulen, die nur in Bezug auf ihre Selbst- und gegenseitigen Induktivitäten spezifiziert werden können.

Daher gelten alle oben geschriebenen Gleichungen, die die Selbst- und gegenseitigen Induktivitäten betreffen, für einen Transformator genauso wie für magnetisch gekoppelte Spulen, der Ansatz zur Herleitung dieser Gleichungen für Transformatoren ist jedoch ganz anders. Neben der primären Spezifikation des Transformators, die die maximale Leistungsbewertung ist, sind die nächsten wichtigen Spezifikationen die maximal zulässigen Spannungen, die auf jede Spule des Transformators angewendet werden können [4, 5, 8, 9]. An dieser Stelle müssen wir die auf dem Kern gewickelten Spulen in Wicklungen des Transformators umbenennen, da dies die Terminologie ist, die üblicherweise bei Transformatoren verwendet wird. Diese Wicklungen des Transformators können an ein stromführendes System angeschlossen sein oder nicht. Es ist wichtig zu beachten, dass mehr als eine Wicklung eines Transformatorsunter Spannung sein könnte, da es üblich ist, einen Transformator zur Schnittstelle zwischen zwei verschiedenen Systemen mit unterschiedlichen Spannungen zu verwenden. Es kann Fälle geben, in denen nur eine Wicklung unter Spannung steht, da die andere Wicklung eine Last oder einen anderen passiven Stromkreis speisen könnte.

Bevor wir mit unserer Beschreibung fortfahren, lassen Sie uns ein Beispiel mit einigen Spezifikationen einführen, um die Diskussion leichter verständlich zu machen. Betrachten wir einen Transformator mit zwei Wicklungen und einer maximalen Leistungsbewertung von 10.000 Volt-Ampere oder 10.000 VA oder 10 kVA. Volt-Ampere ist die Bewertung für Scheinleistung, die die Wirkleistung in Watt sowie die Blindleistung in Volt-Ampere-Reaktiv (VAR) umfasst. Nehmen wir an, dieser Transformator hat zwei Wicklungen und beide Wicklungen haben maximale Spannungsbewertungen von 240 V. Darüber hinaus können wir auch angeben, dass dieser Transformator mit einer Frequenz von 50 oder 60 Hz (in den USA oder Kanada) betrieben werden sollte. Ein recht einfacher Transformator, aber um zu beginnen, sollte dies ausreichen, um die Transformatorparameter zu verstehen. Ein solcher Transformator kann maximal 10 kVA Scheinleistung von einer Wicklung zur anderen übertragen. An eine oder beide Wicklungen können maximal 240 V angelegt werden. Zum Beispiel könnten wir die Anschlüsse einer Wicklung des Transformators an den Live- und Neutralleiter einer häuslichen Stromversorgung anschließen, die 240 V, 50-Hz-Einphasen-Wechselstrom liefert, und an die andere Wicklung einen einfachen Lastwiderstand anschließen.

Abb. 4.2 zeigt, wie ein Transformator in einer Schaltung dargestellt werden kann [4, 5]. Im Vergleich zum vorherigen Kapitel ist es ziemlich klar, dass die Darstellung des Transformators den magnetisch gekoppelten Spulen sehr ähnlich ist. In den meisten Schaltbildern enthält ein Transformator die vertikalen Linien zwischen den Wicklungen, die den Kern des Transformators anzeigen, und dass die Wicklungen auf demselben Kern gewickelt sind. Die Wicklungen haben jedoch nicht immer die Punktpolarität auf ihren Wicklungen markiert, in welchem Fall angenommen wird, dass die oberen Anschlüsse der Wicklungen mit Punkten markiert sind. Wenn jedoch eine der Wicklungen im entgegengesetzten Sinn gewickelt ist, sind normalerweise Punkte vorhanden, die einen der Anschlüsse aller Wicklungen markieren. Simulationen werden dies in den späteren Abschnitten klarer machen.

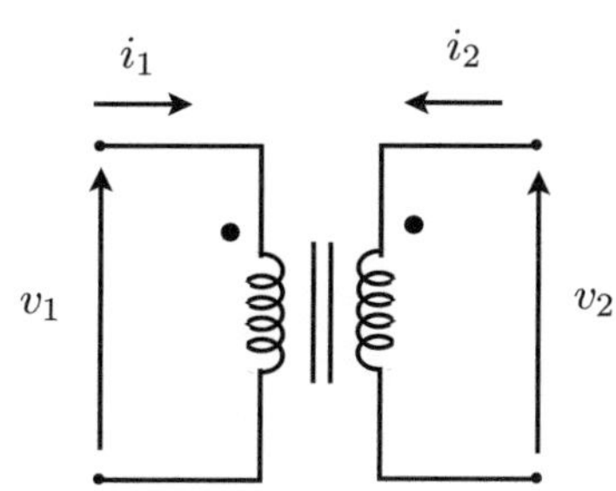

Abb. 4.2 Einfache Wicklungsdarstellung eines Transformators

In Bezug auf die Musterspezifikationen des Transformators können die Spannungen v_1 und v_2, die auf die Wicklungen angewendet werden, einen maximalen RMS-Wert von 240 V haben. Da die maximale Leistungsbewertung des Transformators 10 kVA beträgt, sollten die Ströme i_1 und i_2 auf einen maximalen RMS-Wert von 10.000/240 = 41,667 A begrenzt werden. Eine übermäßige Spannung auf einer der Wicklungen könnte zur Sättigung des Transformatorkerns führen und wird die Wicklungen im Falle von Spannungen, die viel höher als die maximal zulässige Spannung sind, zerstören/verbrennen [4, 5, 8, 9]. Wenn der an eine Wicklung angeschlossene Stromkreis einen Strom zieht, der viel größer ist als der maximal zulässige Strom, werden die ohmschen Verluste zunehmen, was zu einer erhöhten Betriebstemperatur führt, die für die Isolierung der Drähte und andere Teile des Transformators schädlich ist [4, 5, 8, 9].

Um ein Simulationsmodell für einen Transformator zu entwickeln, müssen wir die Gleichungen mit L_1, L_2 und M anwenden. Dafür müssen wir eine äquivalente Schaltung eines Transformators erstellen [4, 5, 8, 9]. In der Praxis werden wir für einen bestimmten Transformator, wenn wir ihn analysieren oder simulieren möchten, auch die äquivalente Schaltung des Transformators erstellen. Wenn wir einen physischen Transformator haben und Experimente damit durchführen können, gibt es Tests wie den Kurzschlusstest und den Leerlauftest, mit denen die meisten der signifikanten Parameter der äquivalenten Schaltung bestimmt werden können [4, 5, 8, 9]. Es ist jedoch auch möglich, die ungefähren Parameter der äquivalenten Schaltung durch den Prozess der Schätzung zu bestimmen, ohne Experimente durchzuführen. Dies hat den zusätzlichen Vorteil, dass wir das Verhalten des Transformators bei Variationen der Parameter der äquivalenten Schaltung untersuchen können. Lassen Sie uns die äquivalente Schaltung des Transformators Schritt für Schritt entwickeln.

Nehmen wir an, dass der Transformator von Abb. 4.2 an Wicklung 1 mit einer Spannung v_1 beaufschlagt wird. Nehmen wir an, Wicklung 2 ist offen geschaltet. Wir haben bereits das Kirchhoffsche Spannungsgesetz auf Wicklung 1 angewendet:

$$v_1 = e_1 + i_1 r_1 \tag{4.7}$$

Wenn Wicklung 1 eine Induktivität von L_1 hätte, könnte die obige Gleichung wie folgt umgeschrieben werden

$$v_1 = L_1 \frac{di_1}{dt} + i_1 r_1 \tag{4.8}$$

Wicklung 1 ist eine Spule mit einer Induktivität L_1 und einem Wicklungswiderstand r_1 und die an der Wicklung angelegte Spannung wird durch die von der Wicklung angebotene Impedanz entgegengewirkt. Der Effektivwert des Stroms durch Wicklung 1 kann ausgedrückt werden als

$$I_1 = \frac{V_1}{\sqrt{(\omega L_1)^2 + r_1^2}} \tag{4.9}$$

wo I_1 und V_1 die Effektivwerte von Strom i_1 und Spannung v_1 sind, während $\omega = 2\pi f$ die Winkelgeschwindigkeit des Systems ist.

Wir haben die maximale Spannungsbewertung beider Wicklungen des Transformators auf 240 V festgelegt. Bei der Erstellung der äquivalenten Schaltung des Transformators nehmen wir an, dass die an Wicklung 1 angelegte Spannung gleich der maximalen Nennspannung von 240 V ist. Wenn ein Effektivwert I_1 bekannt ist, kann die Impedanz von Wicklung 1 berechnet werden. Um einen Wert für I_1 annehmen zu können, müssen wir die Frage stellen, was passiert im Transformator, wenn eine Spannung an Wicklung 1 angelegt wird und Wicklung 2 offen geschaltet ist? Im Grunde führen wir den Leerlauftest am Transformator durch, bei dem die Nennspannung über eine Wicklung angelegt wird und die andere Wicklung offen geschaltet bleibt.

Im vorherigen Kapitel hatten wir viele Bedingungen besprochen, unter denen magnetisch gekoppelte Spulen beaufschlagt werden können. Wir können das Endergebnis schnell wiederholen und der Leser wird ermutigt, das vorherige Kapitel bei Bedarf zu überarbeiten. Mit nur Wicklung 1 beaufschlagt, fließt ein Strom i_1 durch sie und der Strom i_2 ist null, da Wicklung 2 offen geschaltet ist. Dieser Strom i_1 wird einen magnetischen Fluss im Kern erzeugen. Da die über Wicklung 1 angelegte Spannung v_1 eine Wechselspannung ist, wird der Kernfluss ebenfalls ein Wechselstromfluss sein. Nach dem Faradayschen Gesetz werden in den beiden Wicklungen die EMK e_1 und e_2 induziert. Die einzige Wirkung des Stroms i_1 besteht darin, den magnetischen Fluss im Kern aufzubauen. Dieser Strom i_1 wird als Magnetisierungsstrom des Transformators bezeichnet. Es ist wichtig zu bedenken, dass wir genau den gleichen Test an Wicklung 2 durchführen könnten – eine Spannung v_2 über Wicklung 2 anlegen mit einem Effektivwert gleich dem maximalen Nennwert und Wicklung 1 offen schalten. In diesem Fall fließt kein Strom i_1 in Wicklung 1 und der in Wicklung 2 fließende Strom i_2 ist ebenfalls der Magnetisierungsstrom.

Der Transformator ist eine magnetische Ausrüstung, da die grundlegende Betriebsweise des Transformators auf dem magnetischen Fluss im Kern beruht. Daher ist der magnetisierende Strom, der in der erregten Wicklung fließt, absolut notwendig [4, 5, 8, 9]. Da eine Wicklung offen geschaltet ist, überträgt der Transformator keine Leistung von einer Wicklung zur anderen. Der Transformator verbraucht jedoch immer noch Energie, da es ohmsche Verluste in Wicklung 1 und Kernverluste (Wirbelstrom- und Hystereseverluste) gibt, da ein magnetischer Fluss im Kern vorhanden ist. Diese Verluste werden als Leerlaufverluste des Transformators bezeichnet [4, 5, 8, 9]. Diese Leerlaufverluste sind ein extrem kleiner Bruchteil der maximalen Leistungsbewertung des Transformators. Dies ist ziemlich offensichtlich, da wir möchten, dass der Transformator so effizient wie möglich ist. Bei Leerlauf sind die ohmschen Verluste in Wicklung 1 im Vergleich zu den Kernverlusten normalerweise vernachlässigbar.

Vor diesem Hintergrund machen wir eine Annahme und verwenden auch allgemein bekannte Daten zu Transformatoren. Der magnetisierende Strom, der durch eine Wicklung fließt, liegt normalerweise bei etwa 1 bis 5 % des Nennstroms der Wicklung [4, 5, 8, 9]. Wenn wir annehmen, dass der magnetisierende

Strom 2 % des Nennstroms beträgt, kann die Wicklungsimpedanz wie folgt berechnet werden:

$$\sqrt{(\omega L_1)^2 + r_1^2} = 50\frac{V_{1rated}}{I_{1rated}} \tag{4.10}$$

Wir haben bereits angenommen, dass die Spannung v_1, die über Wicklung 1 angelegt wird, gleich der maximalen Nennspannung ist. Daher liefert der obige Ausdruck die Impedanz in Bezug auf die Wicklungsbewertungen.

In der Impedanz der Transformatorwicklung wird der Wicklungswiderstand vernachlässigbar sein, da sonst die Leerlaufverluste auch dann erheblich wären, wenn der gezogene Strom dem magnetisierenden Strom entsprach. Daher kann eine weitere Annäherung wie folgt gemacht werden:

$$L_1 \approx 50\frac{V_{1rated}}{\omega_{rated} I_{1rated}} \tag{4.11}$$

ω_{rated} ist lediglich die Nennfrequenz des Systems, die 50 oder 60 Hz entspricht. Die Frequenz spielt eine Rolle bei der Bestimmung der Flussdichte im Kern, die wir später diskutieren werden. Ohne jedoch auf die Details des magnetischen Kreises einzugehen, haben wir die Selbstinduktivität von Wicklung 1 erhalten. Wir können diesen Ausdruck auch für Wicklung 2 verwenden:

$$L_2 \approx 50\frac{V_{2rated}}{\omega_{rated} I_{2rated}} \tag{4.12}$$

Jetzt, da wir die Selbstinduktivitäten L_1 und L_2 von Wicklung 1 und 2 berechnet haben, können wir eine sehr grundlegende äquivalente Schaltung des Transformators zeichnen, wie in Abb. 4.3 gezeigt. Der Leser sollte beachten, dass die Punktpolaritäten von den Wicklungen weggelassen wurden. Wenn ein Transformator ohne Punktpolaritäten dargestellt wird, kann davon ausgegangen werden, dass die Punkte an den oberen Anschlüssen der Wicklungen liegen, wie in Abb. 4.2 gezeigt. Aus Abb. 4.3 geht hervor, dass die induzierten EMK in den Wicklungen über den Selbstinduktivitäten auftreten und die Differenz zwischen

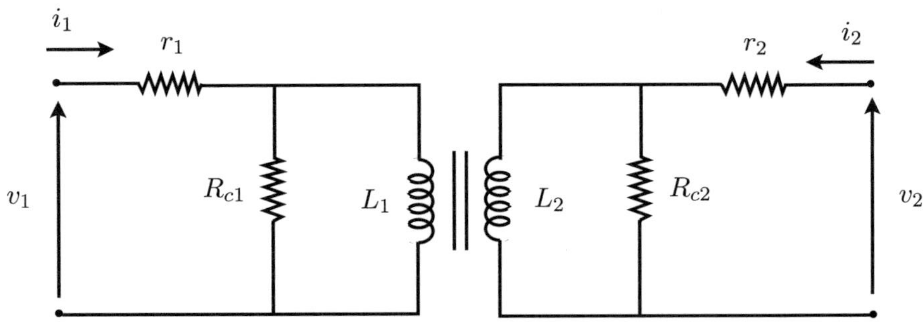

Abb. 4.3 Grundlegende äquivalente Transformatorschaltung mit Selbstinduktivitäten

den angelegten Spannungen und dem ohmschen Abfall über den Wicklungswiderständen r_1 und r_2 sind. Wir haben zwei weitere Widerstände hinzugefügt – R_{c1} und R_{c2}. Diese Widerstände repräsentieren die Kernverluste im Transformator. In der Praxis würden wir die Kernverluste aus dem Leerlauftest schätzen, da die Leerlaufverluste hauptsächlich auf die Kernverluste zurückzuführen sind. Für das Simulationsmodell können wir jedoch die Kernverluste schätzen, indem wir annehmen, dass die Kernverluste 1 % der maximalen Nennleistung des Transformators betragen [4, 5, 8, 9]. Daher

$$R_{c1} \approx \frac{V_{1rated}^2}{0.01P_{rated}} \tag{4.13}$$

$$R_{c2} \approx \frac{V_{2rated}^2}{0.01P_{rated}} \tag{4.14}$$

Um den grundlegenden äquivalenten Schaltkreis von Abb. 4.3 zu vervollständigen, benötigen wir Werte für die Wicklungswiderstände r_1 und r_2. In der Praxis werden die Wicklungswiderstände durch einen Kurzschlusstest am Transformator ermittelt, bei dem eine der Wicklungen des Transformators kurzgeschlossen und die andere Wicklung mit einer Spannung beaufschlagt wird, sodass die Ströme in den Wicklungen gleich den Nennwicklungsströmen sind. In einem solchen Fall sind die Verluste im Transformator hauptsächlich die ohmschen Verluste, da die Kernverluste aufgrund der sehr niedrigen Spannung, die angelegt werden muss, wenn eine der Wicklungen kurzgeschlossen ist, vernachlässigbar sind. Für ein Simulationsmodell können wir die Wicklungswiderstände r_1 und r_2 mit Werten schätzen, die normalerweise in Transformatoren zu finden sind. Wir können annehmen, dass die Wicklungswiderstände r_1 und r_2 so sind, dass bei einem Nennstrom, der durch die Wicklungen fließt, der Spannungsabfall über den Wicklungswiderständen etwa 0,5 bis 1 % der Nennwicklungsspannung beträgt [4, 5, 8, 9]. Daher,

$$r_1 \approx 0.01\frac{V_{1rated}}{I_{1rated}} \tag{4.15}$$

$$r_2 \approx 0.01\frac{V_{2rated}}{I_{2rated}} \tag{4.16}$$

Mit dem äquivalenten Schaltkreis von Abb. 4.3 können wir die Gleichungen verwenden, sobald wir einen Wert für die gegenseitige Induktivität M haben. Die gegenseitige Induktivität kann wie zuvor in Bezug auf die Selbstinduktivitäten wie folgt berechnet werden:

$$M = k\sqrt{L_1L_2} \tag{4.17}$$

wo k der Kopplungsfaktor zwischen den Transformatorwicklungen ist. Dieser Ausdruck wurde im vorherigen Kapitel verwendet, als magnetisch gekoppelte Spulen modelliert und simuliert wurden, und berücksichtigt die Tatsache, dass nicht der gesamte Fluss, der durch den durch eine Wicklung fließenden Strom erzeugt wird, mit der anderen Wicklung verbunden wird. Ein Transformator ist jedoch so konzipiert, dass er das Austreten von Streufluss, der von einer Wicklung erzeugt wird, minimiert. Daher kann die Streuung in den Transformatorwicklungen besser auf eine andere Weise modelliert werden, anstatt einen Wert für den Kopplungsfaktor k zu wählen.

Anstatt die Induktivität der Wicklungen nur durch die Selbstinduktivitäten L_1 und L_2 darzustellen, können wir die Induktivitäten in zwei Teile unterteilen – magnetisierende Induktivitäten L_{m1} und L_{m2}, die den Fluss erzeugen, der durch den Kern fließt und mit der anderen Wicklung verknüpft ist, und Leckinduktivitäten L_{l1} und L_{l2}, die Flüsse erzeugen, die in die Luft entweichen [4, 5, 8, 9]. Dies ist in Abb. 4.4 dargestellt [4, 5, 8, 9]. Die magnetisierenden Induktivitäten L_{m1} und L_{m2} ersetzen die Selbstinduktivitäten L_1 und L_2, da diese Induktivitäten nun für die Erzeugung des Kernflusses und damit der induzierten EMK in den Wicklungen verantwortlich sind. Die Leckinduktivitäten L_{l1} und L_{l2} sind in Reihe mit den Wicklungswiderständen r_1 und r_2, und die Spannungsabfälle über ihnen führen zu einer verringerten induzierten EMK.

Wir können die Streuinduktivitäten auf die gleiche Weise schätzen, wie wir es für viele der anderen Parameter getan haben. Die Streuinduktivitäten werden lediglich die induzierte EMK aufgrund der Streuung des Flusses verringern. Daher nehmen wir an, dass die Streuinduktivitäten so sind, dass bei Nennströmen, die durch die Wicklungen fließen, der Spannungsabfall über den Streuinduktivitäten 1 bis 2 % der Nennwicklungsspannung beträgt [4, 5, 8, 9]. Als Ergebnis kommen wir zu den folgenden Ausdrücken:

$$L_{l1} \approx 0.02 \frac{V_{1rated}}{\omega_{rated} I_{1rated}} \tag{4.18}$$

$$L_{l2} \approx 0.02 \frac{V_{2rated}}{\omega_{rated} I_{2rated}} \tag{4.19}$$

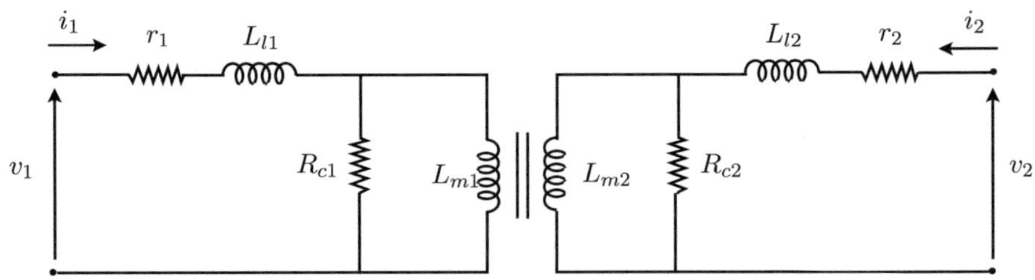

Abb. 4.4 Grundlegender äquivalenter Transformatorschaltkreis mit magnetisierenden und Streuinduktivitäten

Die gegenseitige Induktivität M wird lediglich in Bezug auf die magnetisierenden Induktivitäten wie folgt ausgedrückt:

$$M = \sqrt{L_{m1} L_{m2}} \tag{4.20}$$

Der Kopplungsfaktor k wurde entfernt, da die Streuung des Flusses separat durch die Streuinduktivitäten berücksichtigt wurde. Schließlich erzeugen die magnetisierenden Induktivitäten L_{m1} und L_{m2} nach Definition Flüsse, die durch den Kern fließen und vollständig mit anderen Wicklungen verknüpfen. Es gibt jedoch eine letzte Komplikation – wir haben die Selbstinduktivitäten L_1 und L_2 sowie die Streuinduktivitäten L_{l1} und L_{l2} berechnet. Wir müssen Ausdrücke für die magnetisierenden Induktivitäten L_{m1} und L_{m2} finden, um die gegenseitige Induktivität M zu berechnen.

Die magnetisierenden Induktivitäten L_{m1} und L_{m2} können rigoros berechnet werden, indem Netzwerkgesetze auf den äquivalenten Schaltkreis von Abb. 4.4 angewendet werden. Eine Vereinfachung des äquivalenten Schaltkreises wird jedoch die Berechnung viel einfacher machen, ohne viel Unterschied zum Endergebnis. Abb. 4.5 zeigt die Vereinfachung, bei der die Kernverlustwiderstände R_{c1} und R_{c1} direkt über die Transformatoranschlüsse anstatt über die magnetisierenden Induktivitäten angeschlossen sind [4, 5, 8, 9]. Dies wird zu höheren Kernverlusten führen, da die Kernverluste auf den magnetischen Fluss im Kern des Transformators zurückzuführen sind, der mit den induzierten EMK und nicht mit den Spannungen zusammenhängt. Der Anstieg der Kernverluste wird jedoch vernachlässigbar sein, da der Spannungsabfall über den Wicklungswiderständen und den Streuinduktivitäten im Bereich von 1 bis 3 % der Nennwicklungsspannungen liegt. Die Vereinfachung bringt andererseits die Streuinduktivitäten in Serie mit den magnetisierenden Induktivitäten. Damit können wir die Selbstinduktivitäten als Summe der Streuinduktivitäten und der magnetisierenden Induktivitäten ausdrücken, was zu den folgenden Ausdrücken führt [4, 5, 8, 9]:

$$L_{m1} = L_1 - L_{l1} \tag{4.21}$$

$$L_{m2} = L_2 - L_{l2} \tag{4.22}$$

Wir haben jetzt einen äquivalenten Schaltkreis für den Transformator zusammen mit Ausdrücken zur Schätzung aller Parameter des äquivalenten Schaltkreises. Am wichtigsten ist, dass alle Schätzungen nur zwei Spezifikationen des Trans-

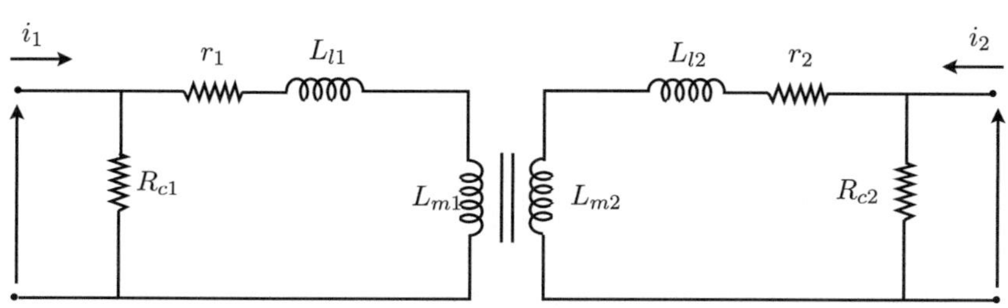

Abb. 4.5 Vereinfachter äquivalenter Transformatorschaltkreis

formators verwenden – die maximale Nennleistung in VA und die maximalen Nennspannungen der Wicklungen. Wie im nächsten Abschnitt gezeigt wird, bietet uns der oben genannte äquivalente Schaltkreis zusammen mit der Parameterschätzung ein sehr flexibles und dennoch realistisches Modell, mit dem ein Transformator in einer Reihe von verschiedenen Anwendungen simuliert werden kann.

4.4 Simulation des Transformators

Im vorherigen Abschnitt haben wir Schritt für Schritt beschrieben, wie die äquivalente Schaltung des Transformators mit den Grundgesetzen der Physik entwickelt werden kann. Wie bereits zuvor erwähnt, ist ein Transformator unter der Haube nur eine Reihe von magnetisch gekoppelten Wicklungen. Daher wird der Ansatz zur Simulation dem Ansatz im vorherigen Kapitel sehr ähnlich sein. Der Hauptunterschied besteht darin, die Herstellerspezifikationen des Transformators in Parameter der äquivalenten Schaltung übersetzen zu können, um den magnetischen Kreis lösen zu können [4, 5, 8, 9]. In diesem Abschnitt beginnen wir mit der Simulation eines einfachen Zweiwicklungstransformators, bei dem beide Wicklungen die gleiche maximale Spannungsbewertung haben.

Abb. 4.6 zeigt die für die Simulation des Transformators verwendete Schaltung. Diese Simulation befindet sich im Ordner `two_winding` innerhalb von `chapter4_ transformers` im folgenden Link im Simulations-Repository:

https://github.com/opensourceelectrical/simulating-magnetics-for-power- electronics

Betrachten wir einen Transformator mit den gleichen Beispielspezifikationen wie im vorherigen Abschnitt gewählt – eine maximale Leistungsbewertung von 10 kVA mit beiden Wicklungen, die eine maximale Spannungsbewertung von 240 V RMS haben, und lassen Sie uns die Betriebsfrequenz auf 50 Hz wählen. Lassen Sie uns Wicklung 1 mit einer Versorgungsspannung v_s mit einem RMS-Wert von 240 V und einer Frequenz von 50 Hz versorgen. Die Versorgung hat einen Zuführer Z_s mit einer parasitären Impedanz. Wicklung 2 des Transformators versorgt eine Last, die eine Widerstands-Induktivitäts-Last mit Widerstand R_l und Induktivität L_l ist, was typisch für eine industrielle Last wie einen Motor sein könnte. Der Transformator hat intern die äquivalente Schaltung von Abb. 4.5.

Der Transformator wird wie im vorherigen Kapitel bei der Simulation magnetisch gekoppelter Spulen als zwei Spannungsquellen in Reihe mit Widerständen modelliert. Daher muss mit der externen Schaltung von Abb. 4.6, die an das Mo-

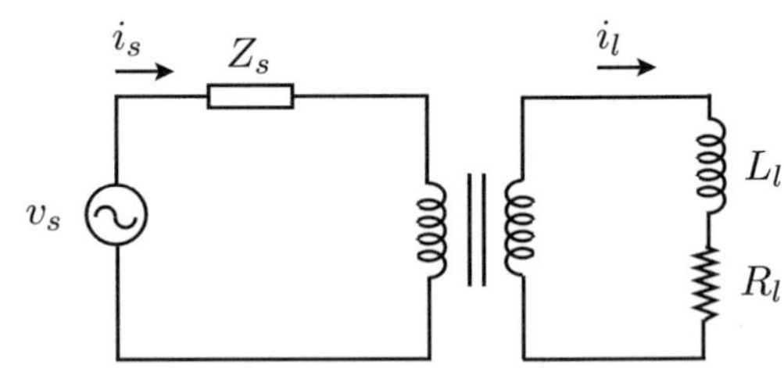

Abb. 4.6 Schaltung für die grundlegende Simulation eines Transformators

dell der Spannungsquelle in Reihe mit dem Widerstand des Transformators angeschlossen ist, nur noch der Steuercode geschrieben werden, der den Transformator modelliert und die Spannungen erzeugt, die den Spannungsquellen zugeführt werden sollen. Beginnen wir damit, die Parameter der äquivalenten Transformatorschaltung aus den Transformatorspezifikationen zu berechnen, die normalerweise vom Hersteller bereitgestellt werden:

```
import math
dt = 1,0 e-6
VArated = 10000,0
V1rated = 240,0
V2rated = 240,0
frated = 50,0
omega_rated = 2*math . pi * frated
```

Da wir einen 50-Hz-Transformator und ein 50-Hz-Wechselstromsystem simulieren, ist ein Steuerzeitschritt von 1 μs ausreichend klein, um die Genauigkeit zu gewährleisten. Wenn wir im nächsten Kapitel Hochfrequenztransformatoren simulieren, muss dieser Zeitschritt verringert werden.

Die verbleibenden Parameter der äquivalenten Transformatorschaltung können aus diesen Herstellerspezifikationen berechnet werden, wie im vorherigen Abschnitt beschrieben. Im Steuercode:

```
I1rated = VArated / V1rated
I2rated = VArated / V2rated
Z1rated = V1rated / I1rated
Z2rated = V2rated / I2rated
L1 = 50.0 * Z1rated / omega_rated
L2 = 50.0 * Z2rated / omega_rated
Ll1 = 0.02 * Z1rated / omega_rated
Ll2 = 0.02 * Z2rated / omega_rated
Lm1 = L1 - Ll1
Lm2 = L2 - Ll2
M12 = math . sqrt (Lm1 * Lm2)
r1 = 0.01 * Z1rated
r2 = 0.01 * Z2rated
Rc1 = V1rated * V1rated / (0.01 *VArated)
Rc2 = V2rated * V2rated / (0.01 *VArated)
```

Der Leser wird ermutigt, einen Transformator mit unterschiedlichen äquivalenten Schaltungsparametern wie erhöhten oder verringerten Leckinduktanzen oder Kernverlustwiderständen zu simulieren. Wenn der Leser Zugang zu einem Labor und einem physischen Transformator hat, können offene Schaltungs- und Kurzschlusstests realistischere Werte für die äquivalenten Schaltungsparameter liefern.

Die obigen Berechnungen ergeben die folgenden Parameter der äquivalenten Schaltung:

```
L1 = L2 = 0.91673
Lm1 = Lm2 = 0.91636
M12 = 0.91636
Ll1 = Ll2 = 0.00036
r1 = r2 = 0.0576
Rc1 = Rc1 = 576.0
```

Lassen Sie uns einige Beobachtungen zu diesen Parametern machen. Die Selbstinduktivitäten der Wicklungen liegen nahe bei 1H. Im Kapitel über die Simulation von Induktoren hatten wir Musterinduktoren simuliert, wobei wir die Anzahl der Windungen der Spule, den Querschnittsbereich des Kerns und die mittlere Länge des Kernflusspfads berücksichtigt haben. Der Leser kann den Ausdruck für die Induktivität verwenden, um auf eine wahrscheinliche Anzahl von Windungen N_1 und N_2 der Transformatorwicklungen zu kommen. Darüber hinaus wird die Reaktanz der Wicklungen so sein, dass der von den Wicklungen gezogene Magnetisierungsstrom auf etwa 2 % des Nennstroms begrenzt wird, wenn die Nennspannungen an den Wicklungen angelegt werden. Die Widerstände R_{c1} und R_{c2}, die die Kernverluste des Transformators darstellen, können in das magnetische Modell aufgenommen werden. Da es sich jedoch nur um Widerstände handelt, können diese als variable Widerstandskomponenten im Transformatormodell angeschlossen werden, indem Widerstände über die Voltmeter, wie in Abb. 4.7 gezeigt, angeschlossen werden. Die verbleibenden Parameter des äquivalenten Schaltkreises – die Selbstinduktivitäten, die gegenseitige Induktivität und der Wicklungswiderstand – werden im mathematischen Modell $g(V)$ auftauchen.

Der Steuercode für das Transformatormodell benötigt einige Schnittstellenparameter, wie es auch bei Induktoren und gekoppelten Spulen in den vorherigen Kapiteln der Fall war. Die wichtigste Schnittstellenvariable ist immer die Zeitereignisvariable `t1`. Dies wird oft vernachlässigt, aber bei der Gestaltung digitaler Regler oder der digitalen Lösung von Modellen muss der Zeitschritt, in dem das Modell gelöst werden muss, genau gesteuert werden. Als Nächstes müssen wir die Eingaben definieren. Wie bei gekoppelten Spulen gibt es zwei Eingaben – die Messungen der Voltmeter, die in Abb. 4.7 gezeigt sind, die wir `v1` und `v2` nennen können. Wenn wir Mehrwickeltransformatoren simulieren, werden wir mehr als zwei Wicklungen haben und daher wird die Messung der angelegten Spannung über jede Wicklung ein Eingang sein. Schließlich können wir die Ausgänge definieren. Eine Gruppe von Ausgängen wird für die variablen Widerstandskomponenten sein. Die variablen Widerstandskomponenten in Reihe mit der Spannungsquelle können als `res_output1` und `res_output2` bezeichnet werden. Die variablen Widerstandskomponenten parallel zu den Voltmetern stellen die Kernverluste dar, und diese wurden bereits als `Rc1` und `Rc2` berechnet, sodass diese Variablen zur Definition der Ausgänge verwendet werden können. Die letzte Gruppe von Ausgängen werden die Spannungen der gesteuerten Spannungsquellen sein und wir können sie als `vout1` und `vout2` definieren.

Nachdem wir die Eingaben und Ausgänge des Controllers definiert haben, können wir statische Variablen und Speicherelemente definieren. Speicherelemente

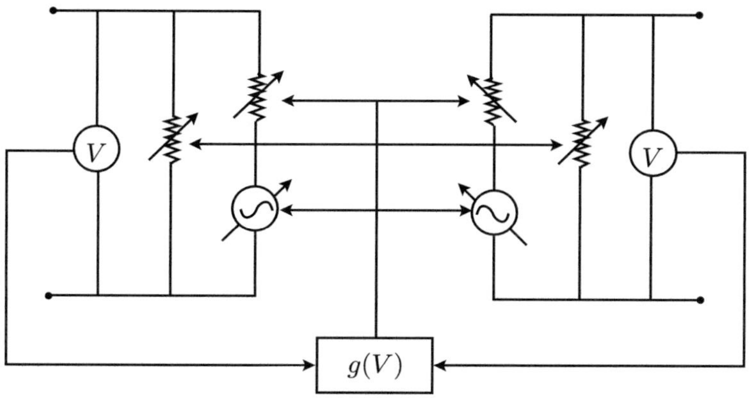

Abb. 4.7 Simulationsmodell der Transformatorwicklungen

sind nützlich, um interne Steuervariablen darzustellen, sind aber für einen funktionierenden Controller nicht unbedingt notwendig, wenn der Controller eine isolierte Komponente ist. Speicherelemente sind auch nützlich für die Verbindung verschiedener Controller, was in dieser Simulation nicht der Fall ist. Daher werden wir, um die Simulation auf das absolute Minimum zu reduzieren, auf die Definition von Speicherelementen verzichten. Statische Variablen sind jene Steuervariablen, die zwischen aufeinanderfolgenden Iterationen der Simulation gespeichert werden müssen. Da das magnetische Modell des Transformators genau das gleiche ist wie das der gekoppelten Spulen, ist die einzige wesentliche statische Variable, die definiert werden muss, `winding_currents`. Wir werden das magnetische Modell als Matrixgleichungen lösen, wie im vorherigen Kapitel beschrieben. Daher wird diese statische Variable als Python-Liste wie folgt initialisiert:

```
if t_clock <= dt :
    winding_currents = [0.0, 0.0]
```

Nach diesen Berechnungen und Initialisierungen kann das Transformatormodell wie folgt iterativ gelöst werden:

```
if    t_clock >= t1 :
      # Model
    t1 += dt
```

Da die Lösung des mathematischen Transformatormodells eine numerische Integration beinhaltet, ist der obige bedingte Block entscheidend, um sicherzustellen, dass die numerische Integration einmal alle 1 μs stattfindet. Das mathematische Modell des Transformators ist identisch mit dem der gekoppelten Spulen und kann wie folgt wiederholt werden:

```
L = [[L1, M12], [M12, L2]]
R = [[r1, 0.0], [0.0, r2]]
V = [v1, v2]
for count1 in range(len(L)):
    if not L[count1][count1]:
        for count2 in range(count1+1, len(L)):
            if L[count2][count1]:
                L[count1], L[count2] = L[count2], L[count1]
                R[count1], R[count2] = R[count2], R[count1]
                V[count1], V[count2] = V[count2], V[count1]
                break
    if L[count1][count1]:
        for count2 in range(count1+1, len(L)):
            comm_factor = L[count2][count1]/L[count1][count1]
            for count3 in range(len(L[count1])):
                L[count2][count3] -= L[count1][count3]*comm_factor
                R[count2][count3] -= R[count1][count3]*comm_factor
            V[count2] -= V[count1]*comm_factor
dibydt = [0.0, 0.0]
for count1 in range(len(L)-1, -1, -1):
    if L[count1][count1]:
        k = [0.0, 0.0, 0.0, 0.0]
        for k_count in range(len(k)):
            k[k_count] = V[count1]
            for count2 in range(count1+1, len(L)):
                k[k_count] -= L[count1][count2]*dibydt[count2]
            for count2 in range(len(R)):
                if k_count==0:
                    if count2>count1:
                        k[k_count] -= R[count1][count2]*(winding_currents[count2] + \
                                                        dibydt[count2]*dt)
                    else:
                        k[k_count] -= R[count1][count2]*winding_currents[count2]
                if k_count==1:
                    if count2==count1:
                        k[k_count] -= R[count1][count2]*(winding_currents[count2] + \
                                                        k[0]*dt/2.0)
                    elif count2>count1:
                        k[k_count] -= R[count1][count2]*(winding_currents[count2] + \
                                                        dibydt[count2]*dt)
                    else:
                        k[k_count] -= R[count1][count2]*winding_currents[count2]
                if k_count==2:
                    if count2==count1:
                        k[k_count] -= R[count1][count2]*(winding_currents[count2] + \
                                                        k[1]*dt/2.0)
                    elif count2>count1:
                        k[k_count] -= R[count1][count2]*(winding_currents[count2] + \
                                                        dibydt[count2]*dt)
                    else:
                        k[k_count] -= R[count1][count2]*winding_currents[count2]
```

```
                if k_count==3:
                    if count2==count1:
                        k[k_count] -= R[count1][count2]*(winding_currents[count2] + \
                                k[2]*dt)
                    elif count2>count1:
                        k[k_count] -= R[count1][count2]*(winding_currents[count2] + \
                                dibydt[count2]*dt)
                    else:
                        k[k_count] -= R[count1][count2]*winding_currents[count2]
            k[k_count] = k[k_count]/L[count1][count1]
        dibydt[count1] = (k[0] + 2.0*k[1] + 2.0*k[2] + k[3])/6.0
        winding_currents[count1] += dibydt[count1]*dt
    else:
        winding_currents[count1] = V[count1]
        for count2 in range(count1+1, len(L)):
            winding_currents[count1] -= L[count1][count2]*dibydt[count2]
        for count2 in range(count1+1, len(R)):
            if not count2==count1:
                winding_currents[count1] -= R[count1][count2]*winding_currents[count2]
        winding_currents[count1] = winding_currents[count1] / R[count1][count1]

vout1 = v1 - winding_currents[0]*res_output1
vout2 = v2 - winding_currents[1]*res_output2
```

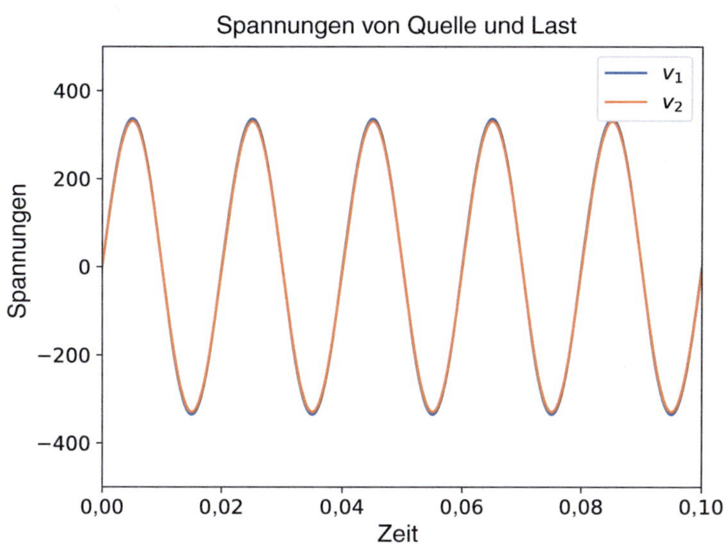

Abb. 4.8 Transformatorwicklungsspannungen

Die Ergebnisse der Simulation sind in den Abb. 4.8 und 4.9 dargestellt. Da wir einen Transformator mit den gleichen Spannungsbewertungen an beiden Wicklungen simulieren (auch als 1:1-Transformator bezeichnet), scheinen sich die Span-

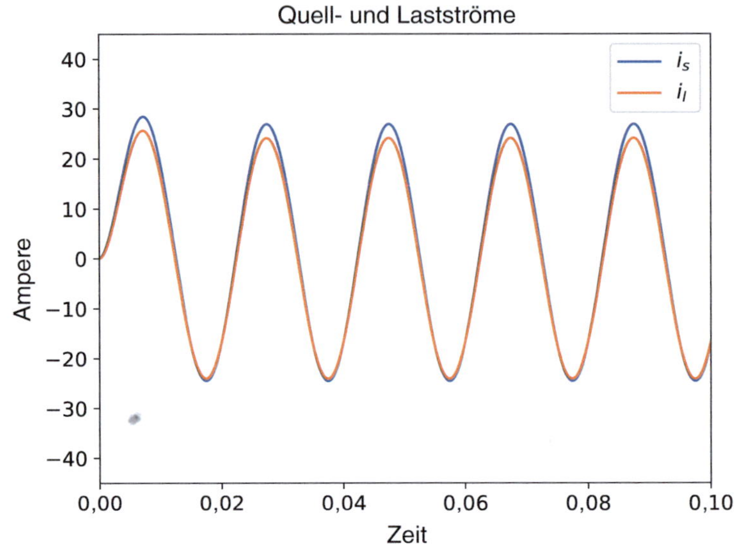

Abb. 4.9 Transformatorwicklungsströme

nungen an beiden Wicklungen in Abb. 4.8 zu überlappen. Die Spannung über der Last wird geringer sein als die Spannung an der Quelle durch den ohmschen Abfall über den Wicklungswiderständen und Leckinduktanzen. Abb. 4.9 zeigt die Ströme in den Transformatorwicklungen, die auf den ersten Blick einige Anomalien aufzuweisen scheinen. Die Ströme überlappen sich nicht in der gleichen Weise wie die Wicklungsspannungen in Abb. 4.8. Dies liegt daran, dass die primäre Wicklung (Wicklung 1), die von der Spannungsquelle gespeist wird, einen Magnetisierungsstrom zieht, der etwa 2 % des maximal zulässigen Stroms der Wicklung beträgt. Da nur eine Wicklung vom Transformator gespeist wird, wird der Magnetisierungsstrom von Wicklung 1 gezogen, was dazu führt, dass der Strom in Wicklung 1 deutlich größer ist als der Strom in Wicklung 2. Es gibt eine weitere Anomalie, die wie ein Fehler erscheint, aber tatsächlich erklärt werden kann – der Strom in Wicklung 1 scheint einen Gleichstromoffset zu haben.

Wie bereits zuvor erwähnt, sind gemäß dem Faradayschen Gesetz die induzierten EMK e_1 und e_2 in den beiden Wicklungen direkt proportional zur Änderungsrate des Kernflusses. Daher wird der Kernfluss direkt proportional zum Integral der induzierten EMK sein. Da der Spannungsabfall über dem Wicklungswiderstand und der Leckinduktanz nur 2 bis 3 % der Nennwicklungsspannung beträgt, können die induzierten EMK den angelegten Spannungen angenähert werden. Daher kann die folgende Gleichung geschrieben werden:

$$\phi \propto \int v_1 dt \tag{4.23}$$

Das Integral einer Funktion wird einen Integrationsversatz erzeugen, der von der Art der integrierten Funktion und den Anfangsbedingungen (bei $t=0$) abhängt. Die Spannungsquelle aus Abb. 4.8 kann als Sinuswellenform gesehen werden. Wie wir wissen, ist das Integral einer Sinuswellenform die Summe einer Kosinuswellenform und eines Integrationsversatzes wie folgt:

$$\phi \propto \int V_m \sin \omega t dt = -\frac{V_m}{\omega} \cos \omega t + C \tag{4.24}$$

Der Integrationsversatz kann durch Anwendung von Anfangsbedingungen bestimmt werden. Wenn wir annehmen, dass der Transformator zur Zeit $t=0$ nicht eingeschaltet ist, ist der Fluss ϕ im Kern bei $t=0$ null. Der Fluss im Kern kann nicht abrupt mit der Anwendung einer Spannung zunehmen und daher wird der Fluss allmählich zunehmen. Dies impliziert

$$0 = -\frac{V_m}{\omega} + C \implies C = \frac{V_m}{\omega} \tag{4.25}$$

Die obige Gleichung impliziert, dass der Kernfluss einen Gleichstromoffset hat. Dies mag verwirrend erscheinen, da wir gesagt hatten, dass sich der Fluss nicht abrupt bei Anwendung einer Spannung ändern kann und allmählich zunehmen wird. Aber der Gleichstromoffset stellt lediglich sicher, dass die Wellenform des Kernflusses als null beginnt, da der Kernfluss als Summe einer Kosinuswellenform und eines Gleichstromoffsets ausgedrückt wird.

$$\phi \propto -\frac{V_m}{\omega} \cos \omega t + \frac{V_m}{\omega} \tag{4.26}$$

Die Kosinuswellenform allein hätte dazu geführt, dass der Kernfluss sofort nach Anwendung der Spannung abrupt auf den negativen Maximalwert ansteigt. Der Gleichstromoffset hingegen stellt sicher, dass der Fluss trotz der Kosinuswellenform der physikalischen Einschränkung, nicht abrupt zu ändern, entsprechen muss.

Daher hat der Kernfluss einen Gleichstromoffset. Der Magnetisierungsstrom, der von Wicklung 1 gezogen wird, ist verantwortlich für die Aufrechterhaltung dieses Kernflusses. Der Kernfluss ist direkt proportional zum Strom in Wicklung 1, da der Kernfluss lediglich die Ampere-Windungen von Wicklung 1 gegen die Reluktanz des Flusspfades ist. Dies wiederum impliziert, dass der Magnetisierungsstrom einen Gleichstromoffset hat. Es ist dieser Gleichstromoffset, der in Abb. 4.9 sichtbar ist. Die nächste Frage, die folgen würde, wäre: Wie kann es sein, dass ein an einen Wechselstromkreis angeschlossener Transformator einen Strom zieht, der eine Gleichstromkomponente hat? Dieser Gleichstromoffset im Magnetisierungsstrom ist nur vorübergehend und wird mit der Zeitkonstante des Stromkreises abklingen. Die Zeitkonstante von Wicklung 1 ist

$$\tau = \frac{L_1}{r_1} = \frac{0.91673}{0.0576} = 15.92\,\text{s} \tag{4.27}$$

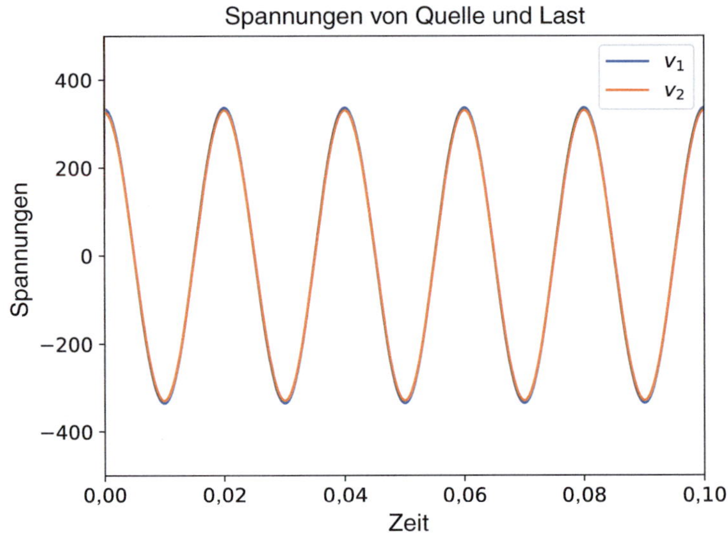

Abb. 4.10 Transformatorwicklungsspannungen mit einer Kosinusquellspannung

Die Einschwingzeit eines Stromkreises ist das 4-Fache der Zeitkonstante des Stromkreises, was bedeutet, dass der Gleichstromoffset in 63,7 s verschwinden wird.

Um diesen Effekt zu überprüfen, können wir die Simulation wiederholen und dabei die angelegte Spannung an Wicklung 1 als Kosinuswellenform anstatt als Sinus-Wellenform wählen, wie folgt:

$$v_s = \sqrt{2} \times 240 \cos 100\pi t \tag{4.28}$$

In diesem Fall kann der Kernfluss, der ungefähr das Integral der angelegten Spannung ist, mit einer Null-Integrationsverschiebung lediglich ausgedrückt werden als (Abb. 4.10):

$$\phi \propto \frac{V_m}{\omega} \sin \omega t + 0 \tag{4.29}$$

Abb. 4.11 zeigt die Wicklungsströme, wenn die Quellspannung v_s immer noch eine Größe von 240 V RMS hat, aber eine Kosinuswellenform von 50 Hz Frequenz ist, wie in Abb. 4.10 gezeigt. Die Ströme haben keinen Gleichstromversatz, obwohl es einen Zyklustransienten gibt, der auf die Zeitkonstante der an Wicklung 2 angeschlossenen Last zurückzuführen ist. Wie man sehen kann, ist der Strom i_1 in Wicklung 1 immer noch deutlich größer als der Strom i_2 in Wicklung 2 aufgrund des von Wicklung 1 gezogenen Magnetisierungsstroms. Der Leser wird ermutigt, verschiedene Anfangsphasenwinkel zur Quellspannungswellenform auszuprobieren, um den Gleichstromversatz im Strom in Wicklung 1 zu untersuchen.

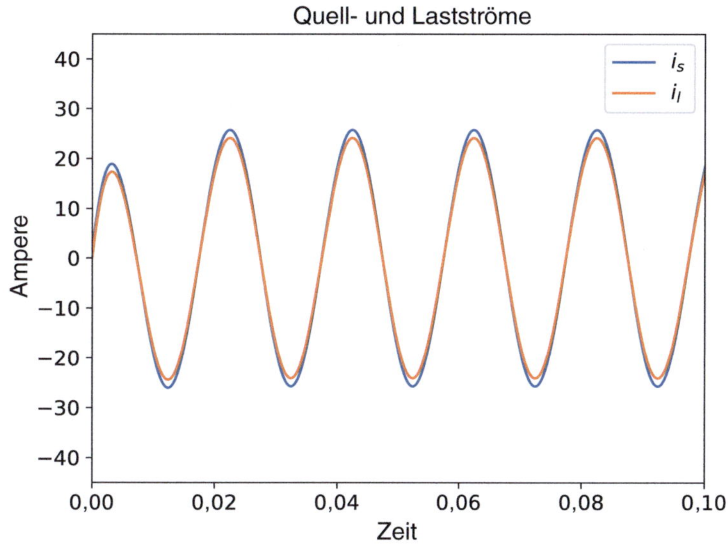

Abb. 4.11 Transformatorwicklungsströme mit einer Kosinusquellspannung

Es gibt mehrere Variationen dieser grundlegenden Simulation, die der Leser versuchen kann. Als Beispiel kann der Leser Wicklung 2 anstatt Wicklung 1 erregen und beobachten, dass die Ergebnisse sich nur insofern ändern, als jetzt der Magnetisierungsstrom von Wicklung 2 gezogen wird. Andererseits gibt es mehrere Nuancen im Betrieb eines Transformators, die einen Anfänger oft verwirren. In den nächsten Abschnitten werden wir nach und nach mehrere weitere Simulationen einführen, die tiefer in den Betrieb des Transformators eintauchen. Dem Leser wird geraten, den grundlegenden Diskussionsteil des vorherigen Kapitels über magnetisch gekoppelte Spulen zu überprüfen, da die nächsten Abschnitte diese Konzepte wiederholt verwenden werden.

4.5 Verständnis der Transformatorwicklungsströme

Im vorherigen Abschnitt hatten wir mit einer grundlegenden Simulation eines Zweiwicklungstransformators begonnen. Wir hatten eine der Wicklungen erregt und eine Last an die andere Wicklung angeschlossen. Die Simulationsergebnisse zeigten, dass die Last mit einer Spannung versorgt wurde, die ungefähr der an die andere Wicklung angelegten entsprach, und dass der Laststrom von der Quelle zusätzlich zu einem Magnetisierungsstrom geliefert wurde. Diese einfache Simulation hat uns den Betrieb des Transformators nähergebracht. Um jedoch vollständig zu verstehen, wie der Strom in einer Wicklung den Strom in der anderen beeinflusst, wäre es interessant, etwas tiefer in die Arbeitsweise des Transformators mit

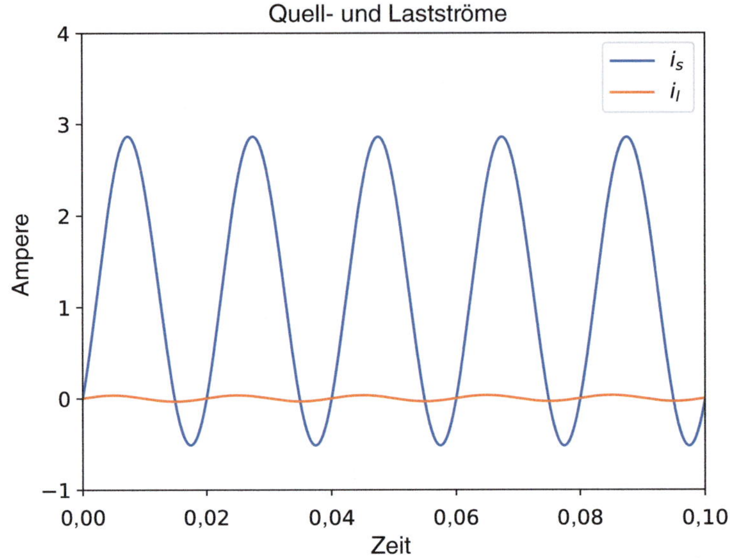

Abb. 4.12 Transformatorquellen- und Lastströme bei keiner Last

Hilfe von Simulationen einzutauchen [4, 5, 8, 9]. Wir können mit der gleichen Simulation eines Zweiwicklungstransformators wie im vorherigen Abschnitt fortfahren und nur einige Details nach Bedarf ändern.

Zunächst erhöhen wir den Lastwiderstand R_l in Abb. 4.6 auf einen sehr hohen Wert von etwa 10 kΩ, sodass der Transformator nun bei sehr geringer Last und daher annähernd ohne Last arbeitet. Die Ströme in den Transformatorwicklungen sind in den Simulationsergebnissen von Abb. 4.12 dargestellt. Obwohl die Last einen so hohen Widerstand hat, dass der von der Last gezogene Strom vernachlässigbar sein sollte, scheinen die Ströme in beiden Wicklungen nicht vernachlässigbare Werte zu haben. Bei keiner Last zieht der Transformator Ströme, um die Kernverluste im Transformator zu versorgen, die durch die beiden Widerstände R_{c1} und R_{c2} dargestellt wurden [4, 5, 8, 9]. Der Strom i_l in Wicklung 2, der in Abb. 4.12 dargestellt ist, ist der von der Last R_l und L_l gezogene Strom. Der Strom i_s hingegen ist der von den Verlustwiderständen R_{c1}, R_{c2}, dem Laststrom i_l und auch dem Magnetisierungsstrom des Transformators gezogene Strom [4, 5, 8, 9].

Es mag ein wenig verwirrend sein, die verschiedenen Ströme zu verstehen. Vergleichen wir die Simulationsergebnisse von Abb. 4.12 mit den Simulationsergebnissen von Abb. 4.13, die die Wicklungsströme i_1 und i_2 (beachten Sie die Richtung von i_2) darstellen, wie sie im äquivalenten Schaltbild von Abb. 4.5 dargestellt sind. Die Wicklungsströme unterscheiden sich deutlich von den Quellen- und Lastströmen. Der Laststrom i_l in Abb. 4.12 ist der von der Last R_l-L_l allein gezogene Strom und ist vernachlässigbar. Der Strom i_2 ist der von dem Verlust-

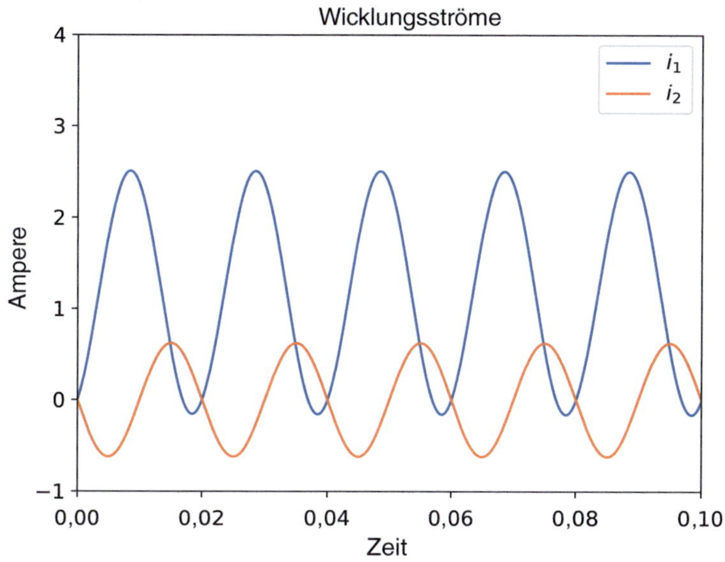

Abb. 4.13 Transformatorwicklungsströme bei keiner Last

widerstand R_{c2} und dem Laststrom gezogene Strom. Dies erklärt, wie der Strom i_2 in Abb. 4.13 größer als der Strom i_l in Abb. 4.12 ist. Der Strom i_1 hingegen ist die Summe der Ströme, die von dem Verlustwiderstand R_{c2}, dem Laststrom i_l und dem Magnetisierungsstrom gezogen werden. Alle Ströme können auf den verschiedenen Zweigen des vereinfachten Transformatoräquivalentschaltbildes von Abb. 4.5 gefunden werden, mit Ausnahme des Magnetisierungsstroms.

Sprechen wir nun über diesen mysteriösen Magnetisierungsstrom, der in i_1 und i_s erscheint. Der Magnetisierungsstrom ist der Strom, den der Transformator zieht, um den magnetischen Fluss im Kern aufrechtzuerhalten. Da der magnetische Fluss im Transformatorkern für seinen Betrieb grundlegend ist, ist auch der Magnetisierungsstrom für den Betrieb des Transformators grundlegend [4, 5, 8, 9]. Eine Analogie zum Magnetisierungsstrom kann mit der Höhe gemacht werden, die ein Flugzeug nach dem Start erreichen muss. Ein normales Verkehrsflugzeug wird wahrscheinlich auf eine Höhe von 6 km über dem Meeresspiegel steigen und diese Höhe beibehalten, bis es sein Ziel erreicht hat. Unabhängig davon, ob das Flugzeug mit Passagieren ausgebucht oder fast leer ist, muss das Flugzeug immer noch auf diese Höhe steigen. Dies sind die intrinsischen Kosten eines jeden kommerziellen Luftfahrtfluges. Ähnlich muss ein Transformator, wenn er unter Spannung steht und in der Lage ist, eine Last an einer oder mehreren seiner Wicklungen zu bedienen, einen Magnetisierungsstrom ziehen, um den magnetischen Fluss in seinem Kern zu etablieren, der es ermöglicht, Lasten an mehreren Wicklungen zu bedienen. Untersuchen wir nun eingehend, wie dieser Magnetisierungsstrom entsteht.

Selbst wenn der Transformator im Leerlauf arbeitet, wird er weiterhin einen Magnetisierungsstrom ziehen. Dieser Magnetisierungsstrom ist wesentlich, um den Kernfluss des Transformators zu etablieren. Wenn eine Wicklung des Transformators erregt wird, wird ein Kernfluss etabliert. Dies kann durch die Kombination vom Kirchhoffschen Spannungsgesetzes und des Faradayschen Gesetzes zur Wicklung 1 abgeleitet werden:

$$v_1 = N_1 \frac{d\phi}{dt} + i_1 r_1 \tag{4.30}$$

wo die Flussverknüpfung ψ_1 der Wicklung 1 ist $N_1\phi$ mit N_1 als die Anzahl der Windungen der Wicklung 1. Der Kernfluss ist daher [4, 5, 8, 9]:

$$\phi = \frac{1}{N_1} \int (v_1 - i_1 r_1) dt \tag{4.31}$$

Der Kernfluss verbindet sich auch mit Wicklung 2 und induziert eine EMK darin und erzeugt daher eine Spannung über den Anschlüssen von Wicklung 2. In diesem Leerlauffall ist der Strom, der von der an Wicklung 2 angeschlossenen Last gezogen wird, annähernd null. Damit der Fluss ϕ jedoch im Transformatorkern fließt, muss ein Strom von einer oder beiden Wicklungen gezogen werden. Dies folgt aus unserer Diskussion über magnetische Schaltungen in den vorherigen Kapiteln, wo eine Spule oder mehrere Spulen auf einem Kern als magnetische Schaltung mit den Ampere-Windungen der Spulen als Quellen gegen die vom Kern angebotene Reluktanz gelöst werden können. In diesem Fall, wenn wir einen sehr einfachen Kern (wie einen rechteckigen Kern) annehmen [4, 5, 8, 9]:

$$\phi = \frac{N_1 i_1 + N_2 i_2}{\rho} \tag{4.32}$$

wo ρ die Reluktanz des Kerns ist:

$$\rho = \frac{l}{\mu_0 \mu_r A_c} \tag{4.33}$$

Der Grund, warum die Netto-Ampere-Windungen in der magnetischen Schaltung als Summe der Ampere-Windungen der beiden Wicklungen gewählt wurden, liegt darin, dass die Wicklungen gewickelt wurden und in die Richtungen, die wir für die Ströme i_1 und i_2 in Abb. 4.5 gewählt haben. Dafür wird dem Leser empfohlen, das vorherige Kapitel zu überprüfen, wo eine detaillierte Erklärung der Art der induzierten EMK aufgrund des Sinns der Wicklungen und auch der Punktpolaritätskonvention gegeben wird. Da für den Transformator von Abb. 4.6 die Punktpolaritäten weggelassen wurden, bedeutet dies, dass die Punkte an den oberen Anschlüssen der beiden Wicklungen platziert werden können.

In diesem speziellen Simulationsfall, da eine passive Last an Wicklung 2 angeschlossen ist, wird der Strom i_2 so sein, dass er die Netto-Ampere-Windungen verringert und daher den Kern demagnetisiert. Mit Wicklung 1 als der einzigen Wicklung, die von einer Quelle gespeist wird, ist der Strom i_1, der in Wicklung 1 fließt, der Strom, der den magnetischen Fluss im Kern aufbaut. Wenn wir die Ströme vernachlässigen, die von den Verlustwiderständen R_{c1} und R_{c2} gezogen werden, könnten wir die Netto-Ampere-Windungen ausdrücken als

$$\phi \approx \frac{N_1 i_s - N_2 i_l}{\rho} \tag{4.34}$$

Angesichts der Richtung des Versorgungs-/Quellenstroms i_s und des Laststroms i_l in Abb. 4.6 ist es ziemlich offensichtlich, dass der von der Last gezogene Strom den Kern demagnetisieren wird. Da jedoch in diesem Leerlaufzustand der Strom i_l vernachlässigbar ist, können wir die Annäherung weiter machen:

$$\phi \approx \frac{N_1 i_s}{\rho} \tag{4.35}$$

Was können wir aus der obigen Diskussion schließen? Wenn der Transformator nahezu ohne Last arbeitet, zieht der Transformator aufgrund der Kernverluste, die durch die Widerstände R_{c1} und R_{c2} dargestellt wurden, einen Strom aus der Versorgung. Neben der Kernverlustkomponente wird der Transformator auch einen als Magnetisierungsstrom bezeichneten Strom ziehen, der notwendig ist, um den Fluss im Kern aufrechtzuerhalten. Im Fall ohne Last sind dies die einzigen Ströme, die im Transformator fließen, bezogen auf den vereinfachten äquivalenten Schaltkreis von Abb. 4.5 [4, 5, 8, 9].

Lassen Sie uns nun die Last, die an Wicklung 2 angeschlossen ist, durch Wiederherstellung von $R_l = 10\ \Omega$ zurückbringen. Die Simulationsergebnisse wurden im vorherigen Abschnitt vorgestellt, also lassen Sie uns versuchen, den Zustand in diesem Abschnitt zu analysieren. In diesem Lastzustand werden die drei Ströme aus dem Zustand ohne Last weiter fließen – die Kernverlustströme und der Magnetisierungsstrom [4, 5, 8, 9]. Zusätzlich wird der von der Last gezogene Strom i_l nicht mehr vernachlässigbar sein, sondern ziemlich bedeutend. Wenn wir also zur ungefähren Ausdrucksform für den Fluss von (4.34) zurückkehren, scheint es, dass der Laststrom den Kern erheblich entmagnetisieren würde, wobei der Kernfluss einen sehr niedrigen Wert aufweist.

Dies ist oft eine Quelle der Verwirrung für Studenten und war es auch für mich, als ich noch im Grundstudium war. Wir müssen jedoch daran denken, dass, wenn Wicklung 1 des Transformators mit einer Speisung versorgt wird, der Fluss im Kern durch (4.31) bestimmt wird [4, 5, 8, 9]. Obwohl Gl. (4.31) einen Spannungsabfallterm enthält, der von dem Strom i_1 abhängt, wird der Fluss aufgrund des vernachlässigbaren Widerstands r_1 der Wicklung nicht wesentlich ändern, selbst wenn der Strom i_1 von dem minimalen Wert, der dem Magnetisierungsstrom entspricht, auf den maximalen Wert, der dem Nennstrom von Wicklung 1 entspricht, ändert. Daher wird der Kernfluss durch die Größe der Versorgungsspannung bestimmt, mit der der Transformator gespeist wird [4, 5, 8, 9].

Die Gl. (4.31) und (4.34) scheinen widersprüchlich zu sein. Gl. (4.31) beschreibt einen Fluss, der sich bei Änderungen des Wicklungsstroms nur minimal ändern wird. Gl. (4.34) hingegen besagt, dass der Fluss abnehmen wird, wenn der Laststrom i_l zunimmt. Beide Gleichungen sind korrekt und wir müssen sie nur als Ursache und Wirkung verstehen [4, 5, 8, 9]. Gl. (4.31) ist die primäre Gleichung, da die Versorgungsspannung die unabhängige Eingabe ist, die den Transformator erregt, und daher können wir mit diesem Ausdruck den Kernfluss erreichen. Gl. (4.34) besagt lediglich, dass die Differenz der Ampere-Windungen der Wicklungen den Kernfluss erzeugen wird.

Wenn der Fluss ϕ im Kern unbeeinflusst bleibt, aber der Laststrom i_l eine entmagnetisierende Wirkung hat, deutet dies auf nur eine Möglichkeit hin. Die entmagnetisierende Wirkung des Laststroms i_l wird durch einen anderen Strom, der eine magnetisierende Wirkung hat, aufgehoben [4, 5, 8, 9]. Im Fall ohne Last floss nur der Magnetisierungsstrom in Wicklung 1 des Transformators. Um jedoch die entmagnetisierende Wirkung von i_l aufzuheben, muss ein Strom in Wicklung 1 fließen, sodass ϕ unverändert bleibt. Lassen Sie uns diesen Ausdruck als

$$\phi \approx \frac{N_1 i_m + N_1 i_l' - N_2 i_l}{\rho} \tag{4.36}$$

schreiben.

In dem obigen Ausdruck für den Fluss erzeugten die Ampere-Windungen $N_1 i_m$ den Kernfluss im Leerlauf-Fall. Daher folgt, dass der zweite und dritte Term gleich sein müssen und sich gegenseitig aufheben, was zu [4, 5, 8, 9]

$$N_1 i_l' = N_2 i_l \tag{4.37}$$

führt. Der Strom i_l' ist der Laststrom, der in Wicklung 2 fließt, bezogen auf Wicklung 1. Jeder Strom, der in irgendeiner Wicklung fließt, kann auf eine andere Wicklung bezogen werden, indem die Bedingung verwendet wird, dass der bezogene Strom die gleichen Ampere-Windungen erzeugen muss wie der ursprüngliche Strom [4, 5, 8, 9].

Als Ergebnis wird für den Laststrom i_l, der in Wicklung 2 fließt, der von der Quelle in Wicklung 1 gelieferte Strom

$$i_s = i_m + i_l' \tag{4.38}$$

sein. Dies folgt aus der einfachen Energieerhaltung, da die von der Last verbrauchte Leistung von der Quelle zusätzlich zur in dem Transformator verlorenen Leistung bereitgestellt werden muss. Der Transformator ist lediglich eine Maschine, die elektrische Energie von einer Wicklung zur anderen durch ein magnetisches Feld überträgt und so die elektrische Isolation der Wicklungen ermöglicht. Der Transformator erzeugt keine Energie, und daher kann die an der Last gelieferte Energie nicht größer sein als die an der Quelle gelieferte Energie.

Der bezogene Strom i_l' führt uns zu einem weiteren Begriff, der für Transformatoren äußerst wichtig ist [4, 5, 8, 9]:

$$i_l' = \frac{N_2}{N_1} i_l \tag{4.39}$$

Das Verhältnis $\frac{N_2}{N_1}$ wird als Windungsverhältnis des Transformators bezeichnet und ist das Verhältnis der Anzahl der Windungen einer Wicklung zur Anzahl der Windungen der anderen [4, 5, 8, 9]. Dieses Windungsverhältnis wird auch verwendet, um die Klemmenspannung einer Wicklung in Bezug auf die andere auszudrücken.

Wir haben bereits den Ausdruck für die Klemmenspannung unter Verwendung des Kirchhoffschen Spannungsgesetzes und des Faradayschen Gesetzes geschrieben:

$$v_1 = N_1 \frac{d\phi}{dt} - i_1 r_1 \approx N_1 \frac{d\phi}{dt} \tag{4.40}$$

$$v_2 = N_2 \frac{d\phi}{dt} - i_2 r_2 \approx N_2 \frac{d\phi}{dt} \tag{4.41}$$

Die obigen Ausdrücke können umgestellt und gleichgesetzt werden als

$$\frac{v_1}{N_1} = \frac{v_2}{N_2} \tag{4.42}$$

Um einen Ausdruck für die Spannungen in Bezug auf das Windungsverhältnis zu erzeugen, wie folgt:

$$v_1 = \frac{N_1}{N_2} v_2 \tag{4.43}$$

Der obige Ausdruck kann verwendet werden, um das Windungsverhältnis des Transformators zu bestimmen, da die maximal zulässigen Spannungen der Wicklungen vom Hersteller angegeben werden [4, 5, 8, 9]. Daher,

$$\frac{N_1}{N_2} = \frac{v_{1rated}}{v_{2rated}} \tag{4.44}$$

Mit dem Wissen über das Windungsverhältnis aus den Herstellerspezifikationen können wir das Windungsverhältnis verwenden, um Spannungen und Ströme von einer Wicklung auf eine andere zu beziehen. Dies bietet ein sehr praktisches Werkzeug für die mathematische Analyse.

In der Schaltungstopologie von Abb. 4.6, die für die obigen Simulationen gewählt wurde, wurde nur eine Wicklung (Wicklung 1) von einer Wechselspannungsquelle gespeist, während die andere Wicklung (Wicklung 2) eine passive Last an ihren Anschlüssen hatte. In einem solchen Fall ist der Stromfluss ziemlich offensichtlich – von der Spannungsquelle in Wicklung 1 zur Last in Wicklung 2. Darüber hinaus wird der Magnetisierungsstrom von Wicklung 1 von der Spannungsquelle gezogen, um den Kernfluss aufrechtzuerhalten, da es die einzige Energiequelle ist, die an den Transformator angeschlossen ist. In vielen Fällen wird mehr als eine Wicklung des Transformators gespeist, da der Transformator oft zum Übertragen von Leistung von einem Stromkreis auf einen anderen verwendet wird. Abb. 4.14 zeigt die Schaltung des gleichen Transformators wie bisher simuliert, jedoch mit einer Spannungsquelle an jeder Wicklung.

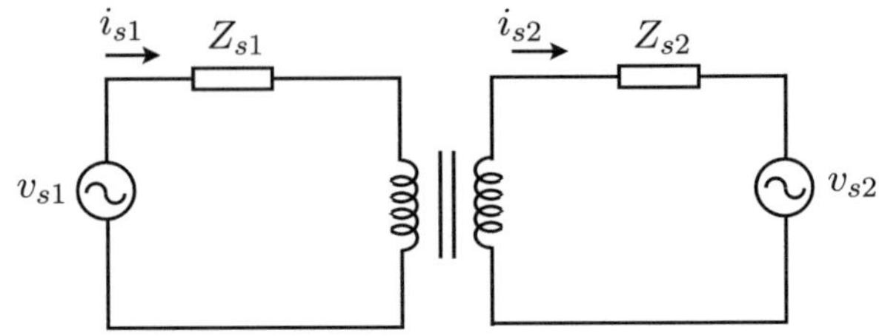

Abb. 4.14 Schaltungstopologie mit mehr als einer Spannungsquelle

Für die Simulation nehmen wir an, dass die Speiseimpedanzen Z_{s1} und Z_{s2} gleich und mit einem Nennwert von

$$r_{s1} = r_{s2} = 0.02\Omega \quad , \quad L_{s1} = L_{s2} = 0.0001\text{H}$$

Bei der Auswahl der Spannungsquellen für die Simulation wählen wir sie so, dass sie den gleichen Phasenwinkel haben, führen aber einen sehr kleinen Unterschied in ihren RMS-Werten von 2V ein, wie folgt:

$$v_{s1} = 240\sqrt{2}\cos(100\pi t)$$

$$v_{s2} = 242\sqrt{2}\cos(100\pi t)$$

Abb. 4.15 zeigt die Ströme i_{s1} und i_{s2}, die zwischen den beiden Spannungsquellen fließen. Da wir die Wellenformen der Spannungsquellen als Kosinus gewählt haben, sehen wir keinen Gleichstromanteil und dies erleichtert die Interpretation der Ergebnisse etwas. In Abb. 4.15 wurde die Quellenspannung v_{s1} überlagert und um den Faktor 15 herunterskaliert, um das Verhalten der Ströme i_{s1} und i_{s2} besser zu verstehen. Durch den Vergleich mit den Richtungen der Ströme i_{s1} und i_{s2} in Abb. 4.14 und in dem Wissen, dass die Größe von v_{s2} größer ist als v_{s1}, ist klar, dass die Leistung von v_{s2} zu v_{s1} fließt. Dies liegt daran, dass die Ströme i_{s1} und i_{s2} die Spannung v_{s1} führen, was impliziert, dass die Ströme in die entgegengesetzte Richtung fließen. Darüber hinaus kann beobachtet werden, dass die Größe von i_{s2} größer ist als i_{s1}, da nun Wicklung 2 die Wicklung ist, die hauptsächlich gespeist wird und daher Wicklung 2 den Magnetisierungsstrom von v_{s2} zieht.

Die oben genannte Simulation mit einer Spannungsquelle, die an jede Wicklung angeschlossen ist, kann analytisch genau so interpretiert werden, wie wir es für die Simulationen ohne Last und mit Last getan haben. Wir können nun Ausdrücke für beide Wicklungen unter Verwendung des Kirchhoffschen Spannungsgesetzes und des Faradayschen Gesetzes wie folgt schreiben:

$$v_1 = N_1 \frac{d\phi}{dt} + i_1 r_1 \tag{4.45}$$

$$v_2 = N_2 \frac{d\phi}{dt} + i_2 r_2 \tag{4.46}$$

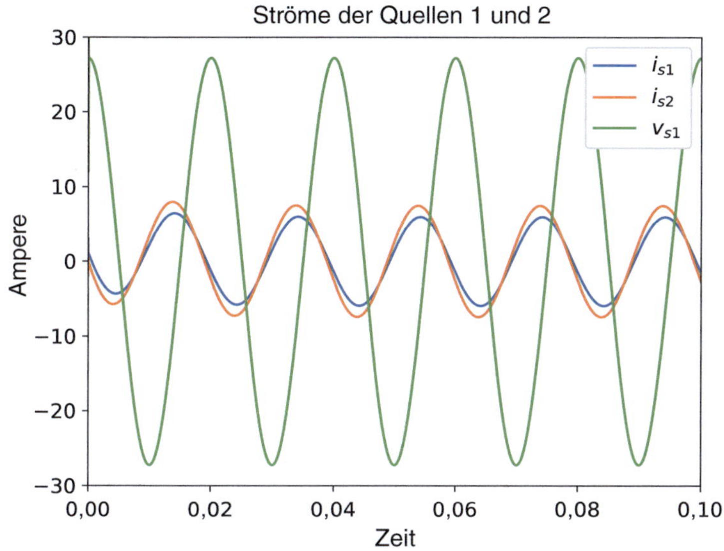

Abb. 4.15 Quellen- und Lastströme mit zwei Spannungsquellen

Aus den obigen Ausdrücken geht sehr deutlich hervor, dass der Kernfluss des Transformators durch die Spannungsquelle mit der größeren Größe bestimmt wird. Nicht nur die Größe des Kernflusses wird durch die Spannungsquelle mit der größeren Größe bestimmt, sondern auch die Richtung des Kernflusses, wie im vorherigen Kapitel beschrieben [4, 5, 8, 9].

Wenn ein Transformator auf diese Weise verwendet wird, um zwei verschiedene energiegeladene Schaltungen zu verbinden, ist dies sehr ähnlich wie das Verbinden von Spannungsquellen in Serie mit den Transformatorwicklungswiderständen und Leckinduktivitäten als Schnittstellenimpedanzen. Im obigen Fall, da beide Wicklungen die gleichen maximalen Nennspannungen und daher die gleiche Anzahl von Windungen hatten, war es recht einfach, die Ergebnisse zu analysieren und eine der Spannungsquellen als die „stärkere" Spannungsquelle zu bezeichnen [4, 5, 8, 9]. Die gebräuchlichste Verwendung eines Transformators besteht jedoch darin, die Schnittstelle zwischen zwei Systemen mit sehr unterschiedlichen Spannungen zu sein, wie es im Stromnetz erforderlich ist. Dies wird im nächsten Abschnitt besprochen, in dem wir Transformatoren mit einem Windungsverhältnis ungleich 1 betrachten werden.

In diesem Abschnitt haben wir im Detail untersucht, wie Ströme in den Wicklungen des Transformators fließen. Um die Simulationsergebnisse zu analysieren, haben wir nur die grundlegenden Gesetze der Physik verwendet. Die Analyse hilft zu verstehen, wie der Transformator im Vergleich zur bloßen Lösung des äquivalenten Schaltkreises als magnetische Maschine arbeitet. Die Analyse war einfach, da der Transformator nur zwei Wicklungen hat und beide Wicklungen identische maximale Spannungsbewertungen haben. Im nächsten Abschnitt werden wir Aufwärts- und Abwärtstransformatoren simulieren und analysieren.

4.6 Transformator-Windungsverhältnis

In den vorherigen Abschnitten haben wir einen Transformator mit zwei Wicklungen simuliert, bei dem beide Wicklungen identische maximale Spannungsbewertungen hatten. In diesem Abschnitt wollen wir mit dem praktischen Transformator beginnen, bei dem die Wicklungen sehr unterschiedliche maximale Spannungsbewertungen haben können. Als Beispiel betrachten wir Transformatoren mit Spannungsbewertungen von 240 V/11 kV oder 240 V/24 V – dieser erste Typ ist normalerweise ein Verteiltransformator, der die Spannung von einem Verteilerzweig heruntertransformiert und ein Apartmentgebäude oder Haus versorgt, während der zweite Typ normalerweise ein Steuertransformator ist, den man verwenden kann, um eine Stromversorgung von 5 V, 9 V oder 12 V zu erzeugen [4, 5]. Die Analyse in diesem Abschnitt wird jener in dem vorherigen Abschnitt sehr ähnlich sein und wir werden die gleichen grundlegenden Gesetze der Physik verwenden.

Um den 240 V/11-kV-Transformator zu simulieren, können wir den gleichen Schaltkreis wie in Abb. 4.6 verwenden, wobei Wicklung 1 von einer 240 V RMS, 50-Hz-Spannungsquelle gespeist wird, während Wicklung 2 eine Last versorgt. Diese Simulation kann im Ordner `step_up_transformer` innerhalb von `chapter4_transformers` im folgenden Link im Simulationsspeicherort gefunden werden:

https://github.com/opensourceelectrical/simulating-magnetics-for-power- electronics

In den meisten Fällen sind solche Aufwärtstransformatoren normalerweise Dreiphasentransformatoren, die im nächsten Kapitel behandelt werden. Um jedoch jetzt einen Aufwärtstransformator zu simulieren, könnten wir beliebige Spannungsbewertungen für Wicklung 1 und Wicklung 2 wählen. Da dies ein Aufwärtstransformator ist, der potenziell an einen Hochspannungsverteilungsfeeder angeschlossen werden könnte, wählen wir eine höhere maximale Leistungsbewertung von 100 kVA. Da die Last, bestehend aus R_l und L_l, an Wicklung 2 angeschlossen wird, die eine maximale Spannungsbewertung von 11 kV hat, wählen wir $R_l = 1000\,\Omega$ und $L_l = 30$ H. Was den Speiseleiter Z_s betrifft, der die Quellspannung mit den Klemmen von Wicklung 1 verbindet, können wir mit den Parametern aus den vorherigen Abschnitten von $L_s = 0{,}0001$ H und $r_s = 0{,}02\,\Omega$ fortfahren.

Um das magnetische Modell des Transformators aus dem vorherigen Abschnitt zu ändern, muss nur eine Änderung in Bezug auf die Parameter vorgenommen werden, die am Anfang der Datei definiert sind:

```
import math
dt  =  1.0 e−6
VArated  =  100000.0
V1rated  =  240.0
V2rated  =  11000.0
frated  =  50.0
omega_rated  =  2*math . pi * frated
```

Sobald diese Parameter geändert wurden, werden die restlichen Berechnungen der äquivalenten Schaltkreisparameter des Transformators diese Parameter verwenden, und daher müssen in diesen Berechnungen keine Änderungen vorgenommen werden, es sei denn, wir möchten unsere Schätzungen für einen der Parameter ändern.

Mit den oben genannten Transformatorspezifikationen werden die Parameter des äquivalenten Schaltkreises des Transformators wie folgt sein:

```
L1  = 0.09167 , L2  = 192.577
Lm1  = 0.09163 ,  Lm2  = 192.5
M12  = 42
Ll1  = 36.67 e-6,  Ll2  =  0.077
r1  = 0.00576 , r2  = 12.1
Rc1  =  57.6 , Rc1  = 1210000
```

Ein schneller Blick auf die obigen Parameter gibt uns eine Vorstellung davon, wie unterschiedlich die beiden Systeme sind, die durch den Transformator verbunden werden. Als Beispiel ist der Wicklungswiderstand der 240 V Wicklung 1 nur 576 mΩ, während der Wicklungswiderstand der 11 kV Wicklung 2 12,1 Ω beträgt. Dies entspricht dem Vergleich des Schwanzes einer Maus und eines Elefanten!

Neben den drastisch unterschiedlichen Parametern des äquivalenten Transformatorschaltkreises für die beiden Wicklungen müssen wir uns auch daran erinnern, dass der Transformator lediglich ein Energieumwandlungsgerät ist und keine Energie erzeugt. Daher wird die an Wicklung 1 verfügbare Leistung von der an Wicklung 2 verfügbaren Leistung durch die Verluste des Transformators abweichen [4, 5, 8, 9]. Die Nennströme der beiden Wicklungen sind

```
I1rated  = 416.67  , I2rated  = 9.09
```

Der maximale Nennstrom der Wicklung 1 (die Niederspannungswicklung) ist viel größer als der maximale Stromnennwert der Wicklung 2 (die Hochspannungswicklung).

Dies mag zunächst verwirrend erscheinen, da man erwarten würde, dass das Hochspannungssystem einen größeren Stromnennwert hat. Es ist jedoch erneut wichtig zu bedenken, dass der Transformator lediglich die Schnittstelle zwischen zwei Systemen mit unterschiedlicher Spannung ist [4, 5, 8, 9]. Wenn dieser Transformator Strom für Wohngebäude von einem 11-kV-Verteiler liefert, gäbe es einen solchen Transformator für jedes Gebäude in einer Straße oder einem Gebiet. Daher würde jede 240-V-Wicklung des Transformators das Gebäude selbst versorgen, während die 11-kV-Wicklung lediglich ein Zweig des Verteilers ist. Der Verteiler könnte zahlreiche Wohngebäude versorgen, wodurch der Gesamtstrom im Verteiler auch im Bereich von hunderten von Ampere liegen könnte. Die Gesamtleistungskapazität des Verteilers könnte im Bereich von mehreren hundert kVA oder sogar einigen MVA (Megavoltampere) liegen. Der Transformator versorgt lediglich einen Zweig dieses Verteilers mit einem Wohngebäude, das wir gewählt haben, um eine maximale Leistung von 100 kVA zu haben.

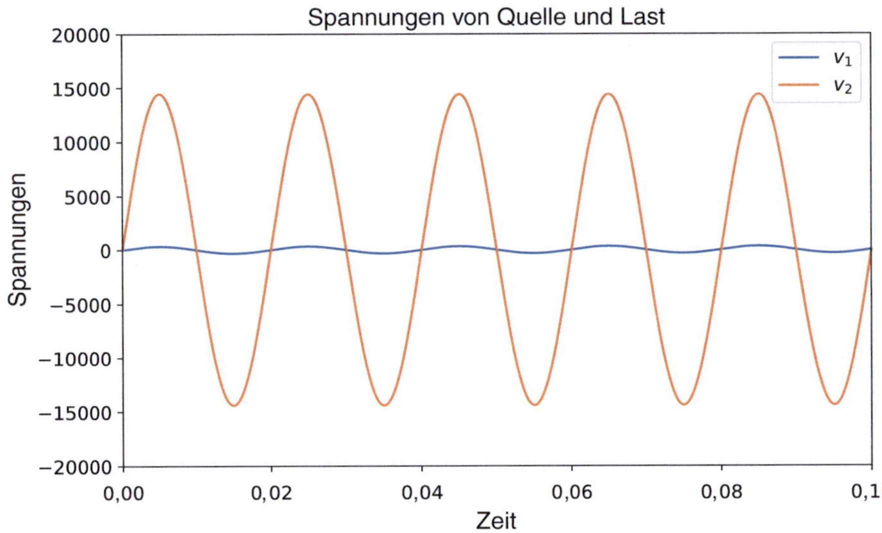

Abb. 4.16 Step-up-Transformator, Quellen- und Lastspannungen

Der Vorteil des Aufbaus des Transformatorsimulationsmodells in der im vorherigen Abschnitt beschriebenen Weise besteht darin, dass es zu einem mathematischen Modell führt, das leicht modifizierbar ist, wenn sich das System ändert. Sobald wir die maximale Leistungsbewertung und die maximalen Spannungsbewertungen der Wicklungen ändern, kann der Rest des Simulationsmodells – die Matrixgleichung, die Dreiecksbildung und die numerische Integration – gleichbleiben. Im nächsten Abschnitt werden wir untersuchen, wie wir einen Transformator mit mehr als zwei Wicklungen durch eine einfache Modifikation simulieren können. Das resultierende Transformatormodell ist äußerst flexibel und kann zur Simulation einiger recht komplexer Transformatoren verwendet werden, wie im nächsten Kapitel gezeigt wird.

Die Abb. 4.16 und 4.17 zeigen die Simulationsergebnisse. Die Ergebnisse zeigen, wie drastisch unterschiedlich die Mengen auf den beiden verschiedenen Wicklungen sind. Um die Ergebnisse besser interpretieren zu können, skalieren wir eine der Mengen in jedem Diagramm, sodass die Wellenformen verglichen werden können. Abb. 4.18 zeigt die Spannungen mit der Lastspannung, die

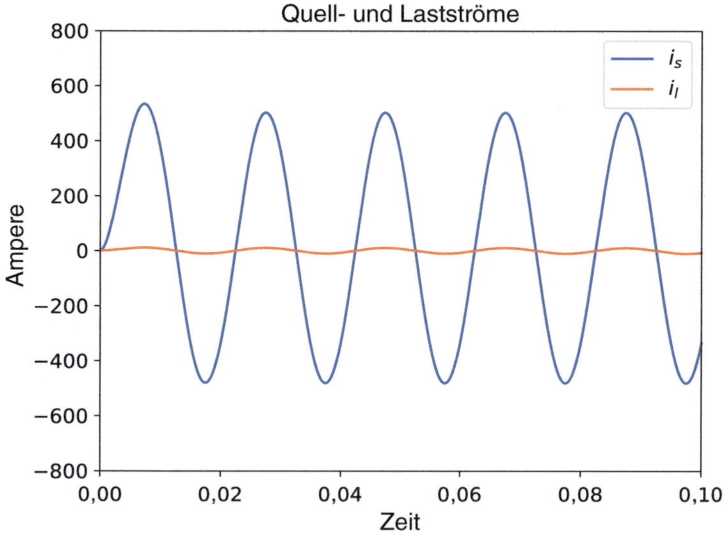

Abb. 4.17 Step-up-Transformator, Quellen- und Lastströme

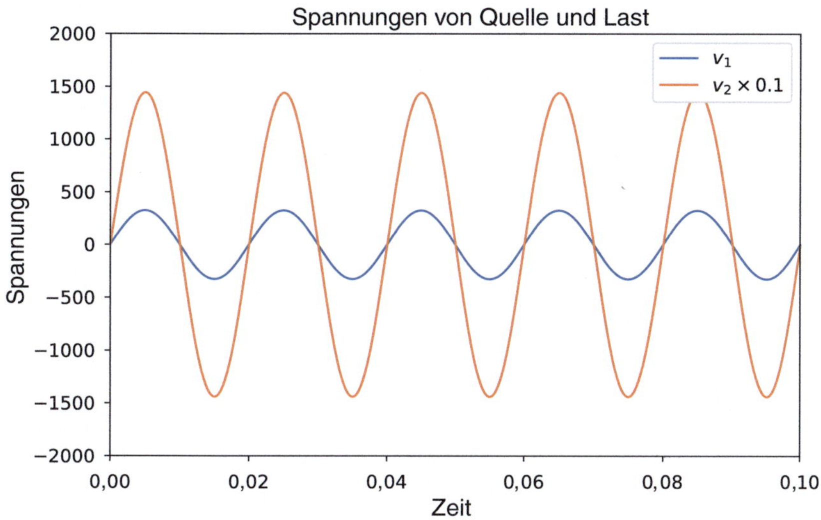

Abb. 4.18 Step-up-Transformator, Quellen- und Lastspannungen skaliert

um den Faktor 10 herunterskaliert ist, und Abb. 4.19 zeigt die Ströme mit dem Quellenstrom, der um den Faktor 10 herunterskaliert ist. Aufgrund des Unterschieds in den Wicklungen des Transformators ist es nicht mehr einfach zu bestimmen, welche Wicklung den Magnetisierungsstrom liefert. Wir könnten jedoch

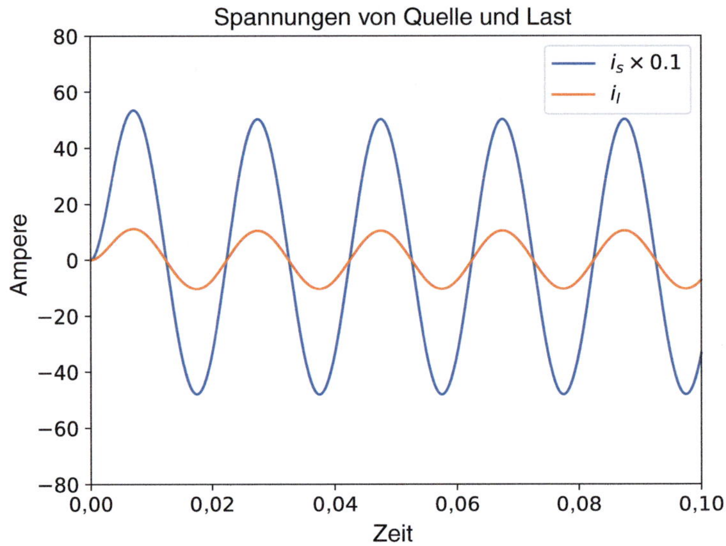

Abb. 4.19 Step-up-Transformator Quellen- und Lastströme skaliert

eine ähnliche Übung wie im vorherigen Abschnitt durchführen, um die Ergebnisse weiter zu analysieren.

Zunächst einmal, sobald die maximale Nennspannung der Wicklungen festgelegt wurde, können wir das Übersetzungsverhältnis des Transformators festlegen:

$$\frac{N_2}{N_1} = \frac{v_{2rated}}{v_{1rated}} = \frac{11000}{240} = 45.83 \tag{4.47}$$

Das Übersetzungsverhältnis eines Transformators kann entweder als $\frac{N_2}{N_1}$ oder $\frac{N_1}{N_2}$ definiert werden [4, 5, 8, 9]. Beides ist akzeptabel und in diesem Fall haben wir uns für das Erstere entschieden, da es eine bequemere Zahl ergibt. Alles, was wir uns merken müssen, ist, dass das Verhältnis der Wicklungsumdrehungen gleich dem Verhältnis der Spannungsbewertungen der Wicklungen ist.

Wie bereits im vorherigen Abschnitt beschrieben, liegt die Bedeutung des Übersetzungsverhältnisses des Transformators im Verhältnis der induzierten EMK der Wicklungen, die gleich der Änderungsrate der Flussverknüpfungen der Wicklungen sind. Unter der Annahme einer einfachen Kernkonstruktion, bei der der die Wicklungen verknüpfende Fluss der gleiche ist, ist die Flussverknüpfung einer Wicklung gleich dem Produkt aus Fluss und Anzahl der Wicklungsumdrehungen:

$$\psi_1 = N_1\phi \tag{4.48}$$

$$\psi_2 = N_2\phi \tag{4.49}$$

Die induzierten EMK der Wicklungen können ausgedrückt werden als

$$e_1 = \frac{d\psi_1}{dt} = N_1 \frac{d\phi}{dt} \tag{4.50}$$

$$e_2 = \frac{d\psi_2}{dt} = N_2 \frac{d\phi}{dt} \tag{4.51}$$

Dies impliziert, dass für einen gegebenen Kernfluss ϕ, die induzierten EMK auch dem Übersetzungsverhältnis des Transformators folgen werden. Da die Wicklungsspannungen von den induzierten EMK durch den Spannungsabfall über den Wicklungswiderstand abweichen, sind die Wicklungsspannungen auch durch das Übersetzungsverhältnis eingeschränkt:

$$v_1 = e_1 + i_1 r_1 \approx N_1 \frac{d\phi}{dt} \tag{4.52}$$

$$v_2 = e_2 + i_2 r_2 \approx N_2 \frac{d\phi}{dt} \tag{4.53}$$

Wie im vorherigen Abschnitt können diese wenigen Gleichungen allein verwendet werden, um die Wicklungsspannungen des Transformators zu verstehen. In dieser spezifischen Simulation wird Wicklung 1 erregt, was dazu führt, dass der Kernfluss wie im vorherigen Abschnitt bestimmt wird:

$$\phi = \frac{1}{N_1} \int (v_1 - i_1 r_1) dt \tag{4.54}$$

Mit diesem Kernfluss, der Wicklung 2 verknüpft, ist die in der Wicklung induzierte EMK

$$e_2 = N_2 \frac{d\phi}{dt} = \frac{N_2}{N_1} e_1 = \frac{N_2}{N_1}(v_1 - i_1 r_1) \tag{4.55}$$

Die in Wicklung 2 induzierte EMK erzeugt eine Klemmenspannung:

$$v_2 \approx e_2 - i_l r_2 = \frac{N_2}{N_1}(v_1 - i_1 r_1) - i_l r_2 \tag{4.56}$$

Es ist wichtig zu beachten, dass wir den Laststrom i_l in dem Ausdruck für v_2 verwendet haben, anstatt den internen Wicklungsstrom 2 i_2, da die Stromrichtung von i_2 entgegengesetzt zu i_l ist (Abb. 4.5). Mit diesen Gleichungen ist es ziemlich klar, wie eine an die Klemmen der Wicklung 1 angelegte Spannung schließlich eine Spannung über Wicklung 2 erzeugt, die durch das Wicklungsverhältnis $\frac{N_2}{N_1}$ multipliziert wurde. Dies ist genau das Verhalten, das wir in den Abb. 4.16 und 4.18 beobachten, wo die Lastspannung ein Vielfaches der Quellspannung ist und beide Wicklungsspannungen ungefähr den gleichen Phasenwinkel haben. In dieser Simulation war nur eine passive Last an Wicklung 2 angeschlossen. Wir könnten jedoch mehrere Variationen der Simulation in Betracht ziehen. Erstens könnten wir eine Quellspannung an Wicklung 2 und eine passive Last an Wicklung 1 anschließen. Zweitens könnten wir Spannungsquellen sowohl an Wicklung 1 als auch an Wicklung 2 anschließen.

Der erste Fall ist ziemlich einfach. Alles, was wir im Kopf behalten müssen, ist, dass die an Wicklung 2 angeschlossene Spannungsquelle innerhalb der maximalen Nennspannung von 11 kV bleiben muss. Die an Wicklung 1 angeschlossene Last muss so sein, dass der von der Last gezogene Strom innerhalb des maximalen Nennstroms für die transformierte Spannung $\frac{N_1}{N_2}v_2$ liegt, die über die Klemmen von Wicklung 1 erscheint. Wir können die Gleichungen in umgekehrter Reihenfolge durchgehen – beginnend mit dem Klemmenspannungsausdruck für Wicklung 2, dem Kernflussausdruck, dem Ausdruck für die induzierte EMK in Wicklung 1 und schließlich dem Ausdruck für die Klemmenspannung in Wicklung 1 [4, 5, 8, 9]. Der Leser wird ermutigt, diese Simulation auszuprobieren.

Der zweite Fall ist etwas interessanter. Wenn es Spannungsquellen an beiden Wicklungen gäbe, könnten wir es als einen Fall betrachten, bei dem ein Generator an die Hochspannungsübertragungsleitung angeschlossen wird, die bereits von anderen Generatoren gespeist wird. An den Klemmen der beiden Wicklungen können wir die folgenden Ausdrücke schreiben:

$$v_1 = N_1 \frac{d\phi}{dt} + i_1 r_1 \tag{4.57}$$

$$v_2 = N_2 \frac{d\phi}{dt} + i_2 r_2 \tag{4.58}$$

Wir hatten einen ähnlichen Fall im vorherigen Abschnitt untersucht, außer dass der Transformator die gleiche Anzahl von Windungen in jeder Wicklung hatte. In diesem Abschnitt haben die Transformatorwicklungen eine unterschiedliche Anzahl von Windungen. Daher müssen wir nicht nur die Spannung an der Wicklung, sondern auch die Anzahl der Windungen der Wicklung berücksichtigen, um zu bestimmen, welche Wicklung sich wie eine Quelle verhält und welche Wicklung sich wie eine Last verhält [4, 5, 8, 9]. Als Beispiel nehmen wir an, dass $\frac{v_1}{N_1}$ größer war als $\frac{v_2}{N_2}$. Dies würde dazu führen, dass der Fluss im Kern so fließt, dass Wicklung 1 den Kern magnetisiert und Wicklung 2 den Kern entmagnetisiert, da Wicklung 1 die „stärkere" Wicklung wird. Als Ergebnis würden in den obigen Gleichungen der Strom i_1 positiv sein, während der Strom i_2 negativ sein wird. Die Leistung fließt von Wicklung 1 zu Wicklung 2. Wenn ein Generator, der an das Stromnetz angeschlossen ist, Leistung in das Übertragungssystem einspeisen müsste, müsste die an die Niederspannungswicklung angelegte Spannung lediglich so sein, dass das Verhältnis von Spannung und Anzahl der Windungen die Wicklung als stärkere Wicklung erscheinen lässt.

An dieser Stelle muss eine Vorsichtsmaßnahme getroffen werden. Die direkte Lösung der obigen Spannungsgleichungen wird in der Simulation durchgeführt, da wir die Spannungsgleichungen als Matrixgleichungen ausdrücken und sie triangularisieren. Aufgrund der Ableitung des Flusses können wir die obigen Gleichungen jedoch nicht mit zwei in Serie geschalteten Spannungsquellen mit einem Impedanz gleichsetzen. Die Analogie zu durch eine Impedanz verbundenen Spannungsquellen ist relevant, wenn wir einen magnetischen Kreis betrachten, bei dem die Ampere-Windungen von Spulen/Wicklungen und die Reluktanz des Kerns, auf dem sie gewickelt sind, gelöst werden können, um den Kernfluss zu bestimmen [4, 5, 8, 9]. Eine direkte Analogie zu den an die Spulen/Wicklungen angelegten Spannungen wäre jedoch nicht korrekt. Wir können jedoch die Gleichungen verwenden, um die Art des Leistungsflusses abzuschätzen und das grundlegende physikalische Verhalten des Transformators zu verstehen.

Jetzt, da wir eine Diskussion über die Wicklungsspannungen des Transformators geführt haben, können wir nun unsere Aufmerksamkeit auf die Wicklungsströme des Transformators richten. Wie im Fall der Wicklungsspannungen können die Wicklungsströme auf die gleiche Weise verstanden werden, wie wir es im vorherigen Abschnitt getan haben. Beginnen wir mit dem Magnetisierungsstrom. Jeder Transformator muss einen Magnetisierungsstrom ziehen, um den Fluss im Kern aufrechtzuerhalten. Um den Zustand zu simulieren, in dem die Wicklungsströme ungefähr gleich dem Magnetisierungsstrom sind, können wir die gleiche Strategie wie im vorherigen Abschnitt verwenden – den Lastwiderstand sehr groß machen, um den Laststrom vernachlässigbar zu machen. Wenn Wicklung 1 erregt wird und die Last an Wicklung 2 angeschlossen ist, können wir den Lastwiderstand von $R_l = 1000\,\Omega$ auf $R_l = 1.000.000\ \Omega$ erhöhen.

Abb. 4.20 zeigt die Leerlaufquellen- und Lastströme des Transformators. Der Laststrom i_l ist vernachlässigbar, da wir den Lastwiderstand auf 1 MΩ erhöht haben. Der Quellenstrom i_s versorgt den Verlust in den Widerständen R_{c1} und

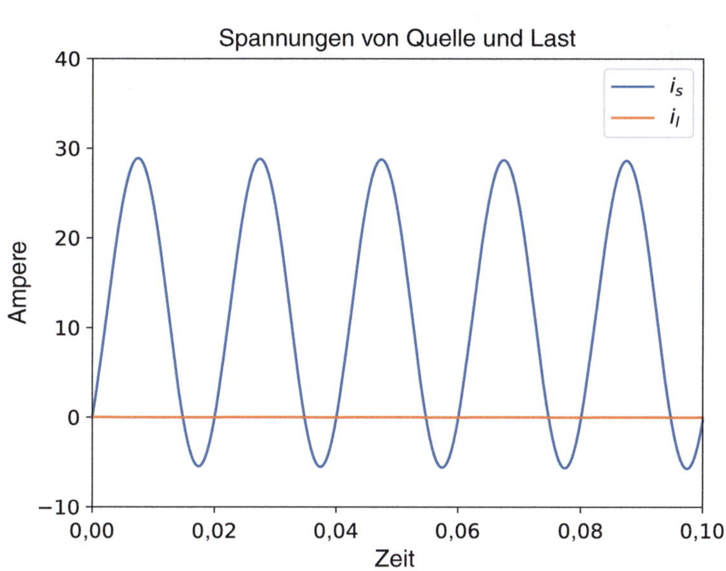

Abb. 4.20 Leerlaufstrom des Transformators

R_{c2} und den Magnetisierungsstrom i_m des Transformators. Der Leerlaufstrom hat eine Gleichstromversatz, da wir die Quellenspannung als Sinuswelle gewählt haben. Der Quellenstrom i_s hat einen Spitzenwert von etwa 30A, was zunächst ungewöhnlich erscheinen mag. Unter Berücksichtigung des Gleichstromversatzes im Quellenstrom beträgt der Wechselstromspitzenwert des Quellenstroms etwa 15 A, was einem Effektivwert von etwa 10,6 A entspricht. Der Nennstrom in der Primärwicklung hat jedoch einen Effektivwert von 416,67 A, was bedeutet, dass der Leerlaufstrom nur 2,5 % des Nennstroms beträgt. Da die Selbstinduktivität der Transformatorwicklung so ausgelegt ist, dass der gezogene Strom 2 % des Nennstroms beträgt, sind diese Zahlen nur zu erwarten. Der Leser wird ermutigt, die Simulation zu wiederholen, während Wicklung 2 mit einer 11 kV Effektivspannungsquelle erregt wird und ein großer Widerstand in Wicklung 1 angeschlossen wird. Der Leerlaufstrom sollte ebenfalls etwa 2 bis 2,5 % des Nennstroms (9,09 A) von Wicklung 2 betragen.

Wenn wir den Lastwiderstand, der an Wicklung 2 angeschlossen ist, wieder auf seinen normalen Wert von 1000 Ω zurücksetzen, werden die Ströme sein wie in den Abb. 4.17 und 4.19 gezeigt. Der Strom i_l, der von der Last gezogen wird, resultiert in einem Wicklungsstrom i_2. Aus den Abb. 4.6 und 4.5 geht hervor, dass dieser Wicklungsstrom eine entmagnetisierende Wirkung auf den Kernfluss haben wird. Dies wurde im vorherigen Kapitel ausführlich diskutiert, als die Punktpolaritäten und die magnetische Kopplung beschrieben wurden. Wie im vorherigen Abschnitt ist der Kernfluss jedoch hauptsächlich durch die Spannung v_1 bestimmt, die die Wicklung 1 des Transformators speist:

$$\phi = \frac{1}{N_1} \int (v_1 - i_1 r_1) dt \approx \frac{1}{N_1} \int v_1 dt \tag{4.59}$$

Die obige Annäherung impliziert, dass sich der Fluss nicht signifikant mit dem Wicklungsstrom i_1 ändern wird, sondern ungefähr unbeeinflusst vom Stromfluss in der Wicklung bleibt. Wie im vorherigen Abschnitt kann der Kernfluss ausgedrückt werden als

$$\phi = \frac{N_1 i_s - N_2 i_l}{R} \tag{4.60}$$

wo R die Reluktanz des Kerns ist. Im vorherigen Leerlauffall, mit dem Quellenstrom, der ungefähr gleich dem Magnetisierungsstrom ist:

$$\phi \approx \frac{N_1 i_m}{R} \tag{4.61}$$

Wenn der Laststrom trotz einer entmagnetisierenden Wirkung auf den Kern den Kernfluss nicht ändert, würde dies implizieren, dass die entmagnetisierende Wirkung des Laststroms durch eine andere Komponente im Quellenstrom aufgehoben wird:

$$\phi = \frac{N_1 i_m + N_1 i_l' - N_2 i_l}{R} \tag{4.62}$$

In dem obigen Ausdruck ist der Strom i'_l der Laststrom i_l, bezogen auf Wicklung 1. Wie im vorherigen Abschnitt besprochen, ist ein bezogener Strom lediglich der Strom in einer Wicklung, der auf eine andere Wicklung bezogen wird, sodass die Ampere-Windungen des bezogenen Stroms gleich dem ursprünglichen Strom sind [4, 5, 8, 9]. Daher gilt

$$N_1 i'_l = N_2 i_l \tag{4.63}$$

Im vorherigen Abschnitt hatten wir dieses Ergebnis erreicht. Da jedoch beide Wicklungen die gleiche Anzahl von Windungen hatten, war im vorherigen Abschnitt der bezogene Laststrom i'_l gleich i_l. In diesem Simulationsfall, mit einem Windungsverhältnis von $\frac{N_2}{N_1} = 45.83$, wird der bezogene Laststrom i'_l 45,83-mal der Laststrom i_l sein. Als Ergebnis, obwohl der Laststrom aufgrund der Werte von $R_l = 1000\,\Omega$ und $L_l = 3$H lediglich etwa 9A beträgt, beträgt der bezogene Laststrom etwa 450 A. Aus den Abb. 4.17 und 4.19 kann nun der Quellenstrom erklärt werden.

Um die Diskussion über Transformatoren mit einem Windungsverhältnis abzuschließen, simulieren wir auch einen Step-down-Transformator, bei dem die maximale Nennspannung von Wicklung 2 niedriger ist als die von Wicklung 1. Obwohl solche Transformatoren für eine Vielzahl von Anwendungen verwendet werden können, betrachten wir einen Step-down-Transformator, der oft in Steuerungsanwendungen verwendet wird, um Stromversorgungen für Steuerschaltungen in Leistungswandlern zu erzeugen [2, 7]. Nehmen wir an, dass Wicklung 1 des Transformators mit einer Wechselstromversorgung von 240 V, 50 Hz, gespeist wird. Als Beispiel nehmen wir an, dass wir diesen Transformator verwenden möchten, um eine 5 V Stromversorgung zu erzeugen. In einem solchen Fall kann Wicklung 2 des Transformators eine maximale Bewertung von 12 V haben. An diese Wicklung könnten wir einen einfachen Diodengleichrichter anschließen, der die Wechselspannung an den Wicklungsklemmen in eine unkontrollierte Gleichspannung umwandelt, die weiter durch einen beliebigen Gleichstrom-Gleichstrom-Wandler wie einen Buck-Wandler, Flyback-Wandler oder einen Vorwärts-Wandler geregelt wird. In diesem Stadium simulieren wir nicht die Leistungselektronik, sondern nur den Transformator. Diese Simulation finden Sie im Ordner `step_down_transformer` innerhalb von `chapter4_transformers` im folgenden Link im Simulations-Repository:

https://github.com/opensourceelectrical/simulating-magnetics-for-power- electronics

Wie bei der Simulation des Step-up-Transformators definieren wir die Parameter des Step-down-Transformators. Da dieser Step-down-Transformator für Steuerungszwecke verwendet wird, benötigen wir keine große Leistungsbewertung. Eine maximale Leistungsbewertung von 100 VA sollte für die meisten Steuerschaltungen, die in Leistungselektronikanwendungen verwendet werden, ausreichend sein. Wir können die Schaltungstopologie von Abb. 4.6 verwenden. Die Speiseimpedanz, die die Quellenspannung mit Wicklung 1 verbindet, kann auf dem gleichen Wert wie bei der vorherigen Simulation bleiben, bei $R_s = 0{,}02\,\Omega$, $L_s = 0{,}0001$ H. Die an Wicklung 2 angeschlossene Last muss einen solchen Wert haben, dass die von der Last aufgenommene Leistung weniger als 100 VA bei einer Klemmenspannung von 12 V RMS beträgt. Wir können die Lastimpedanz auf $R_l = 1\,\Omega$, $L_l = 0{,}003$ H wählen.

Wie bei der Simulation des Step-up-Transformators müssen in dem Transformatormodell nur die am Anfang der Datei definierten Parameter geändert werden:

```
import math
dt  =   1,0 e-6
VArated  =  100,0
V1rated  =  240,0
V2rated  =  12,0
frated   =  50,0
omega_rated  =  2*math . pi * frated
```

Die Berechnung der äquivalenten Schaltkreisparameter, die Vereinfachung der Matrixgleichungen und die numerische Integration bleiben gleich.

Die Abb. 4.21 und 4.22 zeigen die Simulationsergebnisse mit dem Step-down-Transformator. Wie aus Abb. 4.21 ersichtlich ist, ist die Spannung v_2, die an der Wicklung 2 verfügbar ist, ein Bruchteil der Spannung v_1, die an Wicklung 1 verfügbar ist. Andererseits wird der von der Last gezogene Strom i_l auf Wicklung 1 bezogen und kann als

$$i_l' = \frac{N_2}{N_1} i_l \tag{4.64}$$

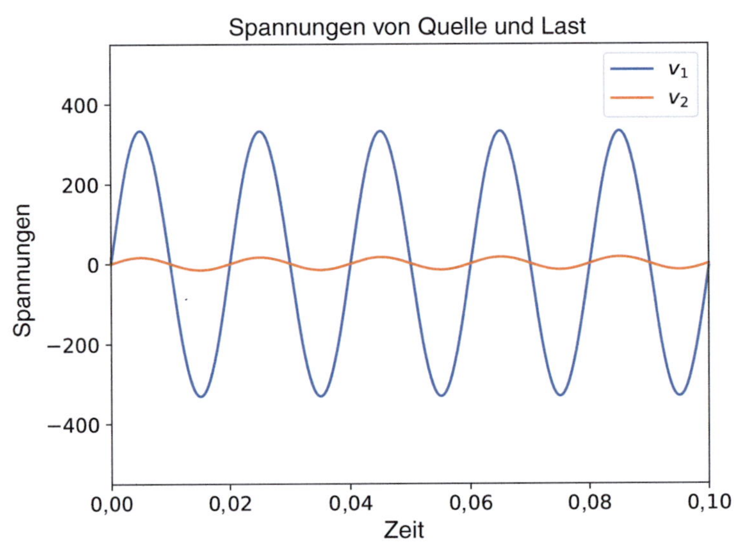

Abb. 4.21 Step-down-Transformator, Quell- und Lastspannungen

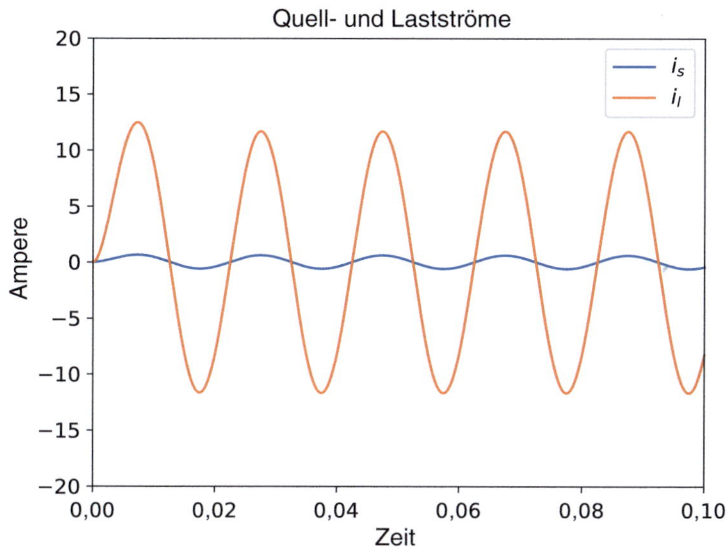

Abb. 4.22 Step-down-Transformator, Quell- und Lastströme

Da der Transformator ein Step-down-Transformator ist, ist $\frac{N_2}{N_1} < 1$, und daher ist der Quellstrom i_s nur ein Bruchteil des Laststroms i_l. Die für den Step-up-Transformator durchgeführte Analyse kann auch für den Step-down-Transformator wiederholt werden. Diese Übung wird dem Leser überlassen.

In diesem Abschnitt haben wir Transformatoren simuliert, bei denen die Wicklungen nicht die gleiche maximale Spannungsbewertung hatten und daher Windungsverhältnisse hatten, die von 1 abwichen. In einer Vielzahl von Anwendungen werden Transformatoren verwendet, um entweder die Spannung von einem Generator zu erhöhen oder die Spannung von einem Zuführer zu einer Last zu verringern. Daher wird das Verständnis des Betriebs von Step-up- und Step-down-Transformatoren aus den Grundgesetzen der Physik diese sehr häufige Anwendung des Transformators klarer machen. Bis jetzt hatten die simulierten Transformatoren immer zwei Wicklungen. In einer Reihe von Fällen können Transformatoren jedoch mehr als zwei Wicklungen haben. In solchen Fällen kann eine einzige Versorgung verwendet werden, um Lasten mit sehr unterschiedlichen Spannungen zu versorgen. Dies wird im nächsten Abschnitt besprochen.

4.7 Mehrwicklungstransformatoren

In den letzten Abschnitten haben wir eine Reihe von Transformatoren simuliert und sie im Detail analysiert. Der Zweck dieser Simulationen bestand darin zu zeigen, wie die Grundgesetze der Physik sowohl zur Simulation von Trans-

Abb. 4.23 Transformator mit vier Wicklungen

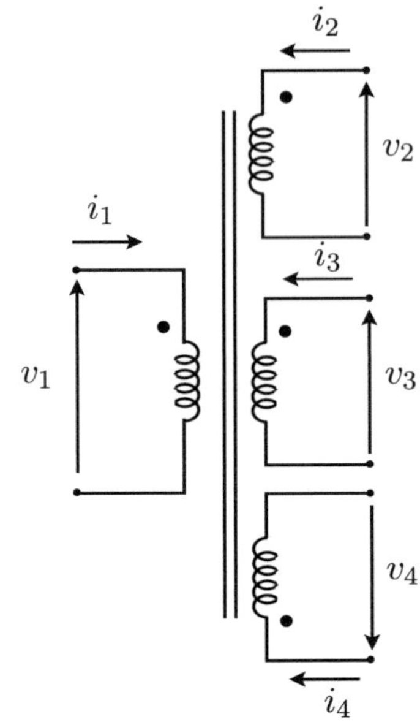

formatoren als auch zum Verständnis ihres Verhaltens verwendet werden können. In diesem Abschnitt werden wir einen Transformator mit mehr als zwei Wicklungen simulieren. Solche Mehrwicklungstransformatoren werden häufig verwendet, wenn Stromversorgungen für Steuerschaltungen entworfen werden, da die meisten Steuerschaltungen mehrere Spannungen wie 5 V, 9 V, 12 V usw. benötigen [4, 5, 8, 9]. Ein Beispiel für einen Flyback-Konverter wird im nächsten Kapitel beschrieben, in dem eine einzige Quelle verwendet werden kann, um eine Reihe von isolierten Stromversorgungen zu erzeugen. Neben Stromversorgungen ist die Simulation von Mehrwicklungstransformatoren für die Simulation von Dreiphasentransformatoren unerlässlich, die den Großteil der in der Stromversorgung verwendeten Transformatoren ausmachen [4, 5, 8, 9].

Die Simulation eines Mehrwicklungstransformators ist eine bloße Erweiterung der Simulation eines Zweiwicklungstransformators. Abb. 4.23 zeigt einen Transformator mit vier Wicklungen. Es ist wichtig zu beachten, dass die Anordnung der Wicklungen in Abb. 4.23 nicht bedeutend ist. Wir hätten die vier Wicklungen auf jede beliebige Weise anordnen können – alle in einer vertikalen Linie, zwei links und zwei rechts usw. Physisch handelt es sich dabei um Spulen, die auf einen Kern gewickelt sind, und die genauen Konstruktionsdetails könnten sehr unterschiedlich sein. Dies liegt daran, dass das Hauptziel bei einem Transformator darin besteht, eine maximale Leistungsübertragung zwischen den Wicklungen zu erreichen. Das Schema von Abb. 4.23 dient lediglich der Bequemlichkeit der Analyse eines Transformators in einer Schaltung.

Wir könnten das Kirchhoffsche Spannungsgesetz für jede Wicklung verwenden:

$$v_1 - i_1 r_1 - \frac{d\psi_1}{dt} = 0 \tag{4.65}$$

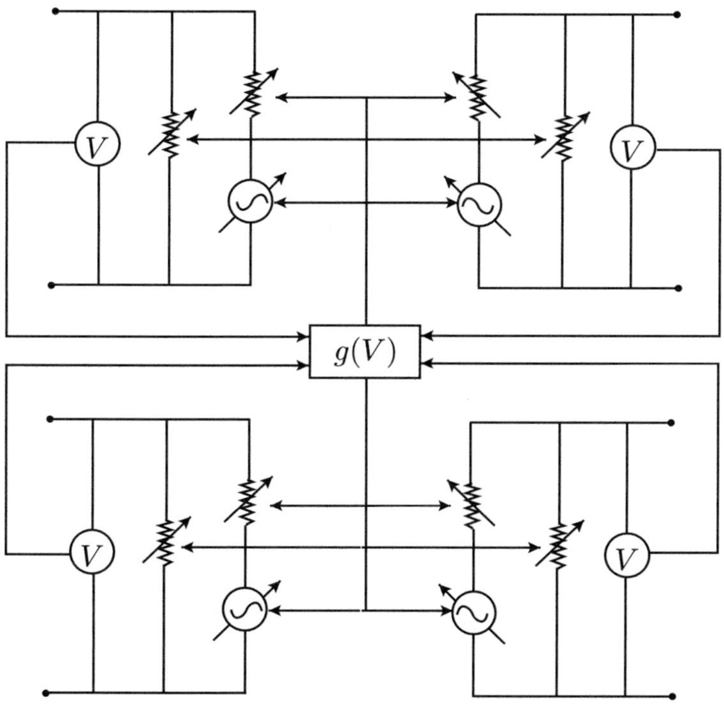

Abb. 4.24 Simulationsmodell des Vierwickeltransformators

$$v_2 - i_2 r_2 - \frac{d\psi_2}{dt} = 0 \tag{4.66}$$

$$v_3 - i_3 r_3 - \frac{d\psi_3}{dt} = 0 \tag{4.67}$$

$$v_4 - i_4 r_4 - \frac{d\psi_4}{dt} = 0 \tag{4.68}$$

Aus Abb. 4.23 hat die vierte Wicklung im Gegensatz zu den anderen Wicklungen einen Punkt am unteren Anschluss. Die KVL-Gleichung kann jedoch auf die gleiche Weise geschrieben werden, aufgrund der Richtungen des Stroms i_4 und der Spannung v_4.

Die Flussverknüpfungen der Wicklungen können in Bezug auf die Selbstinduktivitäten der Wicklungen und die gegenseitigen Induktivitäten zwischen den Wicklungen wie folgt ausgedrückt werden:

$$\psi_1 = L_1 i_1 + M_{12} i_2 + M_{13} i_3 + M_{14} i_4 \tag{4.69}$$

$$\psi_2 = M_{12}i_1 + L_2i_2 + M_{23}i_3 + M_{24}i_4 \tag{4.70}$$

$$\psi_3 = M_{13}i_1 + M_{23}i_2 + L_3i_3 + M_{34}i_4 \tag{4.71}$$

$$\psi_4 = M_{14}i_1 + M_{24}i_2 + M_{34}i_3 + L_4i_4 \tag{4.72}$$

In der vorherigen Simulation hatten wir eine einzige gegenseitige Induktivität für die Wicklungen, die als Flussverknüpfung definiert wurde, die in einer Wicklung aufgrund des in einer anderen Wicklung fließenden Stroms erzeugt wurde. Daher können wir gegenseitige Induktivitäten für jedes Paar von Wicklungen x und y definieren und wir können den Ausdruck weiterhin verwenden:

$$M_{xy} = k\sqrt{L_xL_y} \tag{4.73}$$

In dem obigen Ausdruck ist k der Kopplungsfaktor zwischen den beiden Wicklungen. Dieser Kopplungsfaktor berücksichtigt nicht den Flussverlust, da wir eine separate Leckinduktivität berechnen werden, die Teil der Selbstinduktivität ist. Der Kopplungsfaktor ist lediglich ein Hinweis auf den Anteil des von einer Wicklung erzeugten Flusses, der mit einer anderen Wicklung verknüpft ist. Bei Dreiphasentransformatoren, die im nächsten Kapitel besprochen werden, können Wicklungen auf getrennten Gliedern des Transformators gewickelt sein, wodurch nur ein Teil des von der Wicklung erzeugten Flusses mit einer anderen Wicklung verknüpft sein kann. An diesem Punkt können wir eine einfache rechteckige Kernkonstruktion annehmen, bei der der gesamte von einer Wicklung erzeugte Fluss vollständig mit den anderen Wicklungen verknüpft ist, wodurch der Kopplungsfaktor k für alle gegenseitigen Induktivitäten gleich 1 ist.

Wir könnten die Spannungsgleichungen als Matrixgleichung wie folgt umschreiben:

$$\begin{bmatrix} v_1 \\ v_2 \\ v_3 \\ v_4 \end{bmatrix} = \begin{bmatrix} r_1 & 0 & 0 & 0 \\ 0 & r_2 & 0 & 0 \\ 0 & 0 & r_3 & 0 \\ 0 & 0 & 0 & r_4 \end{bmatrix} \begin{bmatrix} i_1 \\ i_2 \\ i_3 \\ i_4 \end{bmatrix} + \begin{bmatrix} L_1 & M_{12} & M_{13} & M_{14} \\ M_{12} & L_2 & M_{23} & M_{24} \\ M_{13} & M_{23} & L_3 & M_{34} \\ M_{14} & M_{24} & M_{34} & L_4 \end{bmatrix} \frac{d}{dt} \begin{bmatrix} i_1 \\ i_2 \\ i_3 \\ i_4 \end{bmatrix} \tag{4.74}$$

Wenn wir diese Matrixgleichung mit der Matrixgleichung für den Zweiwicklungstransformator vergleichen würden, ist es ziemlich klar, dass das Modell lediglich eine Erweiterung des Zweiwicklungstransformators mit größeren Matrizen ist. Darüber hinaus hat die Induktivitätsmatrix eine ziemlich gut definierte Konstruktion – symmetrisch mit den Diagonalelementen, die die Selbstinduktivitäten sind, und den außerdiagonalen Elementen, die die gegenseitigen Induktivitäten sind. Mit dieser Matrixgleichung können wir ziemlich komplexe Transformatoren mit mehreren Wicklungen simulieren, ohne viel Änderungen am mathematischen Modell und seiner Lösung vornehmen zu müssen.

Im mathematischen Modell lösen wir die obige Matrixgleichung und die resultierenden Ströme würden dann durch die übliche Kombination von steuerbaren

Spannungsquellen in Reihe mit variablen Widerständen dargestellt. Abb. 4.24 zeigt, wie jede Transformatorwicklung als Block modelliert wird, der aus einer steuerbaren Spannungsquelle in Reihe mit einem variablen Widerstand besteht; die Wicklungsendspannung wird von einem Voltmeter gemessen. Das Modell erhält als Eingaben die Wicklungsendspannungen v_1, v_2, v_3, v_4 und erzeugt Signale für die Wicklungsströme i_1, i_2, i_3, i_4. Diese Wicklungsströme werden erreicht, indem die Spannungsausgänge der steuerbaren Spannungsquellen in Bezug auf die gemessenen Wicklungsendspannungen und die Reihenwiderstände angepasst werden.

Lassen Sie uns die Details bei der Simulation eines Mehrwickeltransformators beschreiben, indem wir eine Simulation eines Vierwickeltransformators durchführen, wie in Abb. 4.23 gezeigt. Diese Simulation finden Sie im Ordner `multiwinding_transformer` innerhalb von `chapter4_transformers` im folgenden Link im Simulations-Repository:

https://github.com/opensourceelectrical/simulating-magnetics-for-power- electronics

Betrachten wir die folgenden maximalen Nennspannungen – 240 V RMS für Wicklung 1, 240 V RMS für Wicklung 2, 480 V RMS für Wicklung 3 und 120 V RMS für Wicklung 4. Daher haben wir ein 1:1 Windungsverhältnis zwischen Wicklung 1 und 2, ein 1:2 Windungsverhältnis zwischen Wicklung 1 und 3 und ein 2:1 Windungsverhältnis zwischen Wicklung 1 und Wicklung 4. Lassen Sie uns Wicklung 1 mit einer 240 V, 50 Hz Wechselstrom-Einphasenversorgung versorgen und Lasten an alle anderen Wicklungen anschließen. Daher wäre das Ziel eines solchen Transformators, verschiedene Lasten auf verschiedenen Spannungsebenen zu versorgen. Da wir insgesamt drei Lasten haben, wählen wir die maximale Leistungsbewertung dieses Transformators auf 30 kVA – das Dreifache des zuvor simulierten Zweiwickeltransformators.

Wir können diese Spezifikationen des Transformators am Anfang der Python-Datei wie folgt definieren:

```
import math
dt = 1.0 e-6
VArated = 30000.0
V1rated = 240.0
V2rated = 240.0
V3rated = 480.0
V4rated = 120.0
frated = 50.0
omega_rated = 2*math . pi * frated
```

Wir haben lediglich die Bewertungen für die dritte und vierte Wicklung hinzugefügt. Wir können fortfahren, die maximalen Strombewertungen und die Nennimpedanz für alle Wicklungen zu berechnen:

```
I1rated   = VArated / V1rated
I2rated   = VArated / V2rated
I3rated   = VArated / V3rated
I4rated   = VArated / V4rated
Z1rated  = V1rated /  I1rated
Z2rated  = V2rated /  I2rated
Z3rated  = V3rated /  I3rated
Z4rated  = V4rated /  I4rated
```

Aus den obigen Berechnungen muss betont werden, dass die maximale Strombewertung jeder Wicklung berechnet wird, unter der Annahme, dass die Wicklung die maximale Nennleistung überträgt. In unserer spezifischen Anwendung ist das nicht der Fall, da nur Wicklung 1 die maximale Nennleistung liefert, während alle anderen Wicklungen eine Last versorgen, die nur einen Bruchteil der gesamten Leistungsbewertung des Transformators ausmacht. Bei der Konstruktion und Simulation eines Transformators unterscheiden wir jedoch normalerweise nicht zwischen Wicklungen als Quell- und Lastwicklungen. Jede Wicklung könnte erregt werden und Lasten versorgen, die an den anderen Wicklungen angeschlossen sind. Daher wird der maximale Nennstrom für jede Wicklung berechnet, unter der Annahme, dass die gesamte maximale Nennleistung des Transformators von der Wicklung geliefert wird.

Mit diesen Basisberechnungen können die Parameter der Transformatoräquivalentschaltung wie folgt berechnet werden:

```
L1  =  50.0 * Z1rated / omega_rated
L2  =  50.0 * Z2rated / omega_rated
L3  =  50.0 * Z3rated / omega_rated
L4  =  50.0 * Z4rated / omega_rated
Ll1  =  0.02 * Z1rated / omega_rated
Ll2  =  0.02 * Z2rated / omega_rated
Ll3  =  0.02 * Z3rated / omega_rated
Ll4  =  0.02 * Z4rated / omega_rated
Lm1   =  L1 -  Ll1
Lm2   =  L2 -  Ll2
Lm3   =  L3 -  Ll3
Lm4   =  L4 -  Ll4
M12  =  math . sqrt (Lm1  *  Lm2)
M13  =  math . sqrt (Lm1  *  Lm3)
M14  =  math . sqrt (Lm1  *  Lm4)
M23  =  math . sqrt (Lm2  *  Lm3)
M24  =  math . sqrt (Lm2  *  Lm4)
M34  =  math . sqrt (Lm3  *  Lm4)
r1  =  0.01 * Z1rated
r2  =  0.01 * Z2rated
```

```
r3 = 0.01 * Z3rated
r4 = 0.01 * Z4rated
Rc1 = V1rated * V1rated / (0.01 *VArated)
Rc2 = V2rated * V2rated / (0.01 *VArated)
Rc3 = V3rated * V3rated / (0.01 *VArated)
Rc4 = V4rated * V4rated / (0.01 *VArated)
res_output1 = 100.0 * Z1rated
res_output2 = 100.0 * Z2rated
res_output3 = 100.0 * Z3rated
res_output4 = 100.0 * Z4rated
```

Mit den Parametern des äquivalenten Transformatorschaltkreises können die Matrizen in der Matrixgleichung wie folgt geschrieben werden:

```
Wicklungsströme = [ 0 . 0 , 0.0 , 0.0 , 0 . 0 ]
L = [
    [ L1 , M12, M13, M14] ,
    [M12, L2 , M23, M24] ,
    [M13, M23, L3 , M34] ,
    [M14, M24, M34, L4 ]
]
R = [
    [ r1 , 0.0 , 0.0 , 0 . 0 ] ,
     [ 0 . 0 , r2 , 0.0 , 0 . 0 ] ,
     [ 0 . 0 , 0.0 , r3 , 0 . 0 ] ,
     [ 0 . 0 , 0.0 , 0.0 , r4 ]
]
V = [ v1 , v2 , v3 , v4 ]
```

Nach der Definition der Matrizen der Gleichung ist der Code zur Vereinfachung und numerischen Integration genau gleich wie zuvor. Nachdem die Wicklungsströme aktualisiert wurden, können die Ausgangsspannungen wie folgt berechnet werden:

```
vout1 = v1 - Wicklungsströme [ 0 ] * res_output1
vout2 = v2 - Wicklungsströme [ 1 ] * res_output2
vout3 = v3 - Wicklungsströme [ 2 ] * res_output3
vout4 = v4 - Wicklungsströme [ 3 ] * res_output4
```

Die Abb. 4.25 und 4.26 zeigen die Simulationsergebnisse des Vierwicklungstransformators. Die Spannungen v_1 und v_2 an den Wicklungen 1 und 2 sind ungefähr gleich, da beide Wicklungen das gleiche Übersetzungsverhältnis haben. Die Span-

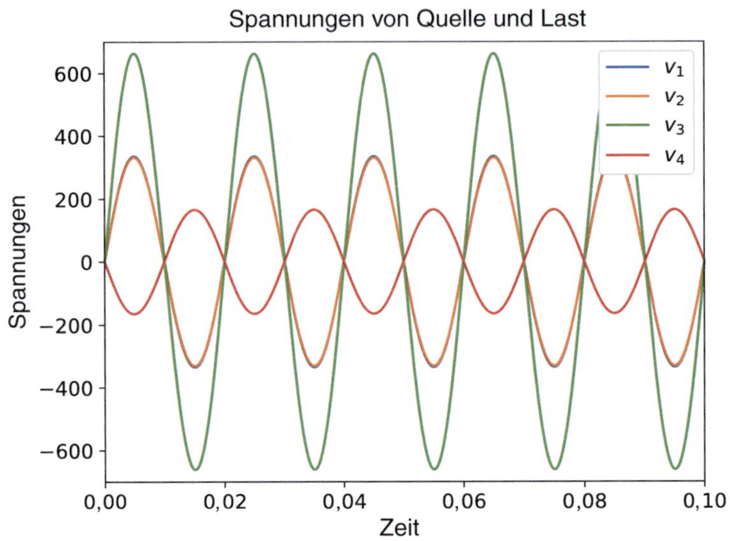

Abb. 4.25 Transformatorwicklungsspannungen

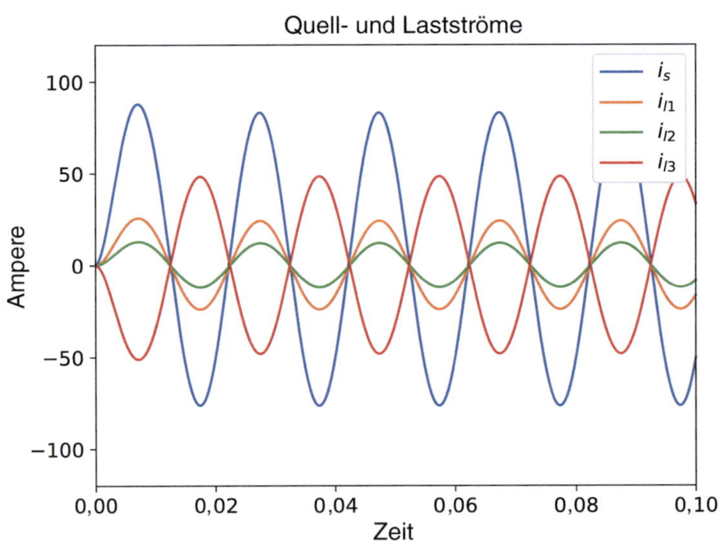

Abb. 4.26 Transformatorwicklungsströme

nung v_3 an der Wicklung 3 hat eine Größe, die doppelt so hoch ist wie die von v_1, da das Übersetzungsverhältnis zwischen Wicklung 3 und Wicklung 1 2:1 beträgt. Die Spannung v_4 an der Wicklung 4 hat eine Größe, die halb so groß ist wie die von v_1, da das Übersetzungsverhältnis zwischen Wicklung 4 und 1 1:2 beträgt.

Darüber hinaus ist die Spannung v_4 um 180° phasenverschoben in Bezug auf v_1, da die Punktpolarität der Wicklung 4 entgegengesetzt zu den anderen Wicklungen ist. Die Ströme in Abb. 4.26 können auch in Bezug auf die Übersetzungsverhältnisse zwischen den Transformatorwicklungen erklärt werden. Der von der Last gelieferte Strom i_s wird die Summe der übertragenen Ströme i'_{l1}, i'_{l2}, i'_{l3} sein, die von den an den Wicklungen 2, 3 und 4 angeschlossenen Lasten gezogen werden.

Bevor wir diesen Abschnitt und auch das Kapitel abschließen, optimieren wir das mathematische Modell des Transformators. Obwohl der Code, den wir verwenden, funktional ist, ist er ineffizient, da wir mehrere Berechnungen wiederholt in jedem Simulationsschritt durchführen, die nur einmal zu Beginn der Simulation durchgeführt werden müssen. Das Transformatormodell wird weitgehend durch die Konstruktion bestimmt, da sich die Ersatzschaltung eines Transformators nicht wesentlich ändern wird. Mit dem Altern des Transformators werden sich die Parameter ändern, da sich die Komponentenparameter mit dem Alter ändern. Diese Änderungen werden jedoch nicht sehr bedeutend sein und daher ist die Annahme, dass die Ersatzschaltung des Transformators gleichbleibt, nicht sehr unvernünftig und wird das Modell erheblich vereinfachen. Diese Simulation finden Sie im Ordner `simplified_transformer_model` innerhalb von `chapter4_transformers` im folgenden Link im Simulations-Repository:

https://github.com/opensourceelectrical/simulating-magnetics-for-power- electronics

Wir haben die Matrixgleichung von (4.74) vereinfacht und integriert. Lassen Sie uns eine Änderung an der Gleichung wie folgt vornehmen:

$$\begin{bmatrix} 1 & 0 & 0 & 0 \\ 0 & 1 & 0 & 0 \\ 0 & 0 & 1 & 0 \\ 0 & 0 & 0 & 1 \end{bmatrix} \begin{bmatrix} v_1 \\ v_2 \\ v_3 \\ v_4 \end{bmatrix} = \begin{bmatrix} r_1 & 0 & 0 & 0 \\ 0 & r_2 & 0 & 0 \\ 0 & 0 & r_3 & 0 \\ 0 & 0 & 0 & r_4 \end{bmatrix} \begin{bmatrix} i_1 \\ i_2 \\ i_3 \\ i_4 \end{bmatrix} + \begin{bmatrix} L_1 & M_{12} & M_{13} & M_{14} \\ M_{12} & L_2 & M_{23} & M_{24} \\ M_{13} & M_{23} & L_3 & M_{34} \\ M_{14} & M_{24} & M_{34} & L_4 \end{bmatrix} \frac{d}{dt} \begin{bmatrix} i_1 \\ i_2 \\ i_3 \\ i_4 \end{bmatrix} \tag{4.75}$$

Wir haben den Vektor der Wicklungsspannungen mit einer Einheitsmatrix multipliziert und daher bleibt die Gleichung unverändert. Durch diese Vorgehensweise werden die Zeilenoperationen im Prozess der Triangularisierung jedoch jetzt auf der Einheitsmatrix statt auf dem Vektor der Wicklungsspannungen durchgeführt:

```
B = [
      [1.0, 0.0, 0.0, 0.0],
      [0.0, 1.0, 0.0, 0.0],
      [0.0, 0.0, 1.0, 0.0],
      [0.0, 0.0, 0.0, 1.0]
]
für count1 in range(len(L)):
    wenn nicht L[count1][count1]:
        für count2 in range(count1+1, len(L)):
            wenn L[count2][count1]:
                L[count1], L[count2] = L[count2],
                L[count1]
```

```
                R[ count1 ] ,  R[ count2 ]  =  R[ count2 ]
          ,  R[ count1 ]
                B[ count1 ] ,  B[ count2 ]  =  B[ count2 ]
          ,  B[ count1 ]
               break
     wenn  L[ count1 ] [ count1 ] :
        für count2 in range ( count1+1,  len (L ) ) :
              comm_factor  =  L[ count2 ] [ count1 ]/L[ count1
          ] [ count1 ]
             für count3 in range ( len (L[ count1 ] ) ) :
                   L[ count2 ] [ count3 ]  -=   L [ count1 ]
          [ count3 ]* comm_factor
                   R[ count2 ] [ count3 ]  -=   R [ count1 ]
          [ count3 ]* comm_factor
                   B[ count2 ] [ count3 ]  -=   B [ count1 ]
          [ count3 ]* comm_factor
```

Die Matrizen **L**, **R**, **B** sind Konstanten, da wir annehmen, dass die Parameter des äquivalenten Transformatorschaltkreises Konstanten sind, die sich nach dem Design nicht ändern. Daher bleiben auch die Matrizen in der vereinfachten Gleichung konstant, sobald die Matrixgleichung vereinfacht wurde. Daher muss die Vereinfachung nur einmal in der Simulation durchgeführt werden, wodurch die Rechenlast erheblich reduziert wird. Bei jedem Simulationsschritt muss nur der Anfangswert während der Integration berechnet werden, anstatt ihn auf die Spannung zu initialisieren:

```
 #  k [ k_count ]  =  V[ count1 ]
k [ k_count ]  =  0.0
für count2 in range ( len (B) ) :
    k [ k_count ]  +=  B[ count1 ] [ count2 ]*V[ count2 ]
     . . . . .
     . . . . .
 #  winding_currents [ count1 ]  =  V[ count1 ]
winding_currents [ count1 ]  =  0.0
für count2 in range ( len (B) ) :
    winding_currents [ count1 ]  +=  B[ count1 ] [ count2 ]
    *V[ count2 ]
```

Mit diesen Änderungen, die sicherstellen, dass die Lösung nicht beeinträchtigt wird, müssen wir sicherstellen, dass die Vereinfachung der Matrizen nur einmal in der Simulation erfolgt. Dafür können wir eine statische Variable `init_simulation` definieren und einen Anfangswert von 1 geben, der bedeutet, dass zunächst die Parameter berechnet werden müssen. Wir können nun alle Anfangsberechnungen innerhalb dieser bedingten Überprüfung durchführen:

```
wenn  init_simulation  >  0:
    I1rated  =  VArated / V1rated
    I2rated  =  VArated / V2rated
    I3rated  =  VArated / V3rated
    I4rated  =  VArated / V4rated
    Z1rated  =  V1rated /  I1rated
    Z2rated  =  V2rated /  I2rated
    Z3rated  =  V3rated /  I3rated
    Z4rated  =  V4rated /  I4rated
    L1  =  50.0 * Z1rated / omega_rated
    L2  =  50.0 * Z2rated / omega_rated
    L3  =  50.0 * Z3rated / omega_rated
    L4  =  50.0 * Z4rated / omega_rated
    Ll1  =  0.02 * Z1rated / omega_rated
    Ll2  =  0.02 * Z2rated / omega_rated
  Ll3  =  0.02 * Z3rated / omega_rated
    Ll4  =  0.02 * Z4rated / omega_rated
    Lm1  =  L1 -  Ll1
    Lm2  =  L2 -  Ll2
    Lm3  =  L3 -  Ll3
    Lm4  =  L4 -  Ll4
    M12  =  math . sqrt (Lm1  *  Lm2)
    M13  =  math . sqrt (Lm1  *  Lm3)
    M14  =  math . sqrt (Lm1  *  Lm4)
    M23  =  math . sqrt (Lm2  *  Lm3)
    M24  =  math . sqrt (Lm2  *  Lm4)
    M34  =  math . sqrt (Lm3  *  Lm4)
    r1  =  0.01 * Z1rated
    r2  =  0.01 * Z2rated
    r3  =  0.01 * Z3rated
    r4  =  0.01 * Z4rated
    Rc1  =  V1rated * V1rated /  (0.01  *VArated)
    Rc2  =  V2rated * V2rated /  (0.01  *VArated)
    Rc3  =  V3rated * V3rated /  (0.01  *VArated)
    Rc4  =  V4rated * V4rated /  (0.01  *VArated)
    res_output1  =  100.0 * Z1rated
    res_output2  =  100.0 * Z2rated
    res_output3  =  100.0 * Z3rated
    res_output4  =  100.0 * Z4rated
    winding_currents  =  [ 0 . 0 ,  0.0 ,  0.0 ,  0 . 0 ]
  L  =  [
     [ L1 ,  M12,  M13,  M14] ,
       [M12,  L2 ,  M23,  M24] ,
       [M13,  M23,  L3 ,  M34] ,
       [M14,  M24,  M34,  L4 ]
```

```
]
R = [
    [ r1 , 0.0 , 0.0 , 0 . 0 ] ,
    [ 0 . 0 , r2 , 0.0 , 0 . 0 ] ,
    [ 0 . 0 , 0.0 , r3 , 0 . 0 ] ,
    [ 0 . 0 , 0.0 , 0.0 , r4 ]
]
B = [
    [ 1 . 0 , 0.0 , 0.0 , 0 . 0 ] ,
    [ 0 . 0 , 1.0 , 0.0 , 0 . 0 ] ,
    [ 0 . 0 , 0.0 , 1.0 , 0 . 0 ] ,
    [ 0 . 0 , 0.0 , 0.0 , 1 . 0 ]
]
for count1 in range ( len (L ) ) :
    if not L[ count1 ] [ count1 ] :
        for count2 in range ( count1+1, len (L ) ) :
            if L[ count2 ] [ count1 ] :
                L[ count1 ] , L[ count2 ] = L[ count2 ] ,
L[ count1 ]
                R[ count1 ] , R[ count2 ] = R[ count2 ] ,
R[ count1 ]
                B[ count1 ] , B[ count2 ] = B[ count2 ] ,
B[ count1 ]
                break
    if L[ count1 ] [ count1 ] :
        for count2 in range ( count1+1, len (L ) ) :
            comm_factor = L[ count2 ] [ count1 ]/
L[ count1 ] [ count1 ]
            for count3 in range ( len (L[ count1 ] ) ) :
                L[ count2 ] [ count3 ] -= \
                        L[ count1 ] [ count3 ]* comm_
factor
                R[ count2 ] [ count3 ] -= \
                        R[ count1 ] [ count3 ]* comm_
factor
                B[ count2 ] [ count3 ] -= \
                        B[ count1 ] [ count3 ]* comm_
factor


init_simulation = -1
```

Die Berechnung der Parameter des äquivalenten Transformatorschaltkreises wird nun nur einmal zum allerersten Simulationszeitpunkt bei $t=0$ durchgeführt, wenn `init_simulation` gleich 1 ist. Nach der Berechnung der Parameter und der Vereinfachung der Matrizen setzen wir den Wert von `init_simulation` auf -1, um sicherzustellen, dass die Berechnungen nicht anschließend durchgeführt werden. Mit dieser Änderung werden jedoch viele der Variablen nach dem ersten Simulationszeitpunkt nicht mehr existieren. Dies liegt daran, dass in Python eine Variable erstellt wird, wenn ihr zum allerersten Mal ein Wert zugewiesen wird. Daher wird beispielsweise die Variable `I1rated` im allerersten Simulationszeitpunkt erstellt und erhält einen Wert gleich `VArated / V1rated`. In nachfolgenden Iterationen, wenn der bedingte Block nicht ausgeführt wird, wird `I1rated` nicht mehr erstellt und erscheint daher nirgendwo in der Steuerdatei. Dies ist ein Problem für bestimmte Variablen wie die Matrizen `L`, `R` und `B`, da diese in der numerischen Integration verwendet werden und daher für die gesamte Simulation existieren und den berechneten Wert beibehalten müssen. Um sicherzustellen, dass sie ihre berechneten Werte beibehalten, können sie als statische Variablen definiert und mit Dummy-Anfangswerten von 0 zugewiesen werden. In Python wird, wenn einer Variable ein Wert zugewiesen, aber als ein anderer Wert neu definiert wird, das alte Objekt zerstört und ein neues Objekt erstellt. Daher bedeutet die Definition von `L`, `R` und `B` als statische Variablen mit Anfangswerten von 0, aber später als Listen berechnet, dass sie für den Rest der Simulation ihre Werte als Listen beibehalten werden.

In diesem Abschnitt haben wir gezeigt, wie das mathematische Modell recht einfach erweitert werden kann, um Transformatoren mit mehreren Wicklungen zu simulieren. Die meisten Berechnungen in Bezug auf die Parameter des äquivalenten Schaltkreises sind lediglich Nachbildungen der grundlegenden Berechnungen für den Basistransformator mit zwei Wicklungen. Die endgültigen Matrizen in der Matrixgleichung haben eine gut definierte Struktur – Matrix `R` ist eine Diagonalmatrix mit den Diagonalelementen als Wicklungswiderstände und `B` ist eine Einheitsmatrix. Matrix `L` ist eine symmetrische Matrix mit den Diagonalelementen als Selbstinduktivitäten der Wicklungen und den außerdiagonalen Elementen als gegenseitige Induktivitäten zwischen den Wicklungen. Die abschließende Vereinfachung des Modells durch Minimierung der Berechnungen durch einmalige Initialisierung zu Beginn der Simulation trägt zur Verbesserung der Simulationsgeschwindigkeit bei. Dieses Simulationsmodell des Transformators wird im nächsten Kapitel verwendet, um einige ausgewählte fortgeschrittene Anwendungen von Transformatoren zu simulieren.

4.8 Schlussfolgerungen

In diesem Kapitel haben wir die in den vorherigen Kapiteln vorgestellten Simulationsmodelle zu einem Simulationsmodell eines Transformators erweitert. In Kap. 2 haben wir die grundlegenden Gesetze der Physik in ein sehr einfaches Simulationsmodell des Induktors umgewandelt, der eine der einfachsten magnetischen Komponenten in der Elektrotechnik ist. In Kap. 3 haben wir das grundlegende magnetische Modell eines Induktors erweitert, um magnetisch gekoppelte Induktoren zu simulieren. Ein Transformator in seiner grundlegendsten Form ist nur eine Reihe von magnetisch gekoppelten Induktoren. Daher ist das zugrunde liegende Simulationsmodell von magnetisch gekoppelten Spulen, das im vorherigen Kapitel vorgestellt wurde, auch für Transformatoren anwendbar. Der Unterschied liegt in den unterschiedlichen Spezifikationen des Transformators, da es sich um eine elektrische Maschine handelt, die oft für eine bestimmte Anwendung entworfen, gefertigt und hergestellt wird.

Das Kapitel beginnt mit einem Überblick über Transformatoren, ihre Bedeutung in der modernen Elektrotechnik und einige der wichtigsten Anwendungen von Transformatoren. Das Kapitel beschreibt, wie der Transformator als Maschine in einen äquivalenten Schaltkreis übersetzt werden kann. Die Parameter dieses äquivalenten Schaltkreises können entweder durch Laborversuche wie den Leerlauf- und den Kurzschlusstest bestimmt oder, wie im Kapitel gezeigt, geschätzt werden. Obwohl dies zu ungefähren Werten der Parameter des äquivalenten Transformatorschaltkreises führen kann, können vernünftige Schätzungen ein durchaus brauchbares Simulationsmodell eines Transformators erzeugen. Darüber hinaus hat der Prozess der Schätzung des äquivalenten Transformatorschaltkreises einen zusätzlichen Vorteil – wir können diese Schätzungen potenziell ändern, um zu bestimmen, wie sich ein Transformator verhält, wenn er sich durch Alterung ändern könnte.

Sobald der äquivalente Schaltkreis des Transformators bestimmt ist, ist klar, dass dieser äquivalente Schaltkreis als gekoppelte Induktoren betrachtet werden kann. Daher können die Parameter des äquivalenten Schaltkreises auf das im vorherigen Kapitel bereits abgeleitete Simulationsmodell von gekoppelten Induktoren übertragen werden. Es werden Simulationen mehrerer Transformatoren vorgestellt, sodass wir in verschiedenen Fällen nicht nur die Spezifikationen des Transformators in das Simulationsmodell übersetzt haben, sondern auch die Auswirkungen der Transformatorspezifikationen auf die Art der Parameter untersucht haben. Dies gilt insbesondere für Step-up- und Step-down-Transformatoren, bei denen klar ist, dass die elektrischen Systeme auf den verschiedenen Wicklungen des Transformators völlig unterschiedlich sind. Dies gibt uns einen Einblick in die Rolle der Transformatoren im modernen Stromnetz, wo Transformatoren die Erzeugungs-, Übertragungs- und Verteilungssysteme verbinden.

Mit Hilfe von Simulationen haben wir uns intensiv mit dem Betrieb von Transformatoren beschäftigt. Wir verwenden Simulationen, um den Leerlaufbetrieb des Transformators zu untersuchen, bei dem wir zwischen den Kernverlustkomponenten des Stroms und dem Magnetisierungsstrom des Transformators unterscheiden. Wir verwenden Theorie und Simulationen, um zu beschreiben, warum ein Transformator zu jeder Zeit einen Magnetisierungsstrom ziehen muss. Wir haben auch untersucht, wie der Kernfluss des Transformators hauptsächlich durch die anregende Spannung und in viel geringerem Maße durch die Wicklungsströme bestimmt wird. Darüber hinaus untersuchen wir auch die Auswirkungen der Wicklungsströme auf den Kernfluss und wie Wicklungsströme mit Hilfe des Übersetzungsverhältnisses des Transformators transformiert werden können. Wir betonen die Tatsache, dass neben dem Magnetisierungsstrom des Transformators jeder andere Strom, der in einer anderen Wicklung fließt, zu einem transformierten

Strom in der anderen Wicklung führen wird, da die MMK der Wicklungen ausgeglichen sein müssen.

Um zu betonen, wie flexibel und skalierbar die verwendeten Simulationsmodelle sind, haben wir eine Reihe von verschiedenen Transformatortypen simuliert. Wir haben gezeigt, wie die Simulation von Step-up- und Step-down-Transformatoren nichts weiter benötigt als modifizierte Transformatorspezifikationen im Simulationsmodell, während alle anderen Berechnungen unberührt bleiben. Darüber hinaus haben wir auch Multiwicklungstransformatoren simuliert und gezeigt, wie ein Transformator mit mehreren Wicklungen lediglich größere Systemmatrizen benötigt, wobei die meisten dieser Matrizen intuitiv sind und eine gut definierte Struktur haben. Im vorherigen Kapitel hatten wir bereits die endgültige Differentialgleichung von magnetisch gekoppelten Systemen als Matrixgleichung ausgedrückt, die es uns ermöglicht, einen wiederholbaren Algorithmus zur Vereinfachung der Matrizen und zur numerischen Integration zu implementieren.

Obwohl wir in diesem Kapitel eine Reihe von verschiedenen Transformatoren simuliert haben, werden wir im nächsten Kapitel diese Simulationsmodelle verwenden, um einige Transformatoren zu simulieren, die oft in der Elektrotechnik vorkommen. Einige Beispiele dafür sind Dreiphasentransformatoren, die den Großteil des modernen Stromnetzes ausmachen. Darüber hinaus werden wir auch die Anwendung von Hochfrequenztransformatoren in einer Leistungselektronikanwendung untersuchen. Wir werden ein Netzteil bestehend aus einem Flyback-Konverter betrachten und durch Simulationen zeigen, wie selbst unter Berücksichtigung des hochgradig nichtlinearen Verhaltens von Leistungselektronikwandlern das zugrunde liegende Prinzip des Transformatorbetriebs gleichbleibt.

Literatur

1. P. Smith and D. Pollard, "The role of computer simulations in engineering education," *Computers & Education*, vol. 10, no. 3, pp. 335–340, 1986. [Online]. Available: https://www.sciencedirect.com/science/article/pii/0360131586900023
2. W. Hurley and W. Wölfe, *Transformers and Inductors for Power Electronics: Theory, Design and Applications*, 1st ed. Wiley, 2013.
3. A. Witulski, "Introduction to modeling of transformers and coupled inductors," *IEEE Transactions on Power Electronics*, vol. 10, no. 3, pp. 349–357, 1995.
4. J. Winders, *Power Transformers: Principles and Applications*, 1st ed. CRC Press, 2002.
5. E. I. Amoiralis, M. A. Tsili, and A. G. Kladas, "Transformer design and optimization: A literature survey," *IEEE Transactions on Power Delivery*, vol. 24, no. 4, pp. 1999–2024, 2009.
6. D. Kothari and I. Nagrath, *Power System Engineering*, ser. McGraw Hill Education. Tata McGraw-Hill, 2008. [Online]. Available: https://books.google.de/books?id=yPPYGD88UR0C.
7. V. C. Valchev and A. V. den Bossche, *Inductors and Transformers for Power Electronics*, 1st ed. CRC Press, 2005.
8. B.-K. Chen and B.-S. Guo, "Three phase models of specially connected transformers," *IEEE Transactions on Power Delivery*, vol. 11, no. 1, pp. 323–330, 1996.
9. A. D. Theocharis, J. Milias-Argitis, and T. Zacharias, "Three-phase transformer model including magnetic hysteresis and eddy currents effects," *IEEE Transactions on Power Delivery*, vol. 24, no. 3, pp. 1284–1294, 2009.

Kapitel 5
Anwendungen von Transformatoren

5.1 Einführung

Im vorherigen Kapitel hatten wir Simulationsmodelle für Transformatoren vorgestellt und ihren Betrieb anhand von Simulationsergebnissen analysiert. Die jedoch im Detail untersuchten Transformatoren waren Zweiwickeltransformatoren, die typischerweise für Einphasenanwendungen verwendet werden. Die Hauptanwendung von Transformatoren besteht in der Verwendung als Dreiphasentransformatoren im Stromnetz [4, 5, 9]. Obwohl die Simulationsmodelle des vorherigen Kapitels auf die Simulation von Dreiphasentransformatoren erweitert werden können, gibt es einige Aspekte von Dreiphasentransformatoren, die nicht sofort offensichtlich sind. In diesem Kapitel werden wir die Simulation von Dreiphasentransformatoren behandeln, um das Material in diesem Buch vollständiger zu machen.

Die Simulation von Dreiphasentransformatoren ist eine Erweiterung der bereits im vorherigen Kapitel beschriebenen Simulation von Mehrwickeltransformatoren. Um jedoch irgendeine Dreiphasenmaschine zu simulieren, ob einen Transformator oder einen Generator, muss ein bestimmtes Detail der Konstruktion bekannt oder angenommen werden [11–15]. In diesem Kapitel werden wir das Konzept von Dreiphasensystemen einführen und wie die Wicklungen eines Dreiphasentransformators verbunden werden können. Darüber hinaus werden wir auch untersuchen, wie die Wicklungen des Transformators auf den Kern gewickelt werden können, und wie dies das Simulationsmodell des Transformators beeinflusst.

Wir werden verschiedene Dreiphasentransformatoren mit unterschiedlichen Verbindungstypen simulieren, um einige der am häufigsten verwendeten Transformatoren im Stromnetz abzudecken [11–15]. In allen Simulationen ist das zugrunde liegende Simulationsmodell dasselbe wie das grundlegende Simulationsmodell des Transformators, das im vorherigen Kapitel vorgestellt wurde, mit Ausnahme der Spezifikationen des Transformators, die sich ändern werden. Wir werden die Stern-Stern- und Delta-Stern-Transformatoren simulieren. Wir werden auch diskutieren, wie Verteilungssysteme, die einen Neutralleiter zur

S. V. Iyer, *Modellierung und Python-Simulation von Magneten für Anwendungen in der Leistungselektronik*, https://doi.org/10.1007/978-3-031-58989-8_5

Unterstützung von Einphasengeräten benötigen, von einem Delta-Stern-Transformator gespeist werden können.

Zusätzlich zur Simulation von Dreiphasentransformatoren wird dieses Kapitel Hochfrequenztransformatoren einführen, die in Leistungselektronikanwendungen verwendet werden [2, 3, 16, 17]. Dies ist von großer Bedeutung für einen Leistungselektronikingenieur, da eine große Anzahl von Gleichstrom-Gleichstrom-Wandlern Transformatoren enthält und isolierte Ausgänge liefert. Wir werden die Diskussion mit dem Einfluss der Frequenz auf die Transformatorbauweise beginnen. Die bemerkenswerten Unterschiede bei einem Hochfrequenztransformator sind die verkleinerte Größe und die Verwendung von Ferritkernen anstelle von laminierten Eisenkernen [6].

Wir werden einen sehr beliebten Wandler untersuchen, der in Stromversorgungen verwendet wird – den Flyback-Wandler [7, 8]. Der Flyback-Wandler enthält einen Hochfrequenztransformator und wir werden die grundlegenden Gesetze der Physik verwenden, um zu verstehen, wie sich der Transformator während des Wandlerbetriebs verhält. Obwohl der Betrieb des Leistungswandlers den Transformator dazu zwingt, in einer Weise zu arbeiten, die sich drastisch von regulären Netzfrequenztransformatoren unterscheidet, werden wir zeigen, wie die grundlegenden Gesetze der Physik immer noch zutreffen, um den Betrieb des Wandlers zu beschreiben. Wir werden einen Flyback-Wandler mit drei isolierten Ausgängen simulieren, der einen Vierwickel-Hochfrequenztransformator verwendet, um den Betrieb anhand von Simulationsergebnissen zu untersuchen.

Dieses Kapitel wird keine neue Theorie oder Diskussion zu Transformatoren vorstellen, sondern lediglich die bereits im vorherigen Kapitel vorgebrachten Diskussionen verwenden. Dem Leser wird empfohlen, sich gut mit Transformatorsimulationen und der Anwendung der grundlegenden Gesetze der Physik zum Verständnis des Transformatorbetriebs auszukennen. Wie in den vorherigen Kapiteln wird es in diesem Kapitel zahlreiche Verweise auf Simulationen geben. Dem Leser wird empfohlen, die Simulationen auszuprobieren und auch vorgeschlagene Änderungen vorzunehmen.

5.2 Dreiphasensysteme

Im häuslichen (Heim- und Büro-) Stromsystem sind Geräte und Apparate normalerweise einphasig und für entweder 120 V, 60 Hz (USA, Kanada) oder 240 V, 50 Hz ausgelegt. Außerhalb von Haus und Büro sind die meisten Geräte und Apparate normalerweise dreiphasig, da Mehrphasensysteme eine größere Energiedichte ermöglichen – mehr Leistung bei relativ geringerer Größe im Vergleich zu gleichwertigen einphasigen Geräten [1, 9]. Daher ist es üblich, dass diese Lasten bei steigender Leistung von Generatoren, Motoren und anderen Lasten so ausgelegt sind, dass sie eine Dreiphasenwechselstromversorgung erhalten. Der größte Teil des Stromnetzes ist ebenfalls dreiphasig, mit Ausnahme der Zuleitungen, die Häuser und Büros versorgen. Die Transformatoren, die verschiedene

Segmente des Stromnetzes miteinander verbinden, sind ebenfalls normalerweise Dreiphasentransformatoren. Bevor wir zu Dreiphasentransformatoren kommen, sprechen wir allgemein über Dreiphasensysteme.

Beginnen wir damit, wie eine Dreiphasenspannung erzeugt wird. Die drei Phasen sind drei Wicklungen, die auf dem Generatorstator oder -rotor gewickelt sind. Diese Wicklungen sind so gewickelt, dass die in den Wicklungen erzeugten Spannungen so sind, dass sie zueinander phasenverschoben sind [1]. Für eine Mehrphasenmaschine mit x Phasen wird die Phasenverschiebung der Spannungen 360°/x betragen. Für eine Dreiphasenmaschine beträgt diese Phasenverschiebung daher 120°. Nennen wir die erzeugten Ausgangsspannungen der Dreiphasenmaschine v_a, v_b, v_c, und nehmen wir an, dass sie Effektivwerte von 240 V und Frequenzen von 50 Hz haben. Wir könnten die Dreiphasenspannungen wie folgt ausdrücken [1]:

$$\begin{aligned} v_a &= 240\sqrt{2}\cos(100\pi t) \\ v_b &= 240\sqrt{2}\cos\left(100\pi t - \frac{2\pi}{3}\right) \\ v_c &= 240\sqrt{2}\cos\left(100\pi t - \frac{4\pi}{3}\right) \end{aligned} \tag{5.1}$$

Abb. 5.1 zeigt die Dreiphasenspannungswellenformen für einige Zyklen. Wie man sehen kann, sind alle drei Spannungen Wellenformen, die den gleichen Spitzenwert haben, da sie die gleichen Effektivwerte haben, aber um 120° phasenverschoben sind. Dies ist einer der kritischen Aspekte von Dreiphasen- (oder Mehrphasen-) Systemen – elektrische Größen wie Spannungen und Ströme, die in allen Phasen die gleichen Größen haben und um 120° voneinander phasenverschoben sind. In solchen Fällen wird das Dreiphasensystem als ausgewogenes System bezeichnet [1, 9]. In der Praxis können und werden Dreiphasensysteme unausgewogen sein, entweder durch ungleiche Größen in den drei Phasen oder dadurch, dass die Phasenverschiebung zwischen ihnen möglicherweise nicht 120° beträgt [1, 9]. Es gibt eine umfangreiche Theorie in der Leistungssystemstudie über Dreiphasensysteme und auch über den Umgang mit unausgewogenen Systemen [9]. Beginnen wir jedoch mit ausgewogenen Dreiphasensystemen, da unser Ziel die Simulation von Dreiphasentransformatoren ist.

Eine der beliebtesten Methoden zur Analyse von Dreiphasensystemen besteht darin, sie als Phasoren darzustellen [1, 9]. Ein Phasor ist ein rotierender Vektor mit einer Größe und einer Rotationsfrequenz. Dieses Konzept wird am besten mit einer Abbildung wie Abb. 5.2 beschrieben. Abb. 5.2 zeigt die Dreiphasenspannungen als Phasoren, die mit einer Winkelgeschwindigkeit von $\omega = 2\pi f$ rotieren. Die Größe der Phasoren entspricht den Effektivwerten der Spannungen. Zu jedem gegebenen Zeitpunkt ist der Phasenwinkel eines Phasors der Winkel, den der Phasor mit der positiven horizontalen Achse im Gegenuhrzeigersinn bildet, wie für den Phasor v_a gezeigt. Wenn die Spannungen in unserem Fall als Kosinuswellenformen angenommen werden, werden die Projektionen der Phasoren auf die horizontale Achse ihre momentanen Werte sein, wie in Abb. 5.2 gezeigt. Wenn andererseits angenommen wurde, dass die Spannungen Sinuswellenformen sind,

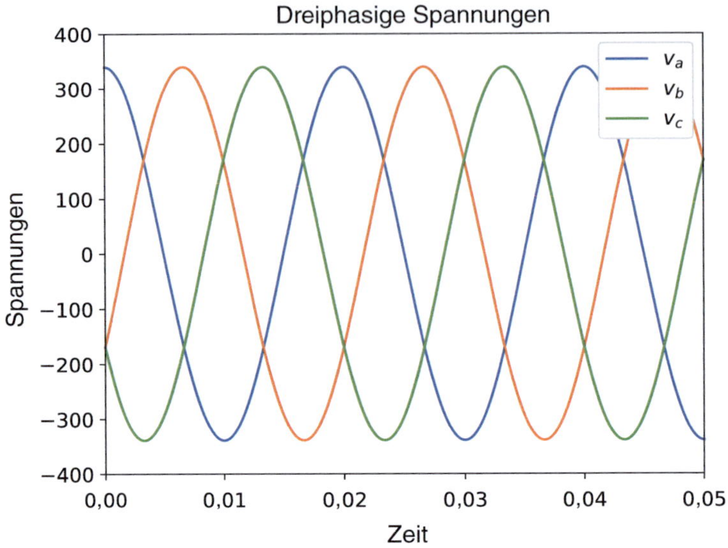

Abb. 5.1 Beispiel für Dreiphasenspannungen

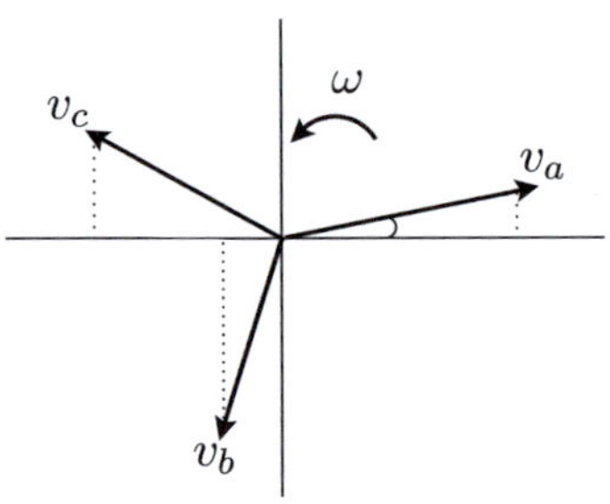

Abb. 5.2 Dreiphasenspannungen als Phasoren

werden die Projektionen der Phasoren auf die vertikale Achse ihre momentanen Werte sein. Es kann aus Abb. 5.2 beobachtet werden, dass der Phasor v_b hinter dem Phasor v_a um 120° zurückbleibt und der Phasor v_c hinter dem Phasor v_b um 120° zurückbleibt. Der Leser wird ermutigt zu überprüfen, dass diese Phasoren zu den angenommenen Spannungswellenformen führen würden.

Diese Phasordarstellung ist anwendbar für alle Wechselstromgrößen wie Dreiphasenströme. Eine solche Phasordarstellung von Dreiphasenwechselstromgrößen ist äußerst beliebt, da wir sie nicht nur zur Visualisierung, sondern auch zur Durchführung grundlegender Berechnungen verwenden können. Ein Beispiel für Phasorberechnungen kann durch die Durchführung einiger Beispielberechnungen wie $v_a + v_b + v_c$ und $v_a - \frac{v_b}{2} - \frac{v_c}{2}$ demonstriert werden. Diese Berechnungen sind

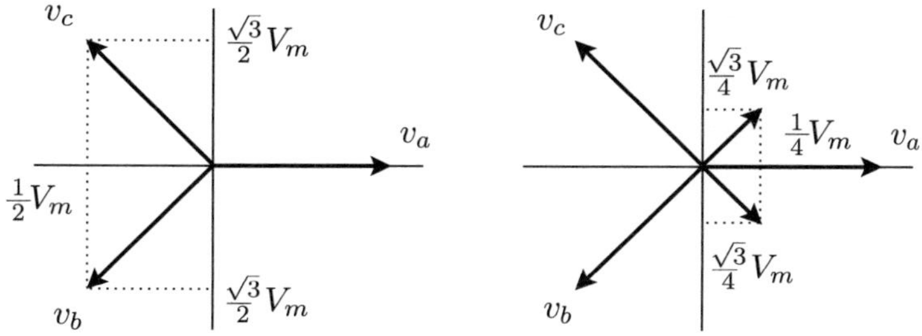

Abb. 5.3 Die Verwendung von Phasoren für Berechnungen

in Abb. 5.3 dargestellt. Jeder resultierende Phasor kann in Projektionen auf die horizontalen und vertikalen Achsen aufgelöst werden, und anschließend liefert die arithmetische Operation die Projektionen des resultierenden Phasors auf die gleichen horizontalen und vertikalen Achsen [1, 9]. Zur Vereinfachung wurde der Phasor v_a entlang der horizontalen Achse gewählt und hat daher eine Nullprojektion auf der vertikalen Achse. Die anderen Phasoren v_b und v_c haben Projektionen auf den horizontalen und vertikalen Achsen, wie durch die gestrichelten Linien gezeigt. Es ist ganz klar, dass $v_a + v_b + v_c = 0$ und $v_a - \frac{v_b}{2} - \frac{v_c}{2} = \frac{3}{2}V_m$ mit $V_m = 240\sqrt{2}$ gilt. Der Leser wird ermutigt, die Berechnungen selbst zu überprüfen.

Mit diesem grundlegenden Überblick über Dreiphasensysteme können wir nun beginnen, über Dreiphasentransformatoren zu sprechen [4]. Ein Dreiphasentransformator wird zwei oder mehr Dreiphasensysteme entweder gleicher oder unterschiedlicher Spannungsebenen verbinden. Wie im vorherigen Kapitel werden wir mit dem einfachen Beispiel von zwei Dreiphasensystemen beginnen, die durch einen Transformator verbunden werden. Daher wird der Transformator eine Primärwicklung bestehend aus drei Wicklungen haben, die an die *a*, *b*, *c*-Anschlüsse einer Dreiphasenversorgung angeschlossen werden und er wird eine Sekundärwicklung bestehend aus drei Wicklungen haben, die an die *a*, *b*, *c*-Anschlüsse einer anderen Dreiphasenversorgung angeschlossen werden. Wie im vorherigen Kapitel könnte nur eines der Dreiphasensysteme unter Spannung sein oder beide Dreiphasensysteme könnten unter Strom sein. Die nächste Frage, die gestellt werden muss, ist, wie die Wicklungen des Transformators verbunden werden, und welche Verbindungen in den zu verbindenden Dreiphasensystemen verfügbar sind.

Es gibt mehrere Möglichkeiten, wie die drei Phasen einer Transformatorwicklung verbunden werden können, aber einige sind am weitesten verbreitet – der Stern (oder Wye) mit Neutralleiter, der isolierte Stern (oder Wye) und die Delta-Verbindung [4]. Abb. 5.4 zeigt diese Verbindungen für die drei verschiedenen Fälle. Der Neutralleiter ist ein vierter Anschluss im Falle der Stern-Wicklung, wobei der gemeinsame Verbindungsknoten herausgeführt wird. Ein solcher Anschluss ist äußerst nützlich in häuslichen Verteilungssystemen, da jeder Phasenanschluss zusammen mit dem Neutralleiter eine Einphasenversorgung bildet, wie sie in den Steckdosen unserer Häuser und Büros verfügbar ist [1, 4]. In

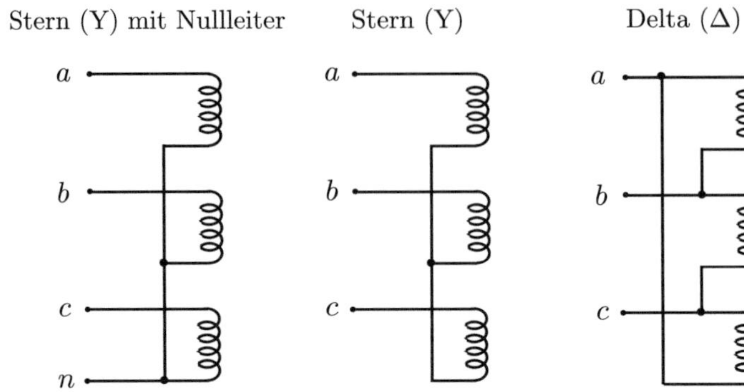

Abb. 5.4 Stern- und Delta-Verbindung von Transformatorwicklungen

Übertragungssystemen jedoch sind der Neutralleiter und das Neutralleiterkabel nicht praktisch, da dies zu erhöhten Kosten führen würde, da wir nun ein zusätzliches Kabel benötigen. Daher sind Übertragungssysteme in der Regel ohne Neutralleiter. Dies führt zu Drei- und Vierdrahtsystemen, wobei der Unterschied das Fehlen oder Vorhandensein des Neutralleiters ist. Um ein Vierdrahtsystem mit einem Neutralleiter zu erreichen, ist die Stern-Verbindung mit dem Neutralleiteranschluss in der Regel die bevorzugte Option. Um ein Dreidrahtsystem zu erreichen, obwohl sowohl der isolierte Stern als auch das Delta möglich sind, hat die Delta-Verbindung oft Vorteile gegenüber dem Stern.

Mit diesen Transformatorverbindungen ist klar, dass die Spannungen über einer Wicklung nicht die gleichen sein können wie die Spannungen zwischen zwei Anschlüssen. In Abb. 5.4 sind für sternförmig verbundene Wicklungen die Spannungen zwischen den Anschlüssen *a* und *b* nicht die gleichen wie die Spannungen über der Phase-*a*- oder der Phase-*b*-Wicklung. Die Spannung zwischen den Anschlüssen *a* und *b* kann wie folgt ausgedrückt werden

$$v_{ab} = v_{an} - v_{bn} \tag{5.2}$$

In der obigen Gleichung wird die Spannung v_{ab} als Leitungsspannung bezeichnet, da sie die zwischen den Anschlüssen (oder Leitungen) *a* und *b* verfügbare Spannung ist, während die Spannungen v_{an} und v_{bn} als Phasenspannungen bezeichnet werden, da diese die Spannungen über den Wicklungen sind, die zwischen einem Anschluss und dem Neutralleiter verbunden sind und somit eine Phase bilden [1].

Wir können drei Leitungsspannungen wie folgt definieren:

$$\begin{aligned} v_{ab} &= v_{an} - v_{bn} \\ v_{bc} &= v_{bn} - v_{cn} \\ v_{ca} &= v_{cn} - v_{an} \end{aligned} \tag{5.3}$$

Wir können die Phasorberechnungsmethode ähnlich wie in Abb. 5.3 verwenden, um diese Leitungsspannungen zu berechnen. Der Leser wird ermutigt, diese Berechnungen als Übung durchzuführen. Die Leitungsspannung v_{ab} wird eine Größe haben, die $\sqrt{3}$ mal die Phasenspannung v_{an} ist, und die Phasenspannung um 30° führen wird [1]. Ähnliche Beziehungen bestehen zwischen v_{bc} und v_{bn}, und v_{ca} und v_{cn}. Diese Leitungsspannungen können als die folgenden trigonometrischen Gleichungen geschrieben werden:

$$\begin{aligned} v_{ab} &= 240\sqrt{3}\sqrt{2}\cos\left(100\pi t + \frac{\pi}{6}\right) \\ v_{bc} &= 240\sqrt{3}\sqrt{2}\cos\left(100\pi t - \frac{2\pi}{3} + \frac{\pi}{6}\right) \\ v_{ca} &= 240\sqrt{3}\sqrt{2}\cos\left(100\pi t - \frac{4\pi}{3} + \frac{\pi}{6}\right) \end{aligned} \tag{5.4}$$

Andererseits sind bei Dreiecksverbindungen, wie sie in Abb. 5.4 dargestellt sind, die Leitungsspannungen gleich den Phasenspannungen. Mit Bezug auf die Dreiecksverbindung in Abb. 5.4 können die Leitungsspannungen wie folgt geschrieben werden [1]

$$\begin{aligned} v_{ab} &= v_a = 240\sqrt{2}\cos(100\pi t) \\ v_{bc} &= v_b = 240\sqrt{2}\cos\left(100\pi t - \frac{2\pi}{3}\right) \\ v_{ca} &= v_c = 240\sqrt{2}\cos\left(100\pi t - \frac{4\pi}{3}\right) \end{aligned} \tag{5.5}$$

Zusammen mit der Definition der Leitungsspannungen für Dreiphasensysteme existiert auch die Definition der Leitungsströme als die Ströme, die in oder aus den Anschlüssen des Dreiphasensystems fließen. Die Ströme in den Wicklungen können als i_a, i_b, i_c ausgedrückt werden und werden als Phasenströme in einem Dreiphasensystem bezeichnet. Die Ströme, die in oder aus den *a*-, *b*- und *c*-Anschlüssen des Dreiphasensystems fließen, können als i_{La}, i_{Lb}, i_{Lc} bezeichnet werden, wobei das Subskript *L* anzeigt, dass der Strom in der Leitung fließt. Für ein sternförmig verbundenes System, wie in Abb. 5.4 gezeigt, sind die Leitungsströme gleich den Phasenströmen [1]:

$$\begin{aligned} i_{La} &= i_a \\ i_{Lb} &= i_b \\ i_{Lc} &= i_c \end{aligned} \tag{5.6}$$

Andererseits sind für das in Abb. 5.4 gezeigte Dreiecksystem die Leitungsströme Differenzen der Phasenströme wie folgt:

$$\begin{aligned} i_{La} &= i_a - i_b \\ i_{Lb} &= i_b - i_c \\ i_{Lc} &= i_c - i_a \end{aligned} \tag{5.7}$$

Phasor-Berechnungen können für die Leitungsströme in Dreiecksystemen durchgeführt werden.

Wenn wir die Spannungsspezifikationen eines Dreiphasensystems angeben möchten, ist es üblich, die RMS-Leitungsspannungen anzugeben [1]. Wenn wir zum Beispiel die Spannung eines dreiphasigen Hausverteilungssystems mit 400 V angeben, implizieren wir, dass die RMS-Leitungsspannung 400 V beträgt. Wie wir bereits gesehen haben, kann die Beziehung zwischen den Leitungs- und den Phasenspannungen je nachdem, ob das Dreiphasensystem ein stern- oder dreieckverbundenes System ist, variieren. Daher ist es immer üblich, zusammen mit der Angabe des Spannungsniveaus auch den Verbindungstyp des Dreiphasensystems anzugeben. Als Beispiel könnte ein Hausverteilungssystem ein dreiphasiger Stern mit Neutralleiter sein, der ein Spannungsniveau von 400 V hat. Dies impliziert, dass die Leitungsspannung einen RMS-Wert von 400 V und die Phasenspannung (zwischen einem Leitungsanschluss und dem Neutralleiter) einen RMS-Wert von 230 V hat. Andererseits wird ein 11 kV dreieckverbundenes Dreiphasensystem sowohl Leitungs- als auch Phasenspannungen haben, die den gleichen RMS-Wert von 11 kV haben.

Mit der obigen Diskussion sind wir nun bereit, die Spezifikationen der Einphasentransformatoren des vorherigen Kapitels zu ändern und mit der Modellierung von Dreiphasentransformatoren zu beginnen. Wenn der Grund für das Vorhandensein mehrerer verschiedener Arten von Verbindungen von Dreiphasensystemen zu diesem Zeitpunkt verwirrend ist, werden die Simulationen in den späteren Abschnitten ihre Vorteile und daher ihre Anwendungen zeigen. Bevor wir zum nächsten Abschnitt weitergehen, muss dem Leser der Unterschied zwischen Leitungsspannung und Phasenspannung in einem Dreiphasensystem klar sein. Der Leser wird ermutigt, die Phasor-Berechnungsmethode zu verwenden, um Phasoren für Leitungsspannungen in Bezug auf Phasenspannungen für sowohl stern- als auch dreieckverbundene Dreiphasensysteme zu ermitteln.

5.3 Simulationsmodell eines Dreiphasentransformators

Im vorherigen Abschnitt haben wir einen grundlegenden Überblick über Dreiphasensysteme gegeben, der notwendig war, um einige der Wicklungsverbindungen von Dreiphasentransformatoren zu beschreiben. Neben den Stern- und Dreieckverbindungen gibt es noch einige andere Typen, die ihre Anwendung in speziellen Anwendungen finden [4, 11, 12]. In diesem Abschnitt werden wir beginnen, Dreiphasentransformatoren zu simulieren, während wir einige Verbindungsmöglichkeiten auswählen, um einige der breiten Dreiphasentransformatortypen abzudecken. Transformatoren mit hoher Leistungsbewertung und mehreren Wicklungen erfordern in gewissem Maße ein grundlegendes Verständnis der Konstruktion von Transformatoren, um die Parameter des transformatoräquivalenten Schaltkreises zu ermitteln. Anschließend werden wir die im vorherigen Kapitel entwickelten Transformatormodelle erweitern, und es wird klar sein, dass

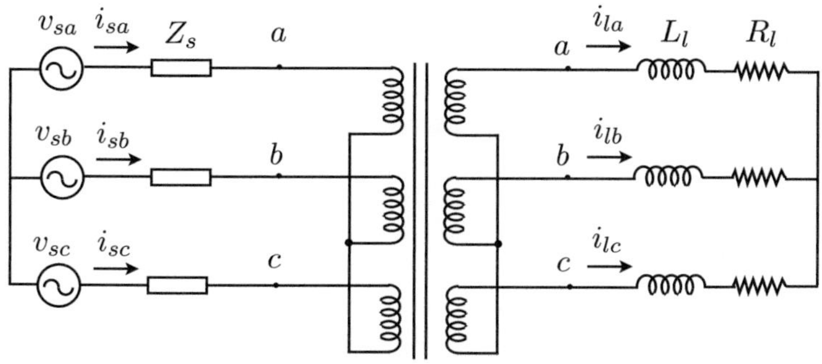

Abb. 5.5 Schaltung zur Simulation eines Stern-Stern-Transformators

die Simulation eines Dreiphasentransformators lediglich die Erweiterung des Zweiwickeltransformatormodells beinhaltet.

Beginnen wir mit der Simulation eines 500-kVA-Transformators, bei dem die Primär- und Sekundärwicklung sternförmig verbunden ist. Diese Simulation kann im Ordner `transformer_star_star` innerhalb von `chapter5_transformer_ applications` im folgenden Link im Simulations-Repository gefunden werden: https://github.com/opensourceelectrical/simulating-magnetics-for-power-electronics

Ein solcher Dreiphasentransformator kann als Stern-Stern (Y-Y)-Transformator bezeichnet werden, um die Art und Weise zu kennzeichnen, in der die Wicklungen verbunden sind. Lassen Sie uns eine dreiphasige Spannungsquelle an die Primärseite und eine dreiphasige resistive-induktive Last an die Sekundärseite anschließen. Abb. 5.5 zeigt die Topologie der Schaltung, die simuliert wird. Lassen Sie die Spannungsniveaus an der Primär- und Sekundärseite des Transformators 415 V bzw. 11 kV betragen. Aus unserer Diskussion im vorherigen Abschnitt sind diese Spannungsniveaus, da sie dreiphasige Spannungsniveaus sind, die RMS-Größen der Leitungsspannungen. Jede Phase der Spannungsquelle in der Primärseite kann eine RMS-Größe von 240 V haben. Die Spannungsquellen können als ausgewogene Dreiphasenversorgung angenommen werden und haben die folgenden Ausdrücke:

$$\begin{aligned} v_a &= 240\sqrt{2}\sin(100\pi t) \\ v_b &= 240\sqrt{2}\sin\left(100\pi t - \frac{2\pi}{3}\right) \\ v_c &= 240\sqrt{2}\sin\left(100\pi t - \frac{4\pi}{3}\right) \end{aligned} \tag{5.8}$$

Der Dreiphasentransformator, den wir simulieren werden, hat sechs Wicklungen, nummeriert von 1 bis 6. Jede Wicklung wird durch die Spannungsquelle in Reihe mit dem Widerstand modelliert und die Spannung über den Anschlüssen wird mit einem Voltmeter gemessen. Wir müssen die Indizes wählen, um eine bestimmte

Wicklung zu bezeichnen, um die Parameter der äquivalenten Schaltung zu berechnen. Lassen Sie uns die ungeraden Zahlen 1, 3 und 5 wählen, um die Primärwicklungen des Transformators zu bezeichnen und die geraden Zahlen 2, 4 und 6, um die Sekundärwicklungen des Transformators zu bezeichnen. Daher werden die Wicklungen 1 und 2 die Phase a des Transformators darstellen, wobei 1 die primäre Phase-a-Wicklung und 2 die sekundäre Phase-a-Wicklung ist. Wicklungen 3 und 4 werden die Phase b des Transformators darstellen, wobei 3 die primäre Phase-b-Wicklung und 4 die sekundäre Phase-b-Wicklung ist. Wicklungen 5 und 6 werden die Phase c des Transformators darstellen, wobei 5 die primäre Phase-c-Wicklung und 6 die sekundäre Phase-c-Wicklung ist. Dem Leser ist es freigestellt, eine andere Konvention anstelle dieser zu wählen.

Mit dieser Konvention können wir mit den Spezifikationen des Transformators beginnen:

```python
import math
dt = 1.0e-6
Vrated_primary = 415.0 / math.sqrt(3.0)
Vrated_secondary = 11000.0 / math.sqrt(3.0)
# Phase a - Windings 1 and 2
# Phase b - Windings 3 and 4
# Phase c - Windings 5 and 6
VArated = 500000.0 / 3
# Primary windings
V1rated = Vrated_primary
V3rated = Vrated_primary
V5rated = Vrated_primary
# Secondary windings
V2rated = Vrated_secondary
V4rated = Vrated_secondary
V6rated = Vrated_secondary
frated = 50.0
omega_rated = 2*math.pi*frated
```

Im obigen Block sind `Vrated_primary` und `Vrated_secondary` die Phasenspannungsbewertungen der Transformatorwicklungen. Diese werden gewählt, um $\frac{1}{\sqrt{3}}$ der RMS-Werte der Leitungsspannungen zu sein, da sowohl Primär- als auch Sekundärseite des Transformators in Stern geschaltet sind. Dieser Schritt wird oft übersprungen und führt zu Fehlern. Es ist wichtig zu bedenken, dass in einem Dreiphasensystem jede angegebene Spannungsebene die RMS-Größe der Leitungsspannung und nicht die Phasenspannung ist. Bei der Berechnung der Parameter des Transformators müssen wir alle Parameter pro Phase berechnen und daher muss die Leitungsspannung in die Phasenspannung für den gewählten Anschlusstyp umgerechnet werden. Neben der Umrechnung von Spannungsbewertungen von Leitungsspannungsebenen auf Phasenspannungsebenen müssen wir die maximal zulässige Leistung pro Phase berechnen, indem wir die gesamte maximale Leistungsbewertung durch einen Faktor von 3 teilen.

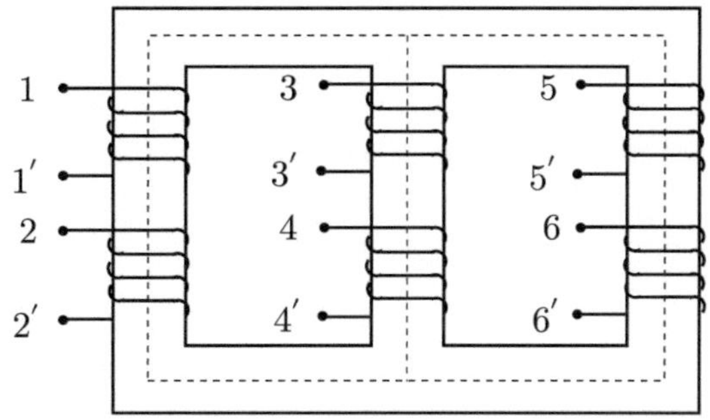

Abb. 5.6 Dreiphasentransformator auf einem dreigliedrigen Kern gewickelt

Wir können die Leistungs- und Spannungsbewertungen verwenden, um die Nennimpedanz und daher die Selbst-, Leck- und Magnetisierungsinduktivitäten jeder Wicklung zu berechnen:

```
I1rated = VArated / V1rated
I2rated = VArated / V2rated
I3rated = VArated / V3rated
I4rated = VArated / V4rated
I5rated = VArated / V5rated
I6rated = VArated / V6rated
Z1rated = V1rated / I1rated
Z2rated = V2rated / I2rated
Z3rated = V3rated / I3rated
Z4rated = V4rated / I4rated
Z5rated = V5rated / I5rated
Z6rated = V6rated / I6rated
L1 = 50.0 * Z1rated / omega_rated
L2 = 50.0 * Z2rated / omega_rated
L3 = 50.0 * Z3rated / omega_rated
L4 = 50.0 * Z4rated / omega_rated
L5 = 50.0 * Z5rated / omega_rated
L6 = 50.0 * Z6rated / omega_rated
Ll1 = 0.02 * Z1rated / omega_rated
Ll2 = 0.02 * Z2rated / omega_rated
Ll3 = 0.02 * Z3rated / omega_rated
Ll4 = 0.02 * Z4rated / omega_rated
Ll5 = 0.02 * Z5rated / omega_rated
Ll6 = 0.02 * Z6rated / omega_rated
Lm1 = L1 - Ll1
Lm2 = L2 - Ll2
Lm3 = L3 - Ll3
Lm4 = L4 - Ll4
Lm5 = L5 - Ll5
Lm6 = L6 - Ll6
```

Alles, was wir getan haben, ist die Berechnung für jede Wicklung zu replizieren. Für die Berechnung der Selbst- und Leckinduktivitäten einer Wicklung benötigen wir keine Assoziation oder Verbindung mit einer anderen Wicklung. Daher sind diese Berechnungen unabhängig für jede Wicklung. Der nächste Schritt wäre die Berechnung der gegenseitigen Induktivitäten. An diesem Punkt müssen wir entweder Kenntnisse haben oder Annahmen über die Transformatorverbindung treffen.

Die Konstruktion von Transformatoren ist ein sehr detailliertes Gebiet und Transformatoren können auf verschiedene Weisen gewickelt werden, je nach Bedarf der Anwendung [4, 5, 12]. In den meisten Anwendungen, die Transformatoren benötigen, besteht der Zweck des Transformators darin, die maximal mögliche Leistungsübertragung bei minimal möglicher Größe des Transformators zu erreichen. In Bezug auf die Größe des Transformators trägt der Kern des Transformators in der Regel am meisten zum Volumen des Transformators bei. Kerne, die für Transformatoren verwendet werden, haben unterschiedliche Formen und verwenden unterschiedliche Materialien, um magnetische Verluste wie Hysterese- und Wirbelstromverluste zu verringern. Im vorherigen Kapitel hatten wir den Transformatorkern als einfachen rechteckigen Kern angenommen. Im Kapitel über Induktoren und gekoppelte Induktoren hatten wir auch den dreigliedrigen Kern in Betracht gezogen. In ähnlicher Weise ist es möglich, mehrbeinige Kerne mit einer Anzahl von verschiedenen Schenkeln zu haben, auf denen Wicklungen gewickelt werden können.

In den meisten praktischen Transformatoren, wenn der Zweck darin besteht, Leistung von einer Wicklung auf eine andere zu übertragen, wäre es offensichtlich, dass sie so gewickelt werden, dass der von einer Wicklung erzeugte Fluss mit der anderen Wicklung mit minimal möglichem Leck verbunden ist. Andererseits ist es auch wichtig, sicherzustellen, dass zwischen den Wicklungen eine ausreichende Isolation besteht, um sicherzustellen, dass die beiden Wicklungen in elektrischer Hinsicht vollständig isoliert bleiben. Daher müssten bei Transformatoren mit großem Übersetzungsverhältnis die Wicklungen auch ausreichend isoliert sein. Dies führt zu einer Einschränkung des für eine Wicklung benötigten Raums. Hier liegt die Herausforderung im Transformator-Design – maximale Effizienz bei kleinstmöglicher Größe zu erreichen und dabei eine akzeptable elektrische Isolation zu gewährleisten.

Lassen Sie uns vor diesem Hintergrund eine Beispielkonstruktion für unseren Dreiphasentransformator wählen. Nehmen wir an, dass der Transformatorkern aus drei Gliedern besteht, wie in Abb. 5.6 gezeigt [4, 5]. Die Primär- und Sekundärwicklungen einer Phase sind auf einem Glied gewickelt. Abb. 5.6 ist nur ein vereinfachtes Schema, und die tatsächliche Konstruktion wird viel komplizierter sein, unter Berücksichtigung der Isolation zwischen Primär- und Sekundärseite. Indem wir eine solche Konstruktion annehmen, verwenden wir nur die grundlegende Logik in der Transformatorkonstruktion – Maximierung der Kopplung zwischen den Wicklungen einer Phase und gleichzeitig ausreichend Platz für Wicklungen und Gewährleistung der elektrischen Isolation. Als Beispiel sind die Wicklungen der Phase $a-1$ und 2 auf demselben Glied gewickelt, um eine maximale Kopplung zwischen ihnen und daher ein minimales Leck des Flusses zu gewährleisten.

Durch das Wickeln aller drei Phasen auf demselben Kern maximieren wir die Nutzung des Eisenkerns und daher wird ein solcher Dreiphasentransformator weniger sperrig sein im Vergleich zu drei Einphasentransformatoren.

Wenn der Dreiphasentransformator als drei Einphasentransformatoren konstruiert worden wäre, hätte es keine magnetische Kopplung zwischen den Wicklungen verschiedener Phasen gegeben. Da jedoch alle drei Phasen auf demselben Kern gewickelt sind, wird es eine gewisse Kopplung zwischen den Wicklungen verschiedener Phasen geben [11]. Aus Abb. 5.6 sind die Primär- und Sekundärwicklungen einer Phase auf demselben Schenkel gewickelt, und daher wird der gesamte von einer der Wicklungen erzeugte Fluss vollständig mit dem anderen verknüpft sein, mit Ausnahme des Streuflusses. Der von einer Wicklung einer der Phasen erzeugte Fluss wird jedoch nicht vollständig mit der Wicklung einer anderen Phase auf einem anderen Schenkel verknüpft sein. Der Leser wird ermutigt, die vorherigen Kapitel zu konsultieren, in denen der magnetische Kreis gelöst wurde, um den Kernfluss zu bestimmen. Wenn wir annehmen, dass der Widerstand jedes Schenkels des Kerns gleich ist, wird der von einer Wicklung in einem Schenkel erzeugte Fluss gleichmäßig auf die anderen beiden Schenkel verteilt.

Die gegenseitige Induktivität zwischen zwei Wicklungen kann als

$$M_{xy} = k\sqrt{L_x L_y} \tag{5.9}$$

ausgedrückt werden, wobei k der Anteil des von einer Wicklung erzeugten Flusses ist, der mit der anderen Wicklung verknüpft ist. Es ist wichtig zu bedenken, dass k den Streufluss nicht einschließt, da der Streufluss durch die Streuinduktivität der Wicklung berücksichtigt wird. Daher beträgt der Kopplungsfaktor zwischen Wicklung 1 und 2 der Phase a $k=1$, während der Kopplungsfaktor zwischen Wicklung 1 der Phase a und Wicklung 3 der Phase b $k=0{,}5$ beträgt. Wir gehen davon aus, dass alle drei Schenkel des Kerns die gleichen Widerstände haben. Wenn wir uns dafür entscheiden, den Widerstand jedes Schenkels mit genauen Abmessungen zu berechnen, könnten die linken und rechten Schenkel einen etwas größeren Widerstand als der zentrale Schenkel haben. In einem solchen Fall wird der Kopplungsfaktor k nicht 0,5 sein, sondern größer als 0,5, wenn wir die gegenseitige Induktivität zwischen einer Wicklung auf einem der äußeren Schenkel und dem zentralen Schenkel betrachten; aber er wird kleiner als 0,5 sein, wenn wir die gegenseitige Induktivität zwischen Wicklungen auf den äußeren Schenkeln betrachten. Zur Vereinfachung gehen wir davon aus, dass alle drei Schenkel den gleichen Widerstand haben, was zu einem günstigen Wert von $k=0{,}5$ führt.

Die obige Diskussion über die Konstruktion von Transformatoren war notwendig, um zu verstehen, wie die gegenseitige Induktivität zwischen den Wicklungen des Transformators berechnet wird. Im Falle von Hochleistungstransformatoren mit mehreren Wicklungen kann es etwas verwirrend sein, das Ausmaß der magnetischen Kopplung zwischen den Wicklungen zu bestimmen. Alles, was bekannt sein muss, ist die grundlegende Konstruktion des Transformatorkerns und die Art und Weise, wie die Wicklungen auf dem Kern gewickelt sind. Der Kopplungsfaktor zwischen zwei Wicklungen ist lediglich das Verhältnis des von einer Wicklung erzeugten Flusses, der mit der anderen verknüpft ist. Dieser Kopplungsfaktor kann durch Kenntnis der Widerstände der Kernsegmente und Lösung des magnetischen Kreises mit den Widerständen als Serien-Parallel-Kombinationen bestimmt werden. Für ein vollständiges Simulationsmodell ist es jedoch wichtig, dass wir alle gegenseitigen Induktivitäten berücksichtigen. Es ist verlockend anzunehmen, dass die Wicklungen zwischen den Phasen nicht magnetisch gekoppelt sind. Eine solche Annahme entspricht jedoch der Simulation von drei Einphasentransformatoren mit getrennten Kernen für jede Phase.

Mit dem oben genannten Hintergrund können wir nun die gegenseitigen Induktivitäten zwischen den Wicklungen berechnen als

```
# Mutual inductance within windings of a phase
M12 = math.sqrt(Lm1 * Lm2)
M34 = math.sqrt(Lm3 * Lm4)
M56 = math.sqrt(Lm5 * Lm6)
# Mutual inductance between phases
# Half of the flux generated in one limb
# links with a winding in another limb
k_factor = 0.5
M13 = k_factor * math.sqrt(Lm1 * Lm3)
M14 = k_factor * math.sqrt(Lm1 * Lm4)
M15 = k_factor * math.sqrt(Lm1 * Lm5)
M16 = k_factor * math.sqrt(Lm1 * Lm6)
M23 = k_factor * math.sqrt(Lm2 * Lm3)
M24 = k_factor * math.sqrt(Lm2 * Lm4)
M25 = k_factor * math.sqrt(Lm2 * Lm5)
M26 = k_factor * math.sqrt(Lm2 * Lm6)
M35 = k_factor * math.sqrt(Lm3 * Lm5)
M36 = k_factor * math.sqrt(Lm3 * Lm6)
M45 = k_factor * math.sqrt(Lm4 * Lm5)
M46 = k_factor * math.sqrt(Lm4 * Lm6)
```

Mit den berechneten Selbst-, Streu- und gegenseitigen Induktivitäten können wir den Serienwiderstand, den Kernverlustwiderstand und den Schnittstellenwiderstand für jede Wicklung berechnen:

```
r1 = 0.01 * Z1rated
r2 = 0.01 * Z2rated
r3 = 0.01 * Z3rated
r4 = 0.01 * Z4rated
r5 = 0.01 * Z5rated
r6 = 0.01 * Z6rated
Rc1 = V1rated * V1rated / (0.01 *VArated)
Rc2 = V2rated * V2rated / (0.01 *VArated)
Rc3 = V3rated * V3rated / (0.01 *VArated)
Rc4 = V4rated * V4rated / (0.01 *VArated)
Rc5 = V5rated * V5rated / (0.01 *VArated)
Rc6 = V6rated * V6rated / (0.01 *VArated)
res_output1 = 100.0 * Z1rated
res_output2 = 100.0 * Z2rated
res_output3 = 100.0 * Z3rated
res_output4 = 100.0 * Z4rated
res_output5 = 100.0 * Z5rated
res_output6 = 100.0 * Z6rated
```

Alle Parameter des äquivalenten Transformatorschaltkreises wurden nun berechnet. Wir können nun die Matrizen der Matrixgleichung definieren, die vereinfacht und mit numerischer Integration gelöst werden:

```
L = [
      [L1, M12, M13, M14, M15, M16],
      [M12, L2, M23, M24, M25, M26],
      [M13, M23, L3, M34, M35, M36],
      [M14, M24, M34, L4, M45, M46],
      [M15, M25, M35, M45, L5, M56],
      [M16, M26, M36, M46, M56, L6]
]
R = [
      [r1, 0.0, 0.0, 0.0, 0.0, 0.0],
      [0.0, r2, 0.0, 0.0, 0.0, 0.0],
      [0.0, 0.0, r3, 0.0, 0.0, 0.0],
      [0.0, 0.0, 0.0, r4, 0.0, 0.0],
      [0.0, 0.0, 0.0, 0.0, r5, 0.0],
      [0.0, 0.0, 0.0, 0.0, 0.0, r6]
]
B = [
      [1.0, 0.0, 0.0, 0.0, 0.0, 0.0],
      [0.0, 1.0, 0.0, 0.0, 0.0, 0.0],
      [0.0, 0.0, 1.0, 0.0, 0.0, 0.0],
      [0.0, 0.0, 0.0, 1.0, 0.0, 0.0],
      [0.0, 0.0, 0.0, 0.0, 1.0, 0.0],
      [0.0, 0.0, 0.0, 0.0, 0.0, 1.0]
]
```

Wie aus allen obigen Berechnungen ersichtlich ist, handelt es sich bei den meisten von ihnen lediglich um Wiederholungen. Nur die Berechnung der gegenseitigen Induktivitäten erfordert einige Kenntnisse über die Konstruktion des Transformators. Anschließend ist der Aufbau der Matrizen der Matrixgleichung, die das mathematische Modell des Transformators darstellt, ein mechanischer Prozess, der leicht auf große Transformatoren mit vielen Wicklungen erweitert werden kann. Die Matrix `R` ist eine Diagonalmatrix, deren Diagonalelemente die Wicklungswiderstände sind, während die Matrix `B` eine Einheitsmatrix ist. Die Induktivitätsmatrix `L` ist eine gut strukturierte Matrix, deren Diagonalelemente die Selbstinduktivität der Wicklung und deren außerdiagonalen Elemente die gegenseitigen Induktivitäten zwischen zwei Wicklungen sind. Sobald diese Matrizen definiert sind, ist ihre Vereinfachung, um `L` in eine obere Dreiecksform zu konvertieren, und die numerische Integration wie zuvor.

Sobald die Wicklungsströme durch numerische Integration berechnet wurden, können die Spannungen der steuerbaren Spannungsquellen, die zur Darstellung jeder Wicklung verwendet werden, wie folgt berechnet werden:

```
vout1 = v1 - winding_currents[0]*res_output1
vout2 = v2 - winding_currents[1]*res_output2
vout3 = v3 - winding_currents[2]*res_output3
vout4 = v4 - winding_currents[3]*res_output4
vout5 = v5 - winding_currents[4]*res_output5
vout6 = v6 - winding_currents[5]*res_output6
```

In diesem Abschnitt haben wir gezeigt, wie ein Dreiphasentransformator durch einfache Erweiterung des Grundtransformatormodells simuliert werden kann. Darüber hinaus kann ein ziemlich robustes Simulationsmodell erstellt werden, indem einige grundlegende Aspekte der Transformatorkonstruktion berücksichtigt werden, die die Kopplung zwischen den Transformatorwicklungen beeinflussen werden. Der Transformator kann jedoch nur mit den grundlegenden Spezifikationen des Herstellers simuliert werden – die maximale Nennleistung in VA, die maximale Leitungsspannungsbewertung jeder Schnittstelle des Transformators und der Anschlusstyp der Transformatorwicklungen. Der Leser kann entweder auf Konstruktionsdetails des Herstellers zurückgreifen, um Parameter wie die gegenseitigen Induktivitäten zwischen den Wicklungen zu berechnen, oder vernünftige Annahmen treffen. Im nächsten Abschnitt wollen wir uns die Simulationsergebnisse des obigen Modells ansehen und weiter diskutieren, wie mit einigen geringfügigen Modifikationen auch Dreiphasentransformatoren mit anderen Wicklungsverbindungen simuliert werden können.

5.4 Simulationsergebnisse von Dreiphasentransformatoren

Im vorherigen Abschnitt haben wir im Detail untersucht, wie ein Simulationsmodell für einen Dreiphasentransformator nur mit den grundlegenden Herstellerspezifikationen entwickelt werden kann. In diesem Abschnitt werden wir die Ergebnisse des Simulationsmodells im vorherigen Abschnitt untersuchen und gleichzeitig untersuchen, wie Transformatoren mit unterschiedlichen Wicklungsverbindungen simuliert werden können. Wie sich zeigen wird, sind die Modifikationen überraschend gering, sodass wir dieses Modell zur Simulation einer großen Anzahl von Dreiphasentransformatoren verwenden können, die im modernen Stromnetz verwendet werden.

Mit dem im vorherigen Abschnitt entwickelten Transformatormodell können wir den Schaltkreis von Abb. 5.5 simulieren. Die Abb. 5.7 und 5.8 zeigen die Leitungsspannungen im Primär- und Sekundärteil des Transformators. Die Spitzen der Spannungen entsprechen RMS-Werten von 415 V für das Primär- und 11 kV für das Sekundärteil. Die an das Primärteil angeschlossenen Spannungsquellen haben RMS-Größen von 240 V. Es ist auf die Stern-Verbindung zurückzuführen, dass die an das Primärteil des Transformators angelegten Leitungsspannungen $\sqrt{3}$ mal so groß sind wie die RMS-Größe der in den Phasen angeschlossenen Spannungsquellen. Durch die Berechnung von `Vrated_primary` und `Vrated_secondary` als $\frac{1}{\sqrt{3}}$ der Leitungsspannungen werden die Nennspannungen der Wicklungen gleich den RMS-Größen der Phasenspannungen anstelle der Leitungsspannungen gehalten. Wie im vorherigen Abschnitt erwähnt, ist diese Berechnung sehr wichtig, da die Spannungsgröße eines Dreiphasensystems normalerweise als RMS-Wert der Leitungsspannung angegeben wird, aber zur

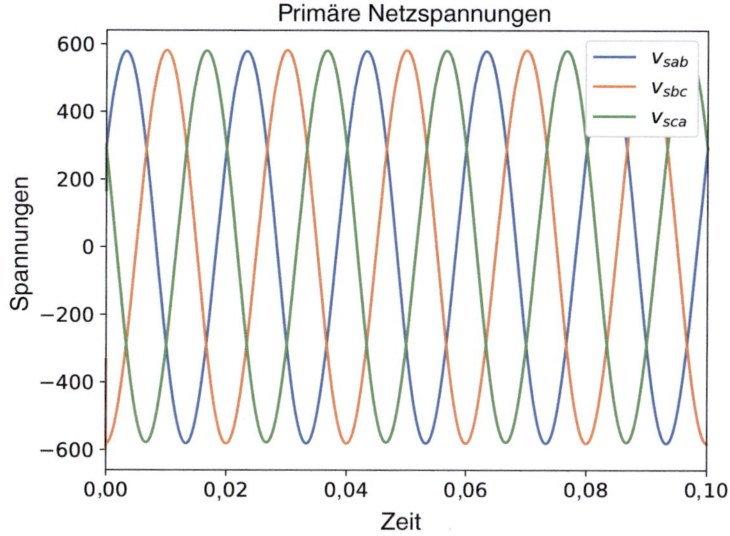

Abb. 5.7 Leitungsspannungen des Transformatorprimärteils

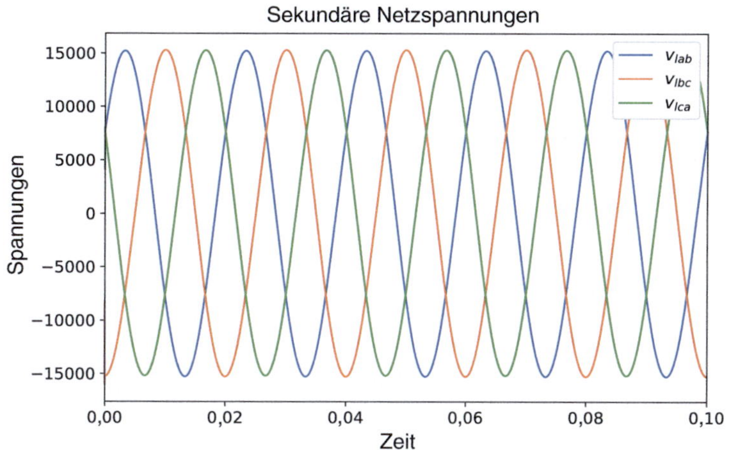

Abb. 5.8 Leitungsspannungen des Transformatorsekundärteils

Berechnung der äquivalenten Schaltkreisparameter des Transformators muss die Nennspannung der Wicklungen als Phasenspannungen berechnet werden.

Die Abb. 5.9 und 5.10 zeigen die Phasenspannungen des Primär- und Sekundärteils. Im Gegensatz zu den Leitungsspannungen in den Abb. 5.7 und 5.8 sind die RMS-Größen der Phasenspannungen 240 V für das Primär- und 6,35 kV

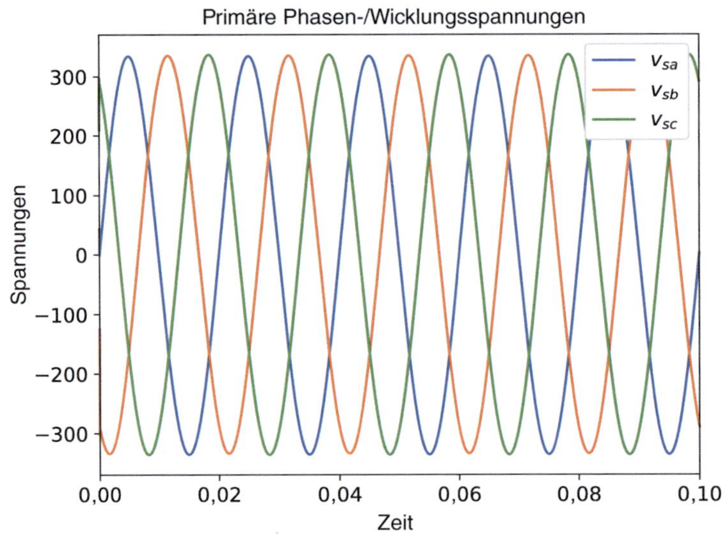

Abb. 5.9 Phasenspannungen des Transformatorprimärteils

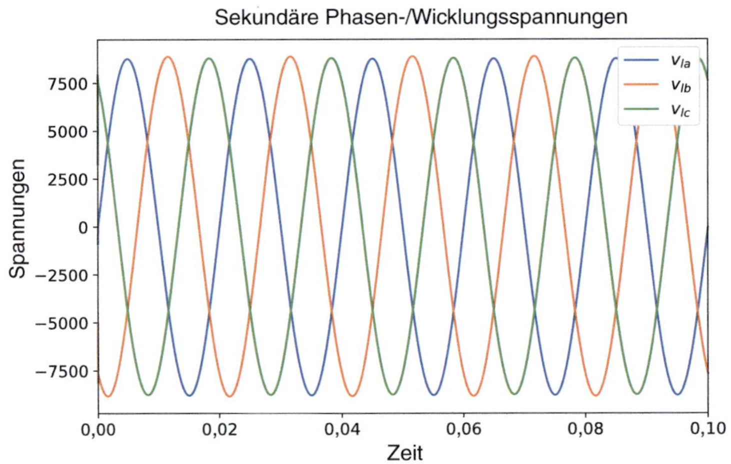

Abb. 5.10 Phasenspannungen des Transformatorsekundärteils

für das Sekundärteil. Der Leser wird ermutigt, die Phasenspannung v_{sa} und die Leitungsspannung v_{sab} gemeinsam zu plotten, um zu überprüfen, dass v_{sab} v_{sa} um einen Phasenwinkel von 30° voraus ist. Die Abb. 5.11 und 5.12 zeigen die Primär- und Sekundärströme. Die Primärströme haben eine Gleichstromverschiebung, da die magnetisierenden Ströme eine Gleichstromverschiebung mit den Primärspannungen aufweisen, die Sinuswellenformen sind.

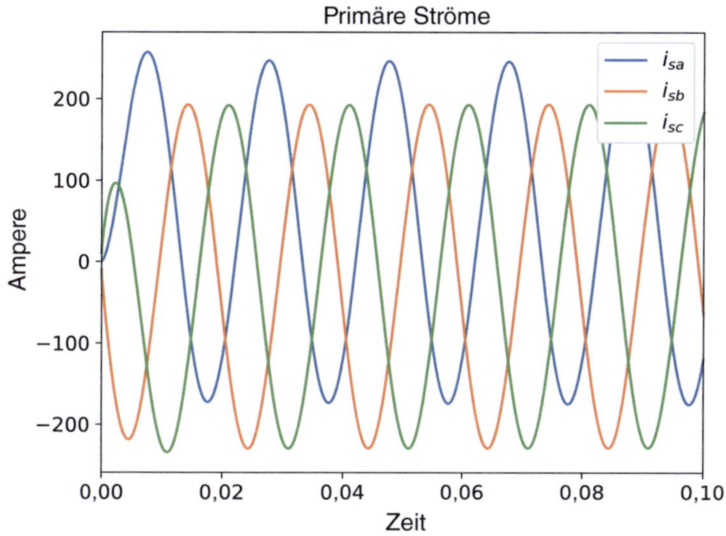

Abb. 5.11 Primärströme des Transformators

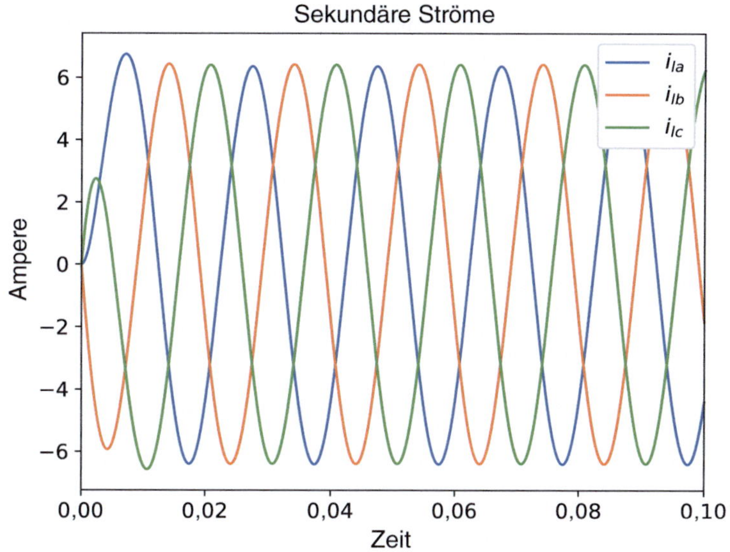

Abb. 5.12 Sekundärströme des Transformators

Der Leser wird ermutigt, verschiedene Spannungen an das Primärteil des Transformators anzulegen und zu überprüfen, ob die erzeugte Sekundärspannung dem angegebenen Übersetzungsverhältnis entspricht. Der simulierte Dreiphasentransformator ist ein Stern-Stern-Transformator, bei dem sowohl die Primär- als auch die Sekundärwicklungen des Transformators sternförmig angeschlossen sind. Darüber hinaus haben wir uns mit ausgeglichenen Dreiphasensystemen befasst, bei denen die RMS-Größe aller Dreiphasenspannungen gleich ist, die Phase b hinter der Phase a um 120° zurückbleibt und die Phase c hinter der Phase b um 120° zurückbleibt. In häuslichen Verteilungssystemen, bei denen jede Phase eines Dreiphasensystems möglicherweise Lasten in verschiedenen Teilen eines Hauses oder eines Büros versorgt, besteht die Möglichkeit, dass das Dreiphasensystem unausgeglichen ist. Dies liegt daran, dass die von unausgeglichenen Lasten gezogenen Ströme wiederum unausgeglichene Spannungen erzeugen, da die unausgeglichenen Spannungsabfälle über den Zuleitungen liegen.

Eine sehr beliebte Verbindungsstrategie in Bezug auf Dreiphasentransformatoren ist, wenn entweder die Primär- oder die Sekundärseite in Stern und die andere in Delta verbunden ist [4]. Diese Transformatoren werden Stern-Delta- oder Delta-Stern-Transformatoren genannt. Diese Transformatoren sind sehr beliebt, wenn eines der Teilsysteme ein Vierdrahtsystem mit einem Neutralleiter sein muss, das andere jedoch nicht [1]. Ein Beispiel ist ein Verteiltransformator, der ein Haus oder Gebäude mit 415 V aus einem 11-kV- oder 22-kV-Verteilungsfeeder versorgt. Die Dreiphasenversorgung im Haus muss eine Neutralleiterverbindung haben, da die Stromversorgung im Haushalt einphasig ist und daher die meisten Geräte zwischen einer Phase und einem Neutralleiter angeschlossen werden. Die 415-V-Dreiphasenversorgung muss mit einem Neutralleiter sternförmig verbunden sein. Das Dreiphasensystem auf dem 11-kV- oder 22-kV-Feeder benötigt jedoch keine Neutralleiterverbindung, da dieser Feeder lediglich Strom liefert und keine Lasten versorgt, die einen Neutralleiter benötigen. In einem solchen Fall würde das Verbinden des 11-kV- oder 22-kV-Feeders in Stern mit einem Neutralleiter unnötigerweise einen Vierdrahtfeeder erfordern. Wenn wir stattdessen wählen, die 11-kV- oder 22-kV-Wicklungen des Transformators in Delta zu verbinden, hätten wir einen Dreidrahtfeeder, was die Kosten senken würde.

Ein Vierdrahtsystem ist in bestimmten Fällen erforderlich, wie zum Beispiel bei der Versorgung von Lasten, die eine Neutralleiterverbindung benötigen. In solchen Fällen, in denen der Anteil der einphasigen Lasten hoch ist, ist ein Vierdrahtsystem in der Regel unausgeglichen. Ein Strom wird im Neutralleiter sowie auch in den Dreiphasenleitern fließen. Dieser Stromfluss kann nicht vermieden werden, da dies die Anforderung der Last ist. Die Frage stellt sich dann – wie würden vier Ströme auf drei Ströme in einem Delta-Stern-Transformator abgebildet, wobei die in Delta verbundenen Wicklungen keinen Neutralleiter haben, ähnlich wie die in Stern verbundenen Wicklungen? Der Strom im Neutralleiter auf den sternförmig verbundenen Wicklungen wird innerhalb der in Delta verbundenen Wicklungen zirkulieren [4]. Die Leiterströme auf der in Delta verbundenen Seite werden von diesem Neutralstrom befreit sein. Dies mag etwas verwirrend erscheinen und wird bald durch eine Simulation demonstriert.

Abb. 5.13 zeigt eine Schaltung zur Simulation eines Dreiphasen-Delta-Stern-Transformators. Diese Simulation kann im Ordner `transformer_delta_star` innerhalb von `chapter5_transformer_applications` im folgenden Link im Simulations-Repository gefunden werden: https://github.com/opensourceelectrical/simulating-magnetics-for-power-electronics

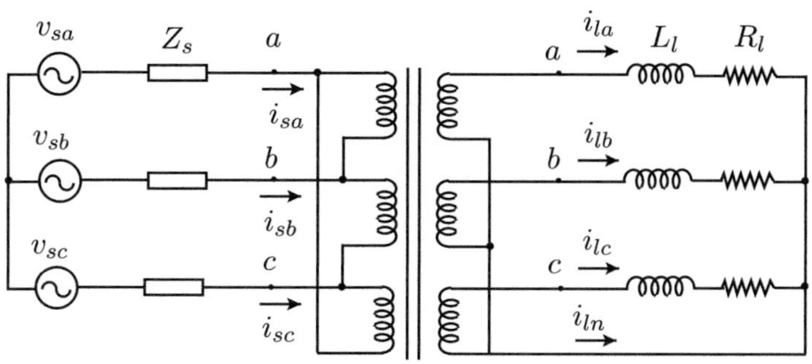

Abb. 5.13 Schaltung zur Simulation eines Delta-Stern-Transformators

Die Primärwicklungen des Transformators sind in Delta verbunden und werden von einer Dreiphasenspannungsquelle gespeist. Die Sekundärseite des Transformators ist in Stern verbunden und versorgt eine Dreiphasenlast, die in Stern verbunden ist. Zunächst betrachten wir eine ausgeglichene Last, und daher fließt kein Strom über die Neutralleiterverbindung auf der Sekundärseite. Bald werden wir eine Unausgewogenheit in der Last einführen und die Simulation wiederholen. Lassen Sie uns den Transformator so wählen, dass er eine maximale Leistung von 50 kVA hat. Lassen Sie uns die Primärseite (Delta) des Transformators so wählen, dass sie eine maximale Spannung von 11 kV und die Sekundärseite (Stern) des Transformators eine maximale Spannung von 415 V hat. Mit diesen grundlegenden Spezifikationen simulieren wir die Schaltung von Abb. 5.13.

Wir können damit beginnen, die Leistung und Spannung des Transformators auf das Simulationsmodell des Transformators zu übertragen:

```
import math
dt = 1.0e-6
Vrated_primary = 11000.0
Vrated_secondary = 415.0 / math.sqrt(3.0)
# Phase a - Windings 1 and 2
# Phase b - Windings 3 and 4
# Phase c - Windings 5 and 6
VArated = 50000.0 / 3    # Volt-Amperes
# Primary windings
V1rated = Vrated_primary
V3rated = Vrated_primary
V5rated = Vrated_primary
# Secondary windings
V2rated = Vrated_secondary
V4rated = Vrated_secondary
V6rated = Vrated_secondary
frated = 50.0       # Hz
omega_rated = 2*math.pi*frated
```

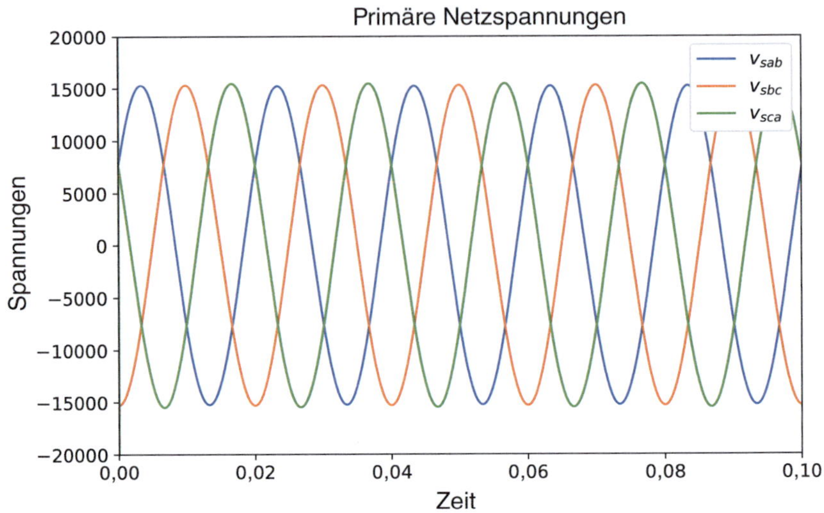

Abb. 5.14 Primäre Leitungsspannungen des Transformators

Die Spannungsbewertung pro Phase der Primärseite ist gleich dem Spannungslevel des Dreiphasensystems, weil die Primärwicklungen des Transformators in Delta verbunden sind, wodurch die Phasen- und Leiterspannungen die gleiche RMS-Magnitude haben. Andererseits ist die Spannungsbewertung pro Phase der Sekundärseite $\frac{1}{\sqrt{3}}$ mal das Spannungslevel des Dreiphasensystems, weil die Sekundärwicklungen in Stern verbunden sind. Genau wie in der vorherigen Simulation müssen wir die maximale Leistungsbewertung pro Phase berechnen, indem wir die gesamte maximale Dreiphasenleistungsbewertung durch 3 teilen. Die oben genannten Änderungen sind die einzigen Änderungen, die am Simulationsmodell vorgenommen werden müssen. Alle anderen Berechnungen bleiben gleich, da die Berechnung aller anderen Parameter auf einer Pro-Phase-Basis mit diesen grundlegenden Leistungs- und Spannungsbewertungen erfolgt.

Die Abb. 5.14 und 5.15 zeigen die primären und sekundären Leitungsspannungen des Dreiphasentransformators. Die Spitzen der Wellenformen entsprechen den Leitungsspannungsbewertungen des Primär- und Sekundärteils des Transformators. Die Abb. 5.16 und 5.17 zeigen die primären und sekundären Leitungsströme des Dreiphasentransformators. Wie in der vorherigen Simulation haben die Ströme im Primärteil Gleichstromversatz aufgrund der magnetisierenden Ströme, die von der Primärwicklung gezogen werden. Der Leser wird ermutigt, die Wellenformen der anderen gemessenen Größen wie Phasenspannungen und Phasenströme zu plotten.

Der Betrieb des Delta-Stern-Transformators ist am interessantesten, wenn wir den Fall betrachten, dass die Last an den sternförmig verbundenen Wicklungen unausgeglichen ist. Lassen Sie uns die Lastimpedanz in Phase b 1,5-mal so groß machen wie die Lastimpedanz in Phase a, und die Lastimpedanz in Phase c 2-mal so

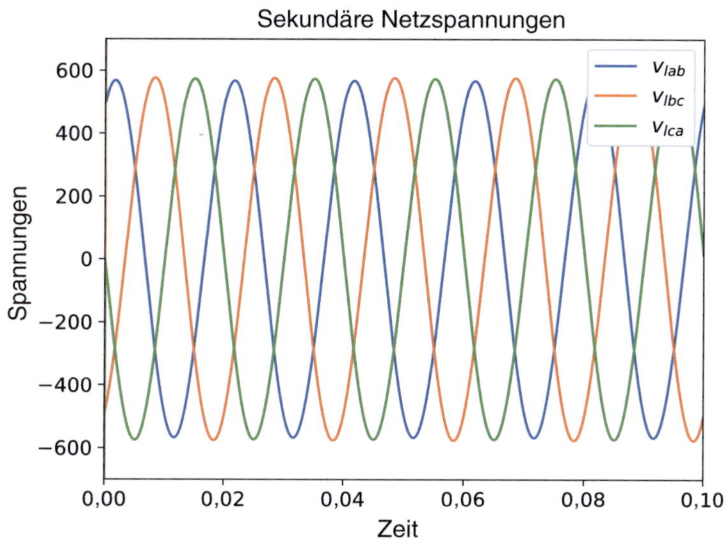

Abb. 5.15 Sekundäre Leitungsspannungen des Transformators

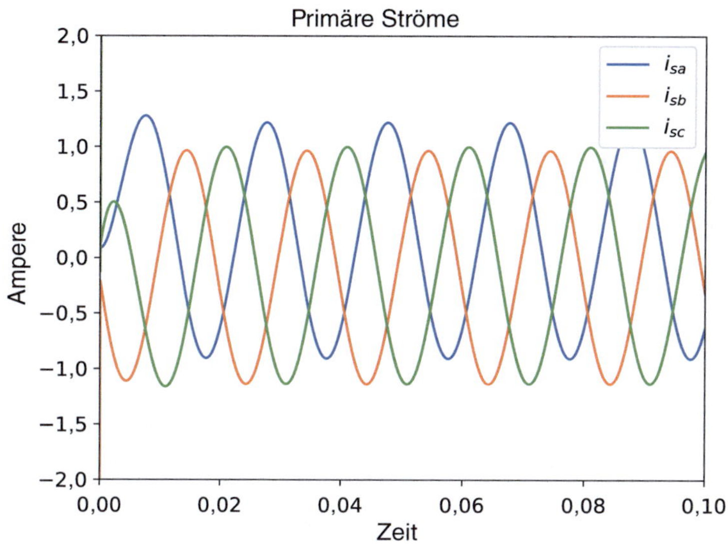

Abb. 5.16 Primäre Leitungsströme des Transformators

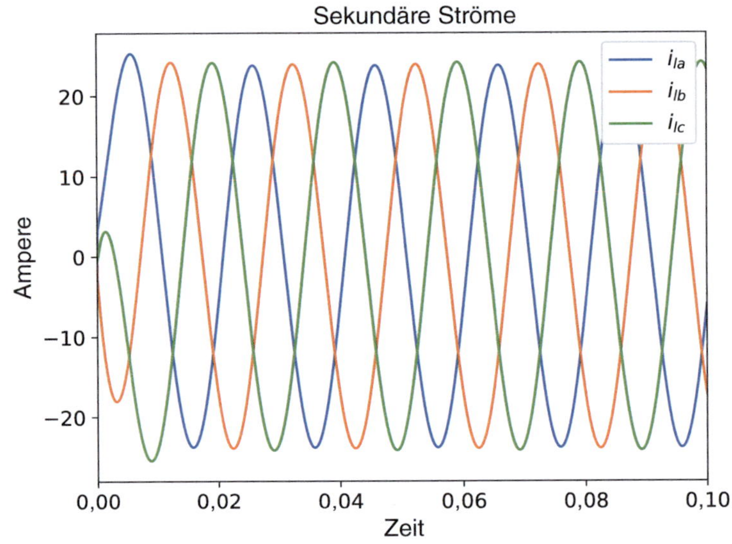

Abb. 5.17 Sekundäre Leitungsströme des Transformators

groß wie die Lastimpedanz in Phase a. Wir haben nun eine ziemlich starke Unausgewogenheit zwischen den drei Phasen der Last eingeführt. Unter diesen unausgeglichenen Bedingungen wird der Strom i_{ln} nun einen nicht vernachlässigbaren Wert aus dem Ausdruck haben:

$$i_{ln} = -(i_{la} + i_{lb} + i_{lc}) \tag{5.10}$$

Da die Sekundärseite des Transformators sternförmig verbunden ist, werden sowohl die Phasen- als auch die Leitungsströme in der Sekundärseite unausgeglichen sein und eine Komponente $\frac{i_{ln}}{3}$ haben, die als Nullfolgenkomponente bezeichnet wird. Die Nullfolgenkomponente kann nur in den Sekundärwicklungen des Transformators fließen, wenn ein bezogener Strom $\frac{N_2}{N_1}\frac{i_{ln}}{3}$ ($\frac{N_2}{N_1}$ – Transformatorübersetzungsverhältnis) auch in den Primärwicklungen fließen kann [1]. Dies ist grundlegend für den Betrieb jedes Transformators und folgt aus der in dem vorherigen Kapitel beschriebenen Theorie. Wenn die an die Primärwicklungen angelegte Spannung annähernd konstant ist, wird der Kernfluss ebenfalls annähernd konstant bleiben. Daher wird jeder Strom, der in der Sekundärwicklung aufgrund einer angeschlossenen Last fließt, einen entmagnetisierenden Effekt haben. Dieser entmagnetisierende Effekt muss durch einen Strom neutralisiert werden, der in der Primärwicklung fließt und einen nullifizierenden magnetisierenden Effekt hat.

Wenn die Sekundärwicklungen des Transformators sternförmig mit einem Neutralleiter verbunden wären, bedeutet das allein nicht, dass aufgrund der unausgeglichenen Last ein Strom im Neutralleiter fließen kann [1]. Wenn ein Strom im Neutralleiter fließt, muss auch eine Nullfolgenkomponente in den drei Phasen der Sekundärseite fließen. Und das ist nur möglich, wenn eine bezogene Nullfolgenkomponente auch in den Primärwicklungen fließt. Nicht alle Transformatorverbindungen erlauben dies. Zum Beispiel kann der Stern-Stern-Transformator von Abb. 5.5, der keinen Neutralleiter in den Primär- oder Sekundärwicklungen hat, keinen Nullfolgenstrom unterstützen. Selbst wenn die Sekundärwicklungen von Abb. 5.5 einen Neutralleiter hätten, der mit dem Neutralleiter der Last verbunden ist, würde eine solche Verbindung nicht zum Fluss eines Neutralstroms führen. Dies liegt daran, dass der Neutralstrom Nullfolgenkomponenten erfordert, die in den Sekundärwicklungen fließen. Da die Primärseite des Transformators keinen Neutralleiter hat, können keine bezogenen Nullfolgenkomponenten in den Primärwicklungen fließen.

Im Falle des Delta-Stern-Transformators in Abb. 5.13 ergibt sich ein sehr interessanter Fall. Da die Primärseite des Transformators in Delta geschaltet ist, kann das Dreiphasensystem auf der Primärseite keinen Neutralleiter haben. Daher liegt es nahe zu schlussfolgern, dass ein Delta-Stern-Transformator, genau wie ein Stern-Stern-Transformator ohne Neutralleiter auf der Primärseite, keine Nullfolgeströme unterstützen wird. Allerdings können die Nullfolgeströme innerhalb der Delta-Verbindung zirkulieren, wie in Abb. 5.18 gezeigt. Aufgrund der Art der Verbindung der Primärwicklungen kann eine Nullfolgenkomponente fließen als

$$ki_{in} = i_{wa} + i_{iwb} + i_{wc} \tag{5.11}$$

Die Ströme in jeder Wicklung i_{wa}, i_{wb}, i_{wc} werden Nullfolgenkomponenten gleich $\frac{i_{ln}}{3}$ haben. Die Leiterströme i_{sa}, i_{sb}, i_{sc} werden jedoch diese Nullfolgenkomponenten nicht haben, da die Nullfolgenkomponenten in den Wicklungen sich wie folgt aufheben:

$$\begin{aligned} i_{sa} &= i_{wa} - i_{wc} \\ i_{sb} &= i_{wb} - i_{wa} \\ i_{sc} &= i_{wc} - i_{wb} \end{aligned} \tag{5.12}$$

Daher ist ein Delta-Stern- (oder ein Stern-Delta)-Transformator ein sehr nützlicher Transformator, wenn ein Dreiphasensystem ein unausgeglichenes System unter-

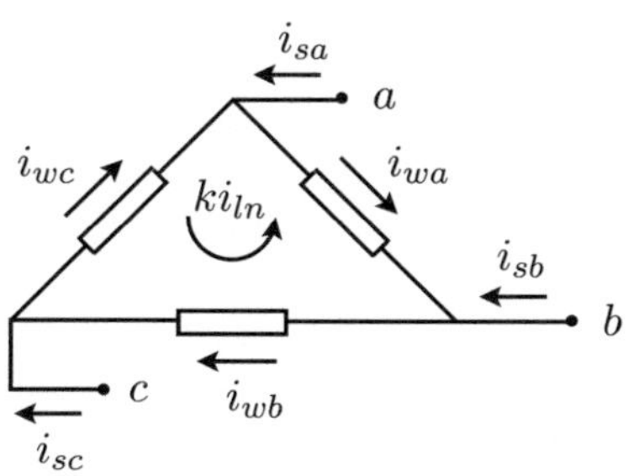

Abb. 5.18 Nullfolgenkomponente zirkuliert in Delta verbundenen Wicklungen

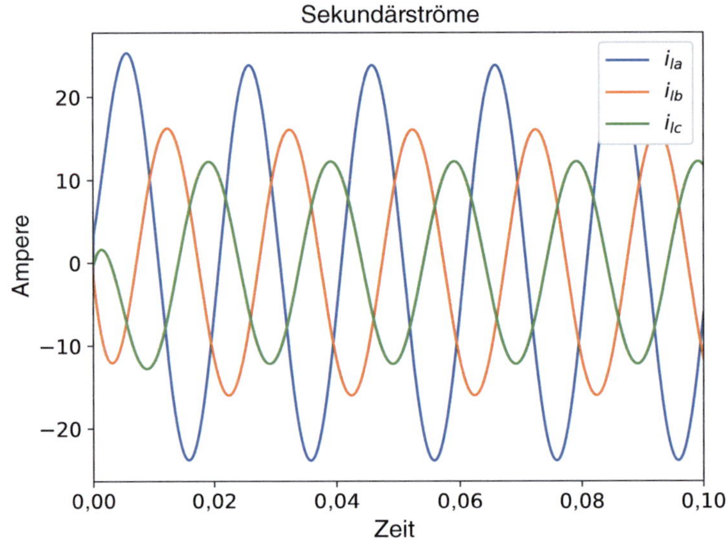

Abb. 5.19 Transformator Sekundärleiterströme – unausgeglichen

stützen muss, das andere Dreiphasensystem jedoch nicht. Lassen Sie uns dies mit einer modifizierten Simulation untersuchen.

Abb. 5.19 zeigt die Simulationsergebnisse mit den Lastströmen in der sternförmig verbundenen Sekundärseite, die unausgeglichene Sinuswellenformen unterschiedlicher RMS-Größen sind. Der Neutralstrom in der Sekundärseite kann mit der Komponente Ammeter_loadneutral gemessen werden. Der zirkulierende Strom in der deltaförmig verbundenen Primärseite kann jedoch nicht direkt mit einem Amperemeter gemessen werden, da dieser zirkulierende Strom auf die Nullfolgenkomponente in den Wicklungsströmen zurückzuführen ist. Wir können diesen zirkulierenden Strom berechnen, indem wir in dem Simulationsmodell die Summe der Ströme berechnen, die von Ammeter_T1W1, Ammeter_T1W3 und Ammeter_T1W5 gemessen werden. Wir müssen die Steuerdatei mit drei zusätzlichen Eingaben konfigurieren, die mit den Messungen von Ammeter_T1W1, Ammeter_T1W3 und Ammeter_T1W5 verbunden sind und durch die Eingabevariablen `iprim1`, `iprim2` und `iprim3` bezeichnet werden.

Abb. 5.20 zeigt den Strom im Sekundärneutralleiter zusammen mit dem zirkulierenden Strom i_Δ in der deltaförmig verbundenen Primärseite ausgedrückt als

$$i_\Delta = i_{wa} + i_{wb} + i_{wc} \tag{5.13}$$

Der zirkulierende Strom in der deltaförmig verbundenen Primärseite ist viel kleiner als der Neutralstrom in der Sekundärseite aufgrund des Übersetzungsverhältnisses des Transformators. Um den zirkulierenden Strom mit dem Neutralstrom zu vergleichen, wird der zirkulierende Strom mit einem Wert von 45 multipliziert, der nahe am Übersetzungsverhältnis des Transformators 45,83 liegt. Dies geschieht,

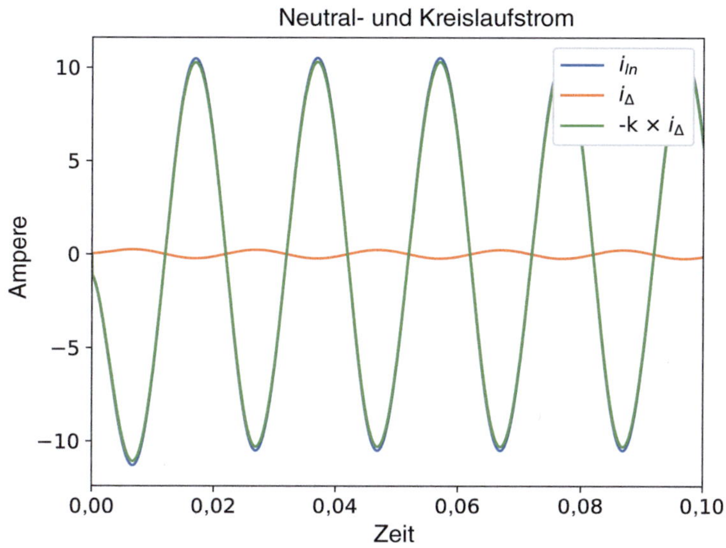

Abb. 5.20 Sekundärneutralstrom und zirkulierender Strom in der Primärseite

damit die Wellenformen nicht genau übereinanderliegen, aber nahe genug sind, um visuell zu überprüfen, dass sie gleich sind. Da der Neutralstrom die negative Summe der drei Sekundärleiterströme ist, wird der zirkulierende Strom invertiert. Aus Abb. 5.20 geht sehr deutlich hervor, dass der Neutralstrom in der Sekundärseite in den deltaförmig verbundenen Primärwicklungen zirkuliert.

In diesem Abschnitt haben wir die Simulation von zwei verschiedenen Dreiphasentransformatoren im Detail untersucht. Es ist klar, dass das im vorherigen Kapitel entwickelte Transformatormodell äußerst flexibel ist und modifiziert werden kann, um verschiedene Arten von Transformatoren zu simulieren. Neben dem mathematischen Modell muss nur noch die physische Verbindung in den Schaltplänen zwischen den Transformatorwicklungen geändert werden. Der Leser wird ermutigt, andere Kombinationen von Dreiphasentransformatoren zu simulieren, wie den Stern-Delta-Transformator oder den Stern-Stern-Transformator mit und ohne Neutralleiter.

5.5 Hochfrequenztransformatoren

Bis jetzt wurden alle Transformatoren, die simuliert wurden, als Netzfrequenz (50 Hz- oder 60 Hz-) Transformatoren betrachtet. Diese Transformatoren sind entscheidend im Stromnetz und ermöglichen eine effiziente Großstromübertragung über weite Strecken, indem sie die Spannung auf Hunderte von Kilovolt erhöhen. Mit der Verbreitung von tragbaren elektronischen Geräten wie Laptops, Mobiltelefonen, Tablets usw. werden die Stromversorgungen für diese immer kleiner und leichter. In diesen Stromversorgungen befinden sich Transformatoren, die völlig unbemerkt geblieben wären, es sei denn, die Stromversorgungen werden zur Reparatur auseinandergenommen [2, 10]. Diese Anwendung des Transformators ist auch äußerst interessant, insbesondere für einen Leistungselektronikingenieur. In diesem Abschnitt werden wir das Konzept dieser Stromversorgungstransformatoren vorstellen und beschreiben, wie sie sich von Netzfrequenztransformatoren unterscheiden.

Bevor wir Transformatoren beschreiben, die in Stromversorgungsanwendungen verwendet werden, die Leistungselektronikumrichter enthalten, lassen Sie uns die Auswirkungen hoher Frequenzen auf Transformatoren beschreiben [1, 4]. Wenn eine Wicklung eines Transformators mit einer Wechselspannung einer bestimmten Frequenz f beaufschlagt wird, fließt ein magnetischer Fluss im Kern des Transformators, der ebenfalls eine Wechselgröße der gleichen Frequenz f sein wird. Lassen Sie uns diesen Kernfluss als folgende Sinusfunktion ausdrücken:

$$\phi = \phi_m \sin 2\pi f t \tag{5.14}$$

Da der Kernfluss eine Wechselgröße ist, werden in allen Wicklungen des Transformators EMK induziert, die direkt proportional zur Änderungsrate des Kernflusses sind:

$$e_x = N_x \frac{d\phi}{dt} = 2\pi N_x \phi_m f \cos 2\pi f t \tag{5.15}$$

Aus dem obigen Ausdruck ergibt sich, dass für eine gegebene Wicklung mit N_x Windungen das Produkt $\phi_m f$ die Variablen enthält, die die Größe der induzierten EMK beeinflussen, wenn sich die Frequenz ändert. Bei einer festen Größe ϕ_m des Kernflusses wird die induzierte EMK zunehmen, wenn die Frequenz zunimmt.

Betrachten wir den einfachen Fall, dass ein Transformator von einer einzigen Versorgung gespeist wird, deren Spannungsbetrag gleich der maximal zulässigen Spannung der beaufschlagten Wicklung ist. Wie wir bereits im vorherigen Kapitel beschrieben haben, wird die in dieser Wicklung induzierte EMK wie folgt ausgedrückt:

$$e_x = v - i_x r_x \approx v \tag{5.16}$$

Da es eine faire Annäherung ist, den Spannungsabfall über dem Wicklungswiderstand zu vernachlässigen, ist die induzierte EMK ungefähr gleich der über die Wicklung angelegten Spannung.

Aus den obigen Gleichungen folgt, dass der Spitzenwert V_m der angelegten Spannung wie folgt ausgedrückt werden kann:

$$V_m \approx 2\pi N_x \phi_m f \tag{5.17}$$

Anschließend können wir die Konstanten und die Anzahl der Windungen N_x der Wicklung als Konstruktionskonstante ignorieren, um zu folgendem Ausdruck zu gelangen:

$$V_m \propto \phi_m f \tag{5.18}$$

Dieser endgültige Proportionalitätsausdruck beschreibt die Auswirkungen der Frequenz auf einen Transformator. Wenn die Frequenz f zunimmt, wird die Größe des Kernflusses ϕ_m abnehmen. Für eine bestimmte Konstruktion des Kerns und eine gegebene Querschnittsfläche A_c des Kerns wird die Flussdichte B infolge der Frequenzerhöhung abnehmen. In Kap. 2 hatten wir die B-H-Kurve von magnetischen Materialien beschrieben. Solche B-H-Kurven sind für die meisten gebräuchlichen magnetischen Materialien verfügbar, außerdem werden sie vom Hersteller, der den Kern oder das magnetische Material für den Kern liefert, zur Verfügung gestellt. Für jedes magnetische Material gibt es bei einer bestimmten Temperatur und unter anderen Bedingungen einen Wert der Flussdichte B, jenseits dessen der Kern gesättigt ist.

Wenn der Fluss im Kern so ist, dass die Flussdichte B diesen Sättigungswert übersteigt, führt die resultierende Kernsättigung zu erhöhten Verlusten und erhöhten Temperaturen, die wiederum die magnetischen Eigenschaften des Kerns verschlechtern können. Es ist jedoch auch ratsam, den maximalen Fluss im Kern einen Wert erreichen zu lassen, sodass die Flussdichte etwas niedriger als der Sättigungswert ist. Auf diese Weise wird der Transformatorkern voll ausgenutzt, was zu einem optimierten Design führt [4]. Aufgrund der erhöhten Frequenz nimmt der Kernfluss in der Größe ab. Anstatt zu zulassen, dass die Flussdichte im Kern auf einen sehr niedrigen Wert abfällt, kann die Größe des Kerns verringert werden, sodass die maximale Flussdichte weiterhin etwas niedriger als der Sättigungswert des Flusses ist. Daher verringert sich mit zunehmender Frequenz die Größe des Kerns, was zu kleineren Transformatoren und damit zu kleineren Stromversorgungen führt [2, 10].

Es gibt einige andere Effekte des Hochfrequenzbetriebs, die erfordern, dass Hochfrequenztransformatoren in ihrer Bauweise sehr unterschiedlich zu Netzfrequenztransformatoren sind. Der Wechselstromfluss im Transformatorkern führt zu einer induzierten EMK in den Wicklungen des Transformators. Allerdings werden neben den Wicklungen auch EMK im Kern selbst induziert, da Kernmaterialien wie Eisen Leiter sind. Dies liegt daran, dass das Faradaysche Gesetz auf jeden Leiter anwendbar ist, der einem sich ändernden Magnetfeld ausgesetzt ist, und dies schließt den Kern und nicht nur die Wicklungen ein. Aufgrund der im Kern induzierten EMK fließen Ströme, die als Wirbelströme bezeichnet werden, im Kern [4]. Diese Ströme haben kreisförmige Pfade und fließen in Ebenen senkrecht zur Richtung des magnetischen Flusses. Die Richtung dieser Ströme kann durch Anwendung des Lenzschen Gesetzes entschlüsselt werden – sie sind so ausgerichtet, dass sie der Ursache (Flussänderung), die sie erzeugen, entgegenwirken.

Diese Wirbelströme sind offensichtlich unerwünscht, da es keinen Nutzen gibt, wenn Ströme im Kern fließen – nur die Spannungen an den Wicklungen sind nützlich. Diese Wirbelströme führen zu ohmschen Verlusten im Kern und resultieren in erhöhten Kerntemperaturen. In unserem Simulationsmodell haben wir die Wirbelstromverluste mit dem Kernverlustwiderstand R_c erfasst. Um die Erwärmungseffekte dieser Wirbelströme zu minimieren, wird der Eisenkern in Bleche oder Laminierungen unterteilt, die mit isolierenden Materialien beschichtet sind. Daher besteht der Transformatorkern anstelle eines massiven Eisenblocks aus einer Anzahl von Eisenlaminierungen, die durch eine dünne Isolationsschicht voneinander isoliert sind [4]. Dies erhöht den Widerstand für den Fluss von Wirbelströmen und verringert daher die Wirbelstromverluste.

Eine weitere bedeutende Kernverlustkomponente in Transformatoren ist der Hystereseverlust [4]. In Kap. 2 haben wir die B-H-Kurve beschrieben. Wir haben beschrieben, wie die ideale lineare B-H-Kurve in praktischen Kernen nicht existiert, da ein Kern bei Magnetisierung dazu neigt, seinen Magnetismus zu behalten. Dies bedeutet, dass, wenn die magnetische Feldstärke H zunimmt, die Flussdichte B nicht linear zunimmt, sondern mit einer geringeren Rate zunimmt. Ebenso wird B bei Abnahme von H nicht linear folgen, da der Kern einen Teil seines Magnetismus behält und daher mit einer geringeren Rate abnimmt. Diese Beibehaltung des Kerns erzeugt einen Verlust, der als Hystereseverlust bezeichnet wird. Im Simulationsmodell wurde der Hystereseverlust im Verlustwiderstand R_c berücksichtigt.

Da Wirbelströme aufgrund des sich ändernden magnetischen Flusses im Kern erzeugt werden, werden die Wirbelströme mit zunehmender Frequenz der Versorgung in ihrer Größe zunehmen und damit auch die Wirbelstromverluste [4]. Das Gleiche gilt auch für den Hystereseverlust [4]. Mit zunehmender Frequenz nimmt der Verlust, der durch die Beibehaltung des Kerns entsteht, zu. Wenn wir zu einem sehr hohen Frequenzbetrieb in Tausenden von Hertz übergehen, werden die Wirbelstrom- und Hystereseverluste selbst in laminierten Eisenkernen unakzeptabel hoch sein. Aus diesem Grund verwenden Hochfrequenztransformatoren Kerne aus Ferrit, einem Keramikmaterial, das aus Eisenoxid und mehreren anderen Metallen besteht [6]. Ferritkerne haben magnetische Eigenschaften ähnlich denen von Eisenkernen, sind aber nicht leitfähig, was zu verringerten Wirbelstromverlusten bei hohen Frequenzen führt.

Ferritkerne sind in zahlreichen Formen (kreisförmig, rechteckig, C-förmig, E-förmig usw.) und Größen für den sofortigen Einsatz in Wickelinduktoren oder Transformatoren erhältlich [6]. Darüber hinaus sind eine Reihe von Hochfrequenzinduktoren und -transformatoren mit Standardleistungen für Standard-Stromversorgungsanwendungen verfügbar. Ein Leistungselektronikingenieur kann entweder einen fertigen Induktor oder Transformator kaufen oder Ferritkerne in verschiedenen Formen verwenden und kundenspezifische Transformatoren und Induktoren konstruieren. Alle Konzepte im Design für Hochfrequenzinduktoren und -transformatoren sind genau die gleichen wie für Netzfrequenzinduktoren und -transformatoren. Ein Ingenieur muss sich nur drei Gesetze merken – das Kirchhoffsche Spannungsgesetz, das Faradaysche Gesetz und das Lenzsche Gesetz, um die Wicklungen und den Kern in einen magnetischen Kreislauf zu übersetzen.

In diesem Abschnitt haben wir die grundlegenden Unterschiede zwischen Hochfrequenztransformatoren und Netzfrequenztransformatoren beschrieben. Der größte Vorteil eines Hochfrequenztransformators ist die verkleinerte Größe aufgrund der geringeren Flussgröße, was zu einem kleineren Kern führt. Andererseits erfordert der Hochfrequenzbetrieb, dass der Transformatorkern aus einem speziellen Material wie Ferrit besteht, um Kernverluste zu minimieren, die proportional zur Frequenz sind. Im nächsten Abschnitt werden wir den Betrieb des Hochfrequenztransformators mit einem sehr beliebten Wandler, dem Flyback-Wandler, beschreiben.

5.6 Flyback-Wandler

Im vorherigen Abschnitt haben wir einige der groben Unterschiede zwischen Netzfrequenztransformatoren und Hochfrequenztransformatoren beschrieben. Die Philosophie hinter dem Betrieb eines Hochfrequenztransformators ist die gleiche wie die eines Netzfrequenztransformators. Der Unterschied liegt in der Anwendung, wobei Hochfrequenztransformatoren hauptsächlich in Verbindung mit Leistungselektronikwandlern verwendet werden, wodurch sie durch eine geschaltete Spannung angetrieben werden, im Gegensatz zu Netzfrequenztransformatoren, die durch eine Spannung angetrieben werden, die ungefähr eine Sinuswellenform hat [2, 10]. Je nach Leistungselektronikwandler kann die Art der geschalteten Spannung, der ein Hochfrequenztransformator ausgesetzt ist, drastisch variieren. In diesem Abschnitt werden wir einen sehr beliebten Wandler untersuchen – den Flyback-Wandler [7, 8].

Abb. 5.21 zeigt die Topologie des Flyback-Wandlers [7, 8]. Was einen Flyback-Wandler zu einem so interessanten Leistungswandler macht, ist, dass man auf den ersten Blick denken könnte, dass ein solcher Wandler niemals funktionieren wird. Der Flyback-Wandler besteht aus einer Gleichspannungsquelle wie einer Batterie, die die Primärwicklung eines Hochfrequenztransformators durch ein Leistungsgerät *S* wie ein MOSFET versorgt. Die Gate-Signale an das Leistungsgerät können ein- und ausgeschaltet werden, sodass die über die Primärwicklung angelegte Spannung eine geschaltete Spannung ist. Es ist äußerst wichtig, die Punktpolaritäten der Transformatorwicklungen zu beachten – für die Primärwicklung ist der Punkt am oberen Anschluss, während für die Sekundärwicklung der Punkt am unteren Anschluss ist. Die Sekundärwicklung des Transformators speist eine Last

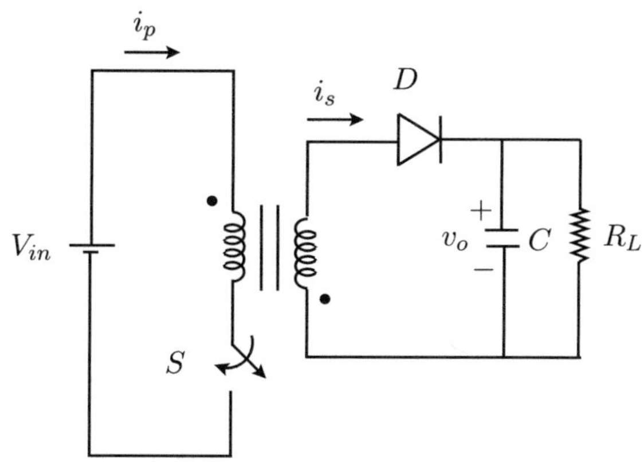

Abb. 5.21 Topologie eines Flyback-Wandlers

R_L, die über einen Ausgangskondensator C durch eine Diode D angeschlossen ist. Es ist wieder äußerst wichtig zu beachten, dass die Anode der Diode mit dem Anschluss der Sekundärwicklung verbunden ist, der keinen Punkt hat.

Wie bei allen Stromwandlern muss, um die erzeugte Ausgangsspannung zu regulieren, die Leit- und Nichtleitzeitintervalle des Leistungsgeräts S reguliert werden. Die Literatur zu den für den Flyback-Wandler vorgeschlagenen Steuerungsstrategien ist umfangreich [7, 8] und die in diesem Kapitel behandelte Simulation wird keine geschlossene Regelung beinhalten. Da unser Ziel lediglich darin besteht, die Funktion des Hochfrequenztransformators zu verstehen, müssen wir lediglich eine offene Schaltstrategie implementieren. Wir haben bereits ein Beispiel für einen Ćuk-Wandler in Kap. 3 behandelt, bei dem das Leistungsgerät mit einer konstanten Schaltfrequenz betrieben wurde, währenddessen es für einen Teil der Schaltzeitperiode Gate-Signale erhielt, sodass das Gerät leitete und für den verbleibenden Teil der Schaltzeitperiode die Gate-Signale entfernt wurden und das Gerät nicht leitete. Dies ist eine der einfachsten Schaltstrategien und kann als Pulsweitenmodulation (PWM) mit einer konstanten Trägerfrequenz und einem Tastverhältnis implementiert werden. Es wurden viele Variationen zu diesem Schema vorgeschlagen, und der Leser wird ermutigt, diese auszuprobieren.

Abb. 5.22 zeigt die Funktion des Flyback-Wandlers anhand der Wellenformen der drei Hauptgrößen – dem Strom in der Primärwicklung, dem Strom in der Sekundärwicklung und der Ausgangsspannung. Nehmen wir der Einfachheit halber an, dass die Eingangsspannung V_{in} konstant ist. In Abb. 5.22 ist das Zeitintervall, in dem das Leistungsgerät leitet, als t_{ON} und das Zeitintervall, in dem es nicht leitet, als t_{OFF} markiert. Wenn das Leistungsgerät leitet, liegt die Eingangsspannung über der Primärwicklung des Transformators. Wie bei jedem Transformator wird eine induzierte EMK in der Wicklung erzeugt, die gleich und ent-

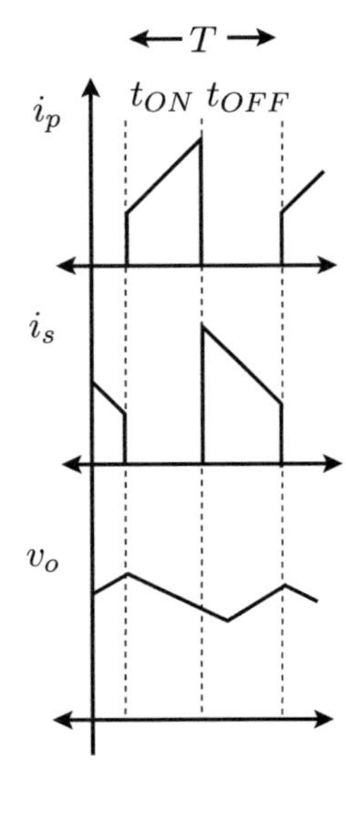

Abb. 5.22 Funktion eines Flyback-Reglers

gegengesetzt zur angelegten Spannung ist. Daher wird die induzierte EMK eine Polarität haben, sodass der obere Anschluss der Primärwicklung eine positive Polarität gegenüber dem unteren Anschluss hat.

Aufgrund der Punktpolaritäten der Transformatorwicklungen wird die in der Sekundärwicklung induzierte EMK so sein, dass die Spannung am Anschluss mit dem entsprechenden Punkt (unterer Anschluss) positiv gegenüber dem oberen Anschluss ist. Der Leser sollte die in den Kap. 3 und 4 vorgestellte Theorie verwenden, um dieses Konzept zu überprüfen. Als Ergebnis wird die Diode in Sperrrichtung vorgespannt und leitet nicht. Da nur eine Wicklung des Transformators leitet, ist der von der Primärwicklung gezogene Strom allein der Magnetisierungsstrom, der wie in Abb. 5.22 gezeigt zunimmt. Während dieses Intervalls (t_{ON}) ist der Strom i_s in der Sekundärwicklung null. Die Ausgangsspannung v_o über dem Kondensator C wird abnehmen, da er sich über den Lastwiderstand R_L entlädt.

Wenn die Gate-Signale an das Leistungsgerät S zurückgezogen werden und das Leistungsgerät aufhört zu leiten, befinden wir uns nun in dem durch t_{OFF} gekennzeichneten Intervall. Man könnte denken, dass in diesem Intervall nichts passiert, da die Eingangsspannung V_{in} vom Transformator getrennt wurde. Wir müssen jedoch daran denken, dass im vorherigen Intervall t_{ON} aufgrund des Flusses des Magnetisierungsstroms ein Fluss im Transformatorkern fließen und Energie im Magnetfeld des Transformators gespeichert wird. Diese gespeicherte Energie wird versuchen, einen Weg zu finden, um weiter zu fließen. Der Grund – das Faradaysche Gesetz besagt, dass jede Änderung des mit einem Leiter (Wicklung) verbundenen Magnetfelds eine induzierte EMK erzeugt. Daher wird, wenn das Leistungsgerät aufgehört hat zu leiten, und die Primärwicklung nicht mehr durch die Eingangsspannung V_{in} gespeist wird, der Kernfluss aufgrund des Verlusts der Energiequelle fallen. Dies führt zu in der Primär- und der Sekundärwicklung induzierten EMK.

Die nächste Frage: Wie wird die Natur oder Polarität der induzierten EMK sein? Dafür verwenden wir das Lenzsche Gesetz – die induzierten EMK werden so sein, dass sie die Ursache, die sie erzeugt hat, entgegenwirken. Die Ursache in diesem Fall ist der fallende Kernfluss, was bedeutet, dass die EMK versuchen werden, den Kernfluss wiederherzustellen. Dem Leser wird erneut geraten, die Theorie hinter den Punktpolaritätskonventionen zu überprüfen. Die Punkte an den Anschlüssen des Transformators zeigen an, dass die Ströme, die in den beiden Wicklungen fließen, die gleiche Wirkung haben, wenn sie beide in die Anschlüsse mit den Punkten eintreten (oder beide verlassen). Während der Leitperiode t_{ON} floss der Strom i_p in der Primärwicklung so, dass er die Primärwicklung am oberen, mit dem Punkt markierten Anschluss betrat. Während dieser Periode stieg der magnetische Fluss im Transformatorkern, da der Magnetisierungsstrom i_p zunahm. Dies bedeutet, dass, wenn der Kernfluss erhöht werden soll, ein Strom in einer der Wicklungen fließen muss, sodass er einen der Punkte betritt.

Mit dem Leistungsgerät S, das durch Entfernen der Gate-Signale zum Nichtleiten gebracht wird, kann kein Strom in der Primärwicklung fließen. Dies impliziert, dass die einzige Möglichkeit, den Kernfluss wiederherzustellen, darin besteht, dass ein Strom in der Sekundärwicklung fließt. Wenn die induzierte EMK in der

Sekundärwicklung so ist, dass das obere Ende der Sekundärwicklung, das keinen Punkt hat, eine positive Spannung gegenüber dem unteren Ende der Sekundärwicklung hat, wird die Diode vorwärts vorgespannt, wenn die induzierte EMK größer ist als die Ausgangsspannung v_o. Wenn die Diode vorwärts vorgespannt ist und zu leiten beginnt, fließt ein Strom i_s in der Sekundärwicklung und lädt den Kondensator C auf. Dieser Strom i_s fließt in das untere Ende der Sekundärwicklung, das durch den Punkt gekennzeichnet ist, und wirkt dem Abfall des Kernflusses entgegen. Da der Ausgangskondensator C durch den Sekundärstrom i_s aufgeladen wird, wird die Ausgangsspannung v_o zunehmen. Da die im Magnetfeld gespeicherte Energie während dieses Intervalls abnimmt, beginnt der Sekundärstrom bei einem Nicht-Null-Wert und nimmt ab, und die Energie im Feld verbraucht sich.

Wie aus dem Betrieb des Flyback-Wandlers oben ersichtlich, gibt es deutliche Unterschiede im Vergleich zum normalen Betrieb eines Transformators, obwohl die grundlegenden physikalischen Gesetze, die den Betrieb des Transformators regeln, die gleichen sind. Wenn die Primärwicklung des Transformators während t_{ON} durch die Eingangsspannung erregt wird, lautet das nach der Primärwicklung ausgedrückte Kirchhoffsche Spannungsgesetz wie folgt:

$$V_{in} = e_p + i_p r_p \tag{5.19}$$

wo r_p der Widerstand der Primärwicklung und e_p die induzierte EMK der Primärwicklung ist.

Das Faradaysche Gesetz gilt auch für den Hochfrequenztransformator, und daher kann die induzierte EMK als Änderungsrate der Flussverknüpfungen der Primärwicklung ausgedrückt werden:

$$V_{in} = N_p \frac{d\phi}{dt} + i_p r_p \tag{5.20}$$

Aus dem obigen Ausdruck wird der Transformatorkernfluss zunehmen, da er ungefähr gleich dem Integral der angelegten Spannung ist. Anschließend wird der Primärstrom i_p zunehmen, um die für die Zunahme des Kernflusses notwendigen Ampere-Windungen bereitzustellen.

Alle obigen Ausdrücke waren dem Fall des Netztransformators sehr ähnlich. Es gibt jedoch jetzt einen drastischen Unterschied zwischen dem Flyback-Transformator und einem normalen Netztransformator. Wenn die Primärwicklung erregt wird und der Kernfluss zunimmt, wird die Last von der Sekundärwicklung getrennt. Dies ist auf die Punktpolarität der Wicklungen und die Platzierung der Diode zurückzuführen, die dazu führt, dass sie rückwärts vorgespannt ist. Bei einem regulären Netztransformator versorgt die Sekundärwicklung normalerweise die Last und daher fließt ein Strom in der Sekundärwicklung. Dieser Strom in der Sekundärwicklung hat eine entmagnetisierende Wirkung auf den Kernfluss und führt zu einer Stromkomponente, die von der Primärwicklung gezogen wird, um den Kernfluss wiederherzustellen. Im Falle des Flyback-Transformators, bei dem kein Strom in der Sekundärwicklung fließt, nehmen der Primärstrom und der Kernfluss ohne Bezug zur Sekundärwicklung zu.

Dies könnte fast wie eine Verletzung erscheinen, da wir bis jetzt beschrieben haben, wie das Übersetzungsverhältnis verwendet werden kann, um die Primär- und Sekundärströme des Transformators gleichzusetzen:

$$N_p i_p = N_s i_s \tag{5.21}$$

Wenn das Leistungsgerät leitet und $i_s = 0$ ist, könnte es scheinen, als ob die obige Gleichung verletzt wird. Wir müssen jedoch daran denken, dass ein Transformator einen Magnetisierungsstrom ziehen muss, um das Magnetfeld im Kern aufrechtzuerhalten. Dieser Magnetisierungsstrom wird von der erregten Wicklung gezogen und steht in keinem Zusammenhang mit dem in einer anderen Wicklung fließenden Strom. Im Falle des Flyback-Transformators ist der Primärstrom der Magnetisierungsstrom des Transformators und wird benötigt, damit der Kernfluss zunimmt.

Es gibt noch ein weiteres Rätsel im Betrieb des Flyback-Wandlers. Wie kommt es, dass die induzierte EMK in der Sekundärwicklung eine Polarität erreicht, die dazu führt, dass die Diode während des t_{OFF} Intervalls leitet? Wir müssen uns daran erinnern, dass EMK induziert werden, wann immer der Kernfluss ändert. Daher wird eine EMK in der Sekundärwicklung während der t_{ON} Periode induziert, wenn der Kernfluss zunimmt, und die Größe der induzierten EMK der Sekundärwicklung kann ausgedrückt werden als

$$e_s = N_s \frac{d\phi}{dt} \tag{5.22}$$

Während der t_{ON} Periode ist die induzierte EMK in der Primärwicklung so, dass sie der Zunahme des Kernflusses entgegenwirkt. Da die Punktpolaritäten der Wicklungen in umgekehrter Weise gewählt sind, wird die induzierte EMK in der Sekundärwicklung eine solche Polarität haben, dass sie versucht, einen Sekundärstrom zu erzeugen, der ebenfalls der zunehmenden Kernfluss entgegenwirkt. Nach unserer Theorie der Punktpolaritäten müsste der Sekundärstrom, um die Zunahme des Kernflusses entgegenzuwirken, in eine Richtung entgegengesetzt zu der in Abb. 5.21 gezeigten fließen. Aufgrund der Anwesenheit der Diode kann ein solcher Strom jedoch nicht fließen. Daher hat die induzierte EMK in der Sekundärwicklung, obwohl vorhanden, keinen Effekt.

Während der t_{OFF}-Periode, wenn die Primärwicklung nicht mehr von der Quelle V_{in} gespeist wird, wird der Kernfluss tendenziell abnehmen. Die resultierende induzierte EMK in beiden, der Primär- und der Sekundärwicklung, wird nun genau das Gegenteil von dem sein, was sie während der t_{ON}-Periode waren, da nun die induzierten ENK so sein werden, dass sie dem abnehmenden Kernfluss entgegenwirken. Während dieser Periode hat die induzierte EMK in der Primärwicklung keine Wirkung, während die induzierte EMK in der Sekundärwicklung dazu führen wird, dass die Diode vorwärts vorgespannt ist. Wieder einmal, mit nur dem Strom in einer Wicklung, der nicht null ist, ist es der magnetisierende Strom, der in der Sekundärwicklung fließt. Daher ist der Flyback-Konverter in Wirklichkeit ein sehr cleveres Design, das einen Transformator verwendet, um Energie im magnetischen Feld von der Eingangsquelle in einem Intervall zu speichern und diese gespeicherte Energie in der Last im anderen Intervall zu verbrauchen.

In diesem Abschnitt haben wir die Funktion eines Flyback-Konverters unter Verwendung der grundlegenden Gesetze der Physik beschrieben, wie es in allen vorherigen Fällen getan wurde. Der Transformator, der in einem Flyback-Konverter verwendet wird, verhält sich sehr anders als ein regulärer Netztransformator. Jeder Betriebszustand des Flyback-Konverters und des Transformators entspricht jedoch den grundlegenden Gesetzen der Physik, und daher ist ein Flyback-Transformator unter der Haube nur ein weiterer Transformator. Im nächsten Abschnitt werden wir die Simulation eines Flyback-Konverters vorstellen.

5.7 Simulation eines Flyback-Konverters

Im vorherigen Abschnitt haben wir die Funktion des Flyback-Konverters beschrieben. Der Leser wird im Internet mehrere Überlegungen darüber finden, ob der in dem Flyback-Konverter verwendete Transformator tatsächlich ein Transformator ist. Dies liegt daran, dass der Flyback-Konverter eine gepulste Energieübertragung durch den Transformator hat, im Gegensatz zu den meisten anderen Transformatoranwendungen, bei denen eine Last kontinuierlich vom Transformator versorgt wird. Aus dem vorherigen Abschnitt geht hervor, dass wir mit allen Gesetzen der Physik, die auf den Flyback-Transformator anwendbar sind, weiterhin das Modell des Transformators für den Flyback-Konverter simulieren können, indem wir das bisher entwickelte Simulationsmodell verwenden. In diesem Abschnitt werden wir die für die Simulation eines Flyback-Konverters erforderlichen Änderungen beschreiben und die Simulationsergebnisse vorstellen.

Abb. 5.23 zeigt die Topologie des Flyback-Konverters, der simuliert werden soll. Diese Simulation kann im Ordner `flyback_converter` innerhalb von `chapter5_transformer_applications` im folgenden Link im Simulations-Repository gefunden werden: https://github.com/opensourceelectrical/simulating-magnetics-for-power-electronics

Einer der Vorteile des Flyback-Konverters ist, dass aufgrund der Notwendigkeit des Transformators auch ein Transformator mit mehreren Sekundärwicklungen zur Erzeugung mehrerer Ausgänge verwendet werden kann. Eine solche Topologie hat einige sehr wichtige Vorteile. Da wir mehrere Wicklungen haben, können wir unterschiedliche Übersetzungsverhältnisse zwischen den Sekundärwicklungen und den Primärwicklungen haben, um Ausgänge auf unterschiedlichen Ebenen zu erzeugen. Dies ist äußerst nützlich, wenn eine Steuerschaltung mehrere Stromversorgungen wie 3,3 V, 5 V, 9 V usw. benötigt. Ein weiterer Vorteil des Vorhandenseins mehrerer Wicklungen besteht darin, dass jeder Ausgang von den anderen isoliert ist. Dies ist sehr wichtig bei Gate-Treibern, die für Leistungselektronik-Konverter verwendet werden, wenn die Gate-Treiber für die verschiedenen Leistungsgeräte im Konverter isolierte Stromversorgungen benötigen, um sicher-

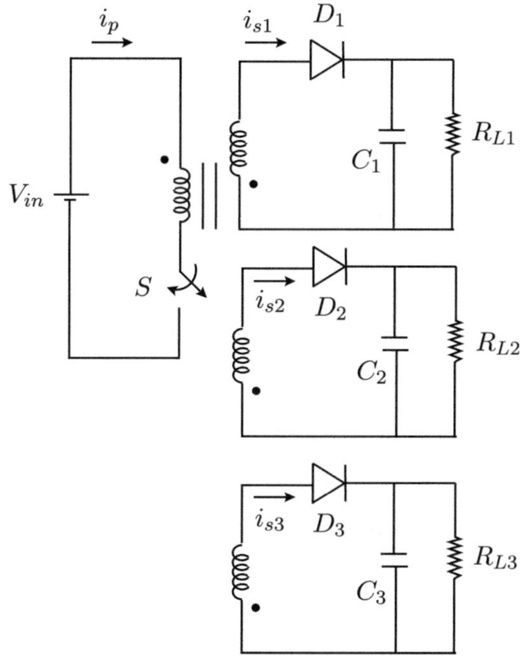

Abb. 5.23 Flyback-Konverter mit mehreren Ausgängen

zustellen, dass es keine Störungen zwischen ihnen gibt, die einen falschen Leitungszustand eines Leistungsgeräts verursachen könnten.

In der Topologie des Flyback-Konverters, die in Abb. 5.23 zu sehen ist, ist es wichtig zu beachten, dass wir die umgekehrten Punktpolaritäten für alle drei Sekundärwicklungen beibehalten. Dies soll sicherstellen, dass keine der Dioden D_1, D_2 oder D_3 vorwärts vorgespannt und leitend sind, wenn das Leistungsgerät S in der Primärwicklung leitet. Nehmen wir an, die Eingangsspannung V_{in} wäre die Ausgangsspannung einer 24-V-Batterie. Nehmen wir an, wir möchten Ausgangsspannungen über den Kondensatoren C_1, C_2 und C_3 von 5 V, 3,3 V und 12 V erzeugen. Wir müssen nun die Nennspannungen der Wicklungen des Transformators wählen. Es ist wichtig zu bedenken, dass das Leistungsgerät S für eine bestimmte Zeit während einer Schaltperiode leitet. Während dieser Zeit wird die Primärwicklung von der Batterie gespeist. Wenn das Leistungsgerät S nicht leitet, übertragen die Sekundärwicklungen Energie auf die Ausgänge. Das Tastverhältnis d des Leistungsgeräts ist das Verhältnis $\frac{t_{ON}}{T_s}$, das immer kleiner als 1 sein wird.

Es gibt eine große Menge an Literatur zu verschiedenen möglichen Steuerungs- und Betriebsstrategien des Flyback-Konverters [7, 8]. In dieser Simulation werden wir nicht auf die Details der verschiedenen Möglichkeiten eingehen, wie der Flyback-Konverter betrieben werden kann, da unser Fokus darauf liegt, das Verhalten des Hochfrequenztransformators im Konverter zu untersuchen. Daher werden wir einen recht einfachen Betriebsmodus wählen. Wir werden kein geschlossenes Regelungsschema implementieren, bei dem eine der Ausgangsspannungen auf einen gewünschten Referenzwert geregelt werden kann. Wir werden ein festes Tastverhältnis d wählen und ein offenes Regelungsschema implementieren. Lassen Sie uns ein Tastverhältnis von 0,25 wählen, sodass das Leistungsgerät nur für 25 % der Schaltperiode leitet. Da wir diesen Wert des Tastverhältnisses gewählt haben, lassen Sie uns die Nennspannungen der Primärwicklung des Transformators auf 24 V und die Sekundärwicklungen des Transformators auf 15 V, 9 V und 36 V wählen. Aufgrund des offenen Betriebs des Konverters werden die Ausgangsspannungen nur annähernd die gewünschten Werte erreichen.

Um die Spezifikationen des Transformators im Flyback-Konverter zu definieren, müssen wir die maximale Leistungsbewertung des Transformators angeben. Da wir drei isolierte Ausgänge haben, die für Steuerzwecke verwendet werden könnten, könnten wir die maximale Leistungsbewertung des Transformators auf 500 VA festlegen. Die Hauptmerkmale des Transformators im Simulationsmodell können sein

```
import math
dt = 1.0e-8
VArated = 500.0
V1rated = 24.0
V2rated = 15.0
V3rated = 9.0
V4rated = 36.0
frated = 10000.0
omega_rated = 2*math.pi*frated
```

Wir haben die Nennfrequenz des Transformators auf 10 kHz festgelegt, da wir diese Frequenz als Schaltfrequenz des Wandlers wählen werden. Flyback-Wandler haben in der Regel eine Schaltfrequenzbereich zwischen 10 kHz und 50 kHz. Wir haben auch den Zeitschritt `dt` der Steuerdatei auf 10 ns festgelegt, da wir einen Hochfrequenztransformator anstelle eines Netzfrequenztransformators simulieren. Diese Verringerung des Steuerzeitschritts kann als wesentlich angesehen werden, wenn wir die Parameter des äquivalenten Transformatorschaltkreises betrachten. Als Beispiel sind die Parameter der Wicklung 1 aufgelistet:

```
L1 = 0.0009167
Lm1 = 0.0009163
M12 = 0.0005727
L11 = 366.7e-9
r1 = 0.01152
Rc1 = 115.2
```

Aufgrund der verringerten Induktivitätswerte haben auch die Zeitkonstanten ($\frac{L}{R}$) aller Zweige im Transformatorteilschaltkreis abgenommen. Um einen Schaltkreis mit viel kleineren Zeitkonstanten auf stabile Weise zu simulieren, muss auch der Integrationszeitschritt der Simulation verringert werden. Durch Verringerung des Steuerzeitschritts auf 10 ns können wir den Integrationszeitschritt auf 10 ns zwingen. Zusätzlich können wir auch den Integrationszeitschritt in den Simulationsparametern auf 10 ns zusammen mit dem Datenspeicherungszeitschritt verringern, damit die Plots der Simulationswellenformen alle Ereignisse in der Simulation erfassen können. Sobald diese definiert sind, bleiben alle anderen Berechnungen der Parameter des äquivalenten Schaltkreises, die Formulierung der Matrixgleichung und die numerische Integration gleich wie bei den vorherigen Simulationen.

Um die Simulation abzuschließen, müssen wir die Ausgangsbuskondensatoren C_1, C_2 und C_3 und die Lastwiderstände R_{L1}, R_{L2} und R_{L3} auswählen. Der Zweck dieser Ausgangsbuskondensatoren besteht darin, eine stabile Spannung für die Last zu erzeugen. Um dies zu erreichen, sollten wir den maximal möglichen Rippelstrom in den Sekundärwicklungen und die größtmögliche Last berechnen, um die Welligkeit in der Ausgangsspannung zu bestimmen [7, 8]. Da dies jedoch kein detailliertes Wandler-Design ist, können wir die Ausgangsbuskondensatoren auf jeweils 100 μF festlegen. Die Lastwiderstände werden in der Regel dem Strom entsprechen, der von der jeweiligen Steuerschaltung gezogen wird, die von dem jeweiligen Ausgang versorgt wird. Wiederum aus Gründen der Einfachheit können wir alle drei Lastwiderstände auf jeweils 10 Ω festlegen.

Abb. 5.24 zeigt die Ausgangsspannungen v_{o1}, v_{o2} und v_{o3} über den Kondensatoren C_1, C_2 und C_3 in Abb. 5.23. Nach anfänglichen Transienten setzen sich die Ausgangsspannungen ungefähr auf 5 V, 3,3 V und 12 V fest. Die Ausgangsspannungen weisen eine Rippel-Komponente auf. Diese Welligkeit kann durch Erhöhung des Wertes der Kondensatoren C_1, C_2 und C_3 verringert werden. Der Leser wird ermutigt, in das Simulationsergebnis hineinzuzoomen und den Abfall der Ausgangsspannungen zu untersuchen, wenn das Leistungsgerät *S* leitet, und den Anstieg der Ausgangsspannungen, wenn *S* aufhört zu leiten.

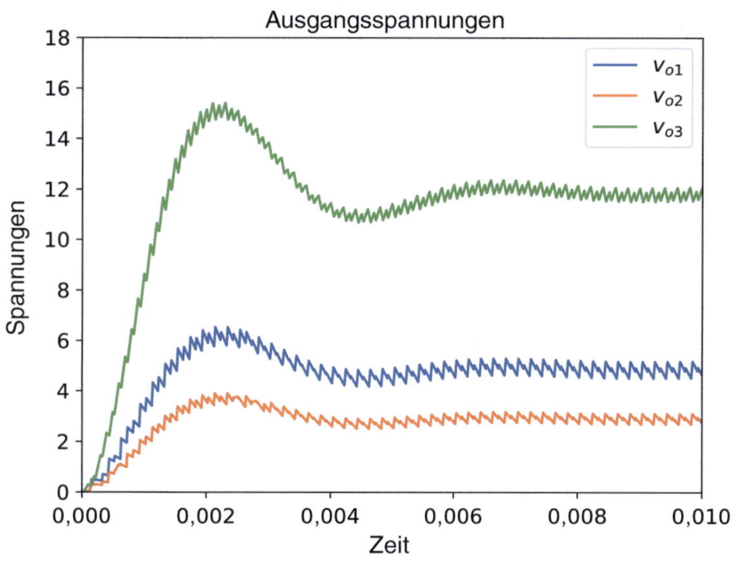

Abb. 5.24 Ausgangsspannungen des Flyback-Wandlers

Abb. 5.25 zeigt den aktuellen i_p in der Primärwicklung und die Ströme i_{s1}, i_{s2} und i_{s3} in den Sekundärwicklungen für einen Schaltzeitraum. Wenn das Leistungsgerät leitet, nimmt i_p zu, während die Ströme i_{s1}, i_{s2} und i_{s3} null sind. Wenn das Leistungsgerät aufhört zu leiten, ist i_p null, während die Ströme i_{s1}, i_{s2} und i_{s3} fließen. Die Ströme fallen mit unterschiedlichen Raten auf null, da die Ausgangsspannungen in den drei Wicklungen unterschiedlich sind und daher die von den Wicklungen gelieferten Lastströme unterschiedlich sind. Die Ströme i_{s1} und i_{s2} fallen auf null, bevor das Leistungsgerät zu Beginn des nächsten Schaltzeitraums zu leiten beginnt. Der Strom i_{s3} fließt jedoch bis zum Ende des Schaltzeitraums. Als Ergebnis beginnt der Strom i_p von einem Nicht-Null-Wert, da zu Beginn des nächsten Schaltzeitraums der Transformatorkernfluss nicht vollständig auf null gefallen ist. Dieser Betriebsmodus wird als kontinuierlicher Leitungsmodus bezeichnet. Wenn alle drei Sekundärströme vor Beginn des nächsten Schaltzeitraums auf null fallen, wird gesagt, dass der Konverter im diskontinuierlichen Leitungsmodus arbeitet.

Abb. 5.26 zeigt die Flussverknüpfungen der Primärwicklung für das gleiche Zeitintervall wie in Abb. 5.25. Die Flussverknüpfung nimmt zu, wenn das Leistungsgerät leitet, da der Transformator durch die Eingangsspannung magnetisiert wird. Die Flussverknüpfung nimmt ab, wenn das Leistungsgerät aufhört zu leiten, da die Energie im magnetischen Feld auf die Lasten in den Sekundärwicklungen übertragen wird. Es sollte beachtet werden, dass dies die Flussverknüpfung der Primärwicklung ist, die ausgedrückt wird als

$$\psi_1 = L_1 i_p + M_{12} i_{s1} + M_{13} i_{s2} + M_{14} i_{s3} = N_p \phi \tag{5.23}$$

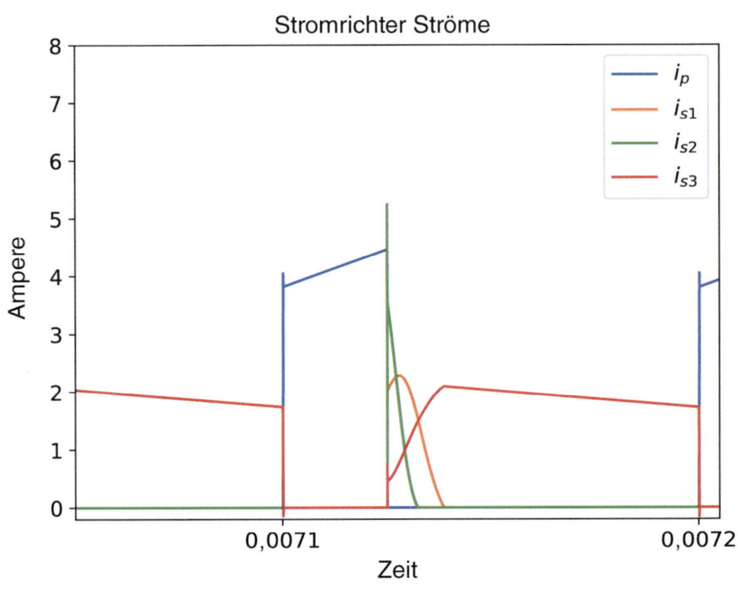

Abb. 5.25 Primäre und sekundäre Wicklungsströme

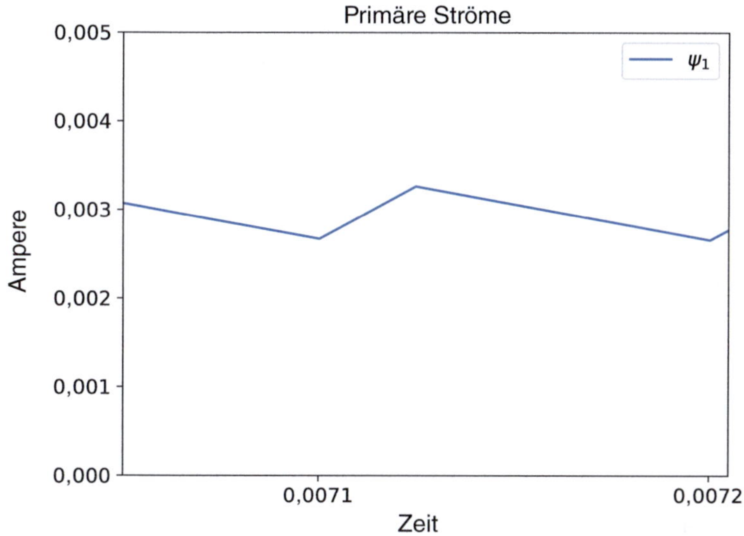

Abb. 5.26 Flussverknüpfungen der Primärwicklung

Mit dieser Simulation des Flyback-Konverters schließen wir die Simulation von Hochfrequenztransformatoren ab. Obwohl das Verhalten von Transformatoren mit der Betriebsstrategie von Leistungswandlern variiert, ist es immer möglich, die Grundgesetze der Physik zu verwenden. Anschließend kann man das Simulationsmodell des Transformators mit grundlegenden Änderungen in den Spezifikationen des Transformators verwenden. Der Leser wird ermutigt, das vorgestellte Simulationsmodell zur Simulation anderer Leistungselektronik-Konverter wie des Vorwärts-Konverters oder des Push-Pull-Konverters zu verwenden. Mit dieser Simulation können wir auch dieses Kapitel über die Anwendungen von Transformatoren in praktischen Ingenieursystemen abschließen.

5.8 Schlussfolgerungen

Die Verwendung von Transformatoren in der Elektrotechnik ist zu umfangreich und vielfältig, um sie in einem einzigen Buch abzudecken. Ein Energieingenieur wird jedoch sowohl mit Einphasen- als auch mit Dreiphasentransformatoren arbeiten, während er an Projekten arbeitet. Der Zweck dieses Kapitels bestand darin, eine Reihe von Simulationsbeispielen bereitzustellen, die ein Energieingenieur verwenden und je nach Anwendung weiter ausbauen kann. In diesem Kapitel haben wir das Konzept der Dreiphasensysteme vorgestellt und gezeigt, wie ein Dreiphasentransformator konzipiert werden kann. Eine einfache Lösung zur Erreichung eines Dreiphasentransformators besteht darin, drei Einphasentransformatoren zu verwenden. In diesem Kapitel haben wir jedoch neben den Grundlagen der Dreiphasensysteme einen Einblick in den möglichen Aufbau eines Dreiphasentransformators gegeben und wie dieser in ein Simulationsmodell übersetzt werden kann.

Dreiphasensysteme unterscheiden sich stark in ihrer Anwendung, und dies erfordert auch, dass Dreiphasentransformatoren unterschiedliche Bau- und Anschlussanordnungen haben. In diesem Kapitel haben wir einige der beliebtesten Anschlussanordnungen von Dreiphasentransformatorwicklungen vorgestellt – die Stern- und Delta-Verbindungen. Wir haben auch die Bedeutung dieser Verbindungen in Bezug auf die Anforderungen des Dreiphasensystems beschrieben. Wir haben beschrieben, wie die Stern-Verbindung einen Neutralleiter und einen Anschluss bereitstellt, die in Verteilungssystemen für häusliche Anwendungen unerlässlich sind, bei denen Einphasengeräte zwischen einer Phase und Nullleiter angeschlossen sind. Darüber hinaus haben wir beschrieben, wie Dreiphasen-Hausverteilungssysteme aufgrund der Nachfrage von Lasten, die auf die drei Phasen verteilt sind, unausgeglichen sein können.

Die Simulationsmodelle in diesem Kapitel sind bloße Erweiterungen der Simulationsmodelle von Transformatoren, die bereits im vorherigen Kapitel vorgestellt wurden. Die Art und Weise, wie die Simulationsmodelle mit minimalen Modifikationen verwendet wurden, zeigt, wie flexibel und skalierbar die Modelle sind. Indem wir einen potenziellen Aufbau eines Dreiphasentransformators in die erforderliche Änderung im Simulationsmodell übersetzen, haben wir dem Leser einen Ansatz geliefert, den er oder sie verfolgen kann, wenn ein spezieller Transformator modelliert werden muss. Dies wird nützlich sein, wenn der Leser Transformatoren für Anwendungen wie Hochspannungs-Gleichstrom-Übertragungssysteme (HVDC) simulieren möchte, bei denen die Transformatoren erheblich modifiziert werden können.

Die in dem Kapitel vorgestellten Simulationsergebnisse beschreiben nicht nur die grundlegende Leistung von Dreiphasentransformatoren anhand des Beispiels von Stern-Stern- und Delta-Stern-Transformatoren, sondern ermöglichen es uns auch, einige der kniffligeren Konzepte in Dreiphasensystemen zu verstehen. Wir hatten die Simulation eines unausgeglichenen Hausverteilungssystems in Betracht gezogen, das von einem Delta-Stern-Transformator gespeist wird. Wir hatten untersucht, wie die Nullfolgenkomponente in den sternförmig angeschlossenen Transformatorwicklungen innerhalb der deltaförmig angeschlossenen Wicklungen zirkulieren wird. Dieser Ansatz ermöglicht es dem Leser, zu versuchen, die zirkulierenden Ströme zu verstehen, die in Systemen mit mehreren Transformatorwicklungen auftreten können, die in Anwendungen wie kaskadierten Wandlern auftreten können.

Mit diesem Kapitel bringen wir die Hauptinhalte dieses Buches zum Abschluss. Der Zweck dieser Kapitel besteht darin, dem Leser nicht nur die Simulation magnetischer Komponenten zu ermöglichen, sondern auch sie zu zerlegen und die Phänomene zu verstehen, die ihren Betrieb ermöglichen. Obwohl Transformatoren als einfache Maschinen betrachtet werden, da sie sich nicht drehen, können Systeme, die Transformatoren enthalten, ziemlich komplex sein, und ohne „unter die

Haube zu schauen“, versteht ein Ingenieur möglicherweise nicht jeden Betriebsmodus des Systems vollständig. Daher kann ein Ingenieur mit der wiederholten Anwendung der Grundgesetze der Physik Systeme simulieren und analysieren, auf die er oder sie in ihrer beruflichen Laufbahn stoßen könnte. Der Vorteil der Rückkehr zu den Grundgesetzen der Physik besteht darin, dass ein Ingenieur sich nur an sehr grundlegende Gesetze erinnern muss, die er oder sie als Gymnasiast gelernt hat, um jedes technische System anzugehen.

Literatur

1. V. Valkenburgh, V. Valkenburgh, and Nooger & Neville, *Basic Electricity*. Prompt Publications, 1992, no. Bd. 1–5. [Online]. Available: https://books.google.de/books?id=vmg1UKsTntAC.
2. W. Hurley and W. Wölfe, *Transformers and Inductors for Power Electronics: Theory, Design and Applications*, 1st ed. Wiley, 2013.
3. A. Witulski, “Introduction to modeling of transformers and coupled inductors,” *IEEE Transactions on Power Electronics*, vol. 10, no. 3, pp. 349–357, 1995.
4. J. Winders, *Power Transformers: Principles and Applications*, 1st ed. CRC Press, 2002.
5. E. I. Amoiralis, M. A. Tsili, and A. G. Kladas, “Transformer design and optimization: A literature survey,” *IEEE Transactions on Power Delivery*, vol. 24, no. 4, pp. 1999–2024, 2009.
6. R. Petkov, “Optimum design of a high-power, high-frequency transformer,” *IEEE Transactions on Power Electronics*, vol. 11, no. 1, pp. 33–42, 1996.
7. R. Erickson, M. Madigan, and S. Singer, “Design of a simple high-power-factor rectifier based on the flyback converter,” in *Fifth Annual Proceedings on Applied Power Electronics Conference and Exposition*, 1990, pp. 792–801.
8. K.-W. Ma and Y.-S. Lee, “An integrated flyback converter for dc uninterruptible power supply,” *IEEE Transactions on Power Electronics*, vol. 11, no. 2, pp. 318–327, 1996.
9. D. Kothari and I. Nagrath, *Power System Engineering*, ser. McGraw Hill Education. Tata McGraw-Hill, 2008. [Online]. Available: https://books.google.de/books?id=yPPYGD88UR0C.
10. V. C. Valchev and A. V. den Bossche, *Inductors and Transformers for Power Electronics*, 1st ed. CRC Press, 2005.
11. B.-K. Chen and B.-S. Guo, “Three phase models of specially connected transformers,” *IEEE Transactions on Power Delivery*, vol. 11, no. 1, pp. 323–330, 1996.
12. A. D. Theocharis, J. Milias-Argitis, and T. Zacharias, “Three-phase transformer model including magnetic hysteresis and eddy currents effects,” *IEEE Transactions on Power Delivery*, vol. 24, no. 3, pp. 1284–1294, 2009.
13. D. Dolinar, J. Pihler, and B. Grcar, “Dynamic model of a three-phase power transformer,” *IEEE Transactions on Power Delivery*, vol. 8, no. 4, pp. 1811–1819, 1993.
14. S. Chimklai and J. Marti, “Simplified three-phase transformer model for electromagnetic transient studies,” *IEEE Transactions on Power Delivery*, vol. 10, no. 3, pp. 1316–1325, 1995.
15. J. Pedra, L. Sainz, F. Corcoles, R. Lopez, and M. Salichs, “Pspice computer model of a nonlinear three-phase three-legged transformer,” *IEEE Transactions on Power Delivery*, vol. 19, no. 1, pp. 200–207, 2004.
16. A. Morched, L. Marti, and J. Ottevangers, “A high frequency transformer model for the emtp,” *IEEE Transactions on Power Delivery*, vol. 8, no. 3, pp. 1615–1626, 1993.
17. E. Dallago, G. Sassone, and G. Venchi, “High-frequency power transformer model for circuit simulation,” *IEEE Transactions on Power Electronics*, vol. 12, no. 4, pp. 664–670, 1997.

Kapitel 6
Schlussfolgerungen

6.1 Nützlichkeit des Buches

Wenn wir dieses Buch abschließen, lohnt es sich, darüber nachzudenken, was dieses Buch erreicht haben könnte und auch über mögliche Fallstricke, die ein Leser vermeiden möchte. Das Schreiben dieses Buches hat mir geholfen, viele der Grundkonzepte der Elektromagnetik neu zu lernen. Gleichzeitig hat es mich auch darauf aufmerksam gemacht, wie umfangreich dieses Gebiet ist und wie töricht es wäre, wenn ein einziges Buch versuchen würde, es vollständig abzudecken. Daher wird in diesem Abschnitt darüber gesprochen, wie ein Leser den Inhalt des Buches nutzen kann, und in welchen Fällen es ratsam sein könnte, das Buch nicht zu verwenden.

In der Einleitung des Buches hatte ich meine eigenen Erfahrungen geschildert und warum ich mich entschieden habe, dieses Buch zu schreiben. Ich hatte mich nie darum gekümmert, das Innenleben oder das Design von magnetischen Komponenten zu lernen, bis ich vor der Aufgabe stand, ein mir vorgelegtes Transformator-Design zu genehmigen. Da wurde mir klar, dass ich es mir als Elektroingenieur nicht leisten konnte, nicht zu verstehen, wie magnetische Komponenten entworfen werden. Um zu verstehen, wie sie entworfen werden, musste ich verstehen, wie sie funktionieren. Um zu verstehen, wie magnetische Komponenten funktionieren, muss man lediglich die Grundgesetze des Magnetismus wiederholen, die man in der Schule lernt. In Wirklichkeit war dieses gesamte Buch lediglich eine Wiederholung der Physik aus der Schule.

In diesem Buch habe ich einige der Grundgesetze der Physik im Zusammenhang mit Elektromagnetismus verwendet. Und hier ist es wichtig, das Wort „einige“ zu betonen. Magnetismus ist ein weites Feld und es gibt zahlreiche Gesetze,

S. V. Iyer, *Modellierung und Python-Simulation von Magneten für Anwendungen in der Leistungselektronik*, https://doi.org/10.1007/978-3-031-58989-8_6

um die feineren Details von Magnetfeldern zu verstehen. Dieses Buch hat die Komplexität von Magnetfeldern nicht berücksichtigt. Die Magnetfelder wurden in den meisten Fällen als gleichmäßig angenommen. Das ist jedoch selten der Fall. Uneinheitlichkeiten in Magnetfeldern und Effekte wie das Ausfransen treten in jeder magnetischen Komponente recht häufig auf. Diese Effekte werden jedoch unsere Ergebnisse nicht drastisch verändern, insbesondere, da wir statische magnetische Komponenten betrachtet haben. Im Falle von rotierenden magnetischen Maschinen kann eine Nichtlinearität im Magnetfeld zu erhöhten Vibrationen führen, die möglicherweise nicht akzeptabel sind.

Der Leser muss beachten, dass dieses Buch sich nicht mit den fortgeschrittenen Themen der Elektromagnetik befasst hat. Wenn ein Leser eine genaue Karte des Magnetfelds in seinem Design oder seiner Analyse benötigt, sollte der Leser spezialisierte Software suchen, die das Magnetfeld eines Elektromagneten im Detail abbilden kann. Solche Software wird im Maschinenbau von Forschern verwendet, die an Verbesserungen von Motoren und Generatoren arbeiten. Derartige Anwendungen sind im Bereich der Elektrofahrzeuge und Windturbinen recht häufig, wo wir ständig die Grenzen in Bezug auf die Erhöhung der Reichweite von Fahrzeugen oder die Erhöhung der Kapazität von Offshore-Windturbinengeneratoren verschieben.

Eines der Ziele dieses Buches ist es, die Rolle des Magnetismus im Betrieb von magnetischen Komponenten, die Elektroingenieure regelmäßig verwenden, zu entmystifizieren. Dies könnte der Fall eines Netzteil-Designers sein, der Hochfrequenzinduktoren und -transformatoren verwendet, oder eines Stromsystemingenieurs, der möglicherweise in einem Umspannwerk mit einem Hochspannungstransformator arbeitet. Der Zweck dieses Buches ist es, über die sehr grundlegenden Gleichungen hinauszugehen, die die meisten Elektroingenieure zur Analyse von Schaltungen verwenden. Obwohl die häufig verwendeten Gleichungen und äquivalenten Schaltungen äußerst nützlich sind, helfen mathematische Gleichungen allein nicht, das Innenleben eines Systems zu verstehen. Zu diesem Zweck verwendet dieses Buch einen Theorie-und-Simulation-Ansatz. In diesem Buch werden die Grundgesetze der Physik beschrieben und diese werden dann mit Simulationsergebnissen verglichen.

Es ist auch ziemlich wichtig zu betonen, was dieses Buch einem Leser nicht vorschlägt zu tun. Das Buch empfiehlt nicht, dass ein Leser für jeden Zweck Simulationsmodelle von Grund auf erstellt. Simulationen sind eine großartige Möglichkeit zu lernen, und in einigen Fällen, wenn Simulationsmodelle nicht existieren, sind wir gezwungen, unsere eigenen zu anzufertigen. Allerdings bedeutet das Erstellen von Simulationsmodellen einfach das Rad neu zu erfinden, wenn solche Modelle existieren. Das ist nicht nur eine Zeitverschwendung, es ist auch wichtig zu bedenken, dass, wenn eine wissenschaftliche Gruppe ein Simulationsmodell veröffentlicht, eine große Menge an Forschung in den Aufbau dieses Modells investiert wurde. Wie bereits erwähnt, können die physikalischen Phänomene, die eine bestimmte Anwendung umgeben, recht komplex sein und um ein mathematisches Modell zu erstellen, muss man möglicherweise mehrere Gesetze und Beziehungen verwenden. Als Beispiel, wenn man den Einfluss der

Sättigung auf einen Transformator simulieren möchte, kann der Effekt der Sättigung recht komplex sein und um ihn genau zu simulieren, ist es ratsam, nach spezialisierten Modellen zu suchen. Der Versuch, ein benutzerdefiniertes Modell zu erstellen, könnte nicht nur eine unnötige Zeitverschwendung sein, sondern auch ungenaue Ergebnisse liefern, die ein Projekt völlig entgleisen lassen könnten.

Zum Abschluss sollte dieses Buch einem Elektroingenieur helfen, zu verstehen, wie magnetische Komponenten funktionieren. Es sollte auch einen Einblick geben, wie man die Grundgesetze der Physik mit der Elektrotechnik verbindet, um funktionale Simulationsmodelle zu erstellen. Seien Sie jedoch nicht zu enthusiastisch und versuchen Sie nicht, komplexe Simulationsmodelle mit Grundgesetzen zu erstellen. Wenn man Komplexität modellieren muss, ist es am besten, unser Vertrauen in die Arbeit von Experten zu setzen. Bitte denken Sie daran – Mäßigung ist immer der beste Ansatz, ob es sich um Alkoholkonsum oder Simulationen handelt.

6.2 Eine Zusammenfassung des Kursinhalts

In diesem Abschnitt werde ich die Hauptpunkte jedes Kapitels dieses Buches beschreiben. Ich werde auch beschreiben, welche die wichtigsten Erkenntnisse aus jedem Kapitel sind, und wie man die aus jedem Kapitel gewonnenen Lektionen wahrnehmen sollte. Dieses Buch hat sich mit einem sehr engen Thema in der Elektrotechnik befasst, und die meisten Texte zur grundlegenden Elektrotechnik würden normalerweise nur ein Kapitel dem Magnetismus widmen.

In Kap. 1 habe ich eine Einführung gegeben, die den Bedarf für das Buch und die Motivation für das Schreiben dieses Buches beschrieben hat. Dieses Buch stand auf einer Liste von Themen, die ich abgehakt hatte, als ich in der Industrie arbeitete, als ein Thema, das eine detaillierte Dokumentation benötigte, und noch wichtiger, geschrieben und präsentiert in einer Weise, die für einen jungen Ingenieur verständlich ist. Beim Schreiben dieses Buches hatte ich meine eigenen Erfahrungen und Frustrationen im Hinterkopf, als ich versuchte, den Magnetismus zu verstehen. Während meiner Interaktion mit anderen Elektroingenieuren waren meine eigenen Erfahrungen nicht isoliert oder sogar selten. Da der Zweck des Buches darin bestand, ein Verständnis für Magnetismus aus den Grundgesetzen der Physik aufzubauen, behandelt die Einführung diese Grundgesetze, die im Buch verwendet werden. Die Gesetze sind die Kirchhoffschen Schaltungsgesetze, das Ampèresche Gesetz, das Faradaysche Gesetz und das Lenzsche Gesetz. Man lernt diese Gesetze eigentlich schon in der Schule. Der Zweck der Beschreibung in der Einführung war es, eine schnelle Referenz für den Leser zu bieten und auch speziell zu beschreiben, wie diese Gesetze in der Elektrotechnik anwendbar sind.

In Kap. 2 habe ich mit der Analyse und Simulation von Induktoren begonnen. Da wir mit einer einfachen magnetischen Komponente beginnen, ist es viel einfacher zu verstehen, wie man die Grundgesetze der Physik anwendet, um zu verstehen, wie Induktoren sich verhalten und wie wir ein Simulationsmodell für einen

Induktor erstellen können. Wir führen das Konzept eines magnetischen Kreises ein und beschreiben, wie ein magnetischer Kreis einem elektrischen Kreis ähnlich ist. Wir haben einige Beispiel-Induktorkerne untersucht und die magnetischen Kreise für jeden dargestellt, während wir auch beschrieben haben, wie diese gelöst werden können. Mit dieser Theorie haben wir ein Simulationsmodell eines Induktors vorgestellt. Wir haben mehrere Induktoren simuliert und in jeder Simulation die Komplexität der Induktorkonstruktion schrittweise erhöht. Wir analysierten die Simulationsergebnisse, um zu verstehen, wie der Induktor auf einer tieferen Ebene agierte als nur die $L\frac{di}{dt}$ Gleichung. Am wichtigsten ist, dass wir in diesem Kapitel die Brücke zwischen der Welt des Magnetismus und der Elektrotechnik gebaut haben.

In Kap. 3 haben wir mit dem Konzept der magnetischen Kopplung begonnen. Wir haben mit dem einfachen Beispiel von zwei auf demselben Kern gewickelten Spulen gezeigt, wie der von einer Spule erzeugte Fluss die andere verbindet, und somit die Grundlage für eine magnetische Verbindung zwischen zwei Schaltungen gelegt, die keine elektrische Verbindung haben. Wir haben mehrere Fälle dieser beiden Spulen untersucht, um die Natur der magnetischen Kopplung vollständig zu verstehen, während wir jeden Fall mathematisch ausdrückten, um explizit zu beschreiben, wie jeder Fall den Grundgesetzen der Physik entspricht. Wir führten das Konzept der gegenseitigen Induktanz und die Punkt-Polaritätskonvention ein, um die Art der magnetischen Kopplung darzustellen. Dann erweiterten wir das Simulationsmodell eines Induktors, um einen magnetisch gekoppelten Induktor einzuschließen. Mit Hilfe von Simulationen untersuchten wir die Art der magnetischen Kopplung und analysierten die Ergebnisse, um sie mit unseren theoretischen Diskussionen zu vergleichen.

In Kap. 4 begannen wir mit der Diskussion über Transformatoren, indem wir einige der breiten Anwendungen von Transformatoren in der Elektrotechnik beschrieben. Wir stellten fest, dass Transformatoren lediglich magnetisch gekoppelte Spulen sind, die so konzipiert wurden, dass sie die maximal mögliche Leistungsübertragung von einer Wicklung zur anderen erreichen. Wir beschrieben, wie wir die Maschinenspezifikationen eines Transformators in einen äquivalenten Schaltkreis übersetzen können. Wir beschrieben auch, wie die Parameter des äquivalenten Schaltkreises geschätzt werden können. Anschließend kann dieser äquivalente Schaltkreis als magnetisch gekoppelte Spulen ausgedrückt werden, und daher kann das Simulationsmodell in Kap. 3 verwendet werden. Wir simulierten einige einfache Transformatoren und analysierten die Ergebnisse, um die Arbeitsweise des Transformators im Detail zu untersuchen, indem wir den Magnetisierungsstrom und den Effekt des Wicklungsverhältnisses auf die Transformation von Spannung und Strom untersuchten. Wir haben gezeigt, wie das Transformatormodell flexibel und skalierbar ist und verwendet werden kann, um einen Transformator mit mehreren Wicklungen zu simulieren.

In Kap. 5 haben wir beschrieben, wie das in Kap. 4 vorgestellte Simulationsmodell des Transformators in praktischen Szenarien verwendet werden kann. Wir haben Dreiphasentransformatoren simuliert, die für einen Stromingenieur, der in Verteilungssystemen arbeitet, nützlich wären, und einen Hochfrequenztransformator in einem Flyback-Konverter, der für einen Leistungselektronikingenieur, der in der Stromversorgungskonstruktion arbeitet, nützlich wäre. Wir zeigen, wie die Simulationsmodelle in Kap. 4 leicht erweitert werden können, um einen Dreiphasentransformator zu simulieren, unabhängig davon, ob die Wicklungen in Stern- oder Delta-Schaltung verbunden sind. Wir simulierten einen Stern-Stern-Transformator und einen Delta-Stern-Transformator. Wir simulierten auch eine unausgeglichene Vierdrahtlast, die von einem Delta-Stern-Transformator gespeist wird, um zu beschreiben, wie das Konzept der zirkulierenden Nullsequenzkomponenten ebenfalls simuliert werden kann. Durch die Simulation eines Hochfrequenztransformators für einen Flyback-Konverter zeigen wir, wie die Simulation eines Hochfrequenztransformators lediglich eine Änderung der Transformatorspezifikationen ist. Durch die detaillierte Beschreibung der Arbeitsweise des Flyback-Konverters zeigen wir, wie auch im Kontext eines nichtlinearen Leistungskonverters die Funktion des Transformators weiterhin durch die Grundgesetze der Physik interpretiert werden kann.

6.3 Der Unterschied im Ansatz

Wenn Sie dieses Schlusskapitel lesen, nachdem Sie den Rest des Buches gelesen haben, wäre es ziemlich klar, dass der Ansatz zur Erstellung dieses Buches völlig anders ist als der eines herkömmlichen Textes oder anderer technischer Bücher. Dieser Ansatz bei der Erstellung dieses Buches, der auch in früheren Büchern verwendet wurde, ist tatsächlich meine Philosophie hinter dem Schreiben von Büchern und dem Unterrichten von Ingenieurwesen als Online-Lehrer. In diesem Abschnitt möchte ich beschreiben, warum ich diesen Ansatz gewählt habe und was ich erreichen hoffe, was der herkömmliche Ansatz möglicherweise nicht kann.

Wie bereits erwähnt, hat mich meine Frustration über die meisten herkömmlichen Bücher dazu motiviert, dieses Buch zu schreiben, um jungen Ingenieuren zu helfen, grundlegende Konzepte zu verstehen. In Wirklichkeit sind die meisten Lehrbücher als Begleitmaterial für Studenten geschrieben, die an einer Universität eingeschrieben sind. Es wird davon ausgegangen, dass ein Lehrer einem Studenten dabei hilft, Zweifel zu äußern und Aufgaben zu lösen. Wie wir jedoch alle wissen, gibt es weltweit einen akuten Mangel an Lehrern. Die zunehmenden Möglichkeiten im Ingenieurwesen haben dazu geführt, dass immer weniger qualifizierte Ingenieure sich dafür entscheiden, Lehrer zu werden. Ich selbst habe nach meiner Promotion Lehraufträge abgelehnt und mich entschieden, in der Industrie zu bleiben. Daher ist es nicht mehr wahr, dass alle Ingenieurstudenten die Anleitung eines qualifizierten und motivierten Lehrers erhalten werden. Bücher müssen heutzutage so geschrieben werden, dass die Studenten unabhängig lernen können, anstatt einen Lehrer zu benötigen.

Was bringt uns zu der Frage: Wie lernen wir? Diese Frage fällt mehr in den Bereich der Psychologie und Neurowissenschaften als in den des Ingenieurwesens. Fast alle von uns können jedoch bestätigen, dass unsere besten Lernerfahrungen entweder visuell waren oder durch eine Reihe von Fragen und Antworten oder durch einen Prozess des Experimentierens. Was meinen wir mit einer visuellen Lernerfahrung? Eine visuelle Lernerfahrung ist, wenn wir ein physisches Phänomen als direkt vor unseren Augen auftretend wahrnehmen. Wenn wir versuchen, Themen wie Elektrizität und Magnetismus zu lernen, besteht die größte Herausforderung darin, dass dies keine Phänomene sind, die man sehen kann, es sei denn, es gibt eine mechanische Ausgabe wie im Fall eines Motors. Daher müssen wir, um Magnetismus zu verstehen, das Magnetfeld visualisieren.

In diesem Buch versuchen wir, das von einer Induktivität, einer gekoppelten Spulengruppe oder einem Transformator erzeugte Magnetfeld zu visualisieren. In einem herkömmlichen Text würde man lediglich Gleichungen oder höchstens äquivalente Schaltungen erwarten. Die meisten von uns könnten jedoch nicht direkt die Verbindung zwischen einer Schaltung oder einer Gleichung und dem zugrunde liegenden physischen Phänomen herstellen. Darüber hinaus hilft es, ein Phänomen zu verstehen, wenn man verschiedene Szenarien und Möglichkeiten in Betracht zieht. In diesem Buch werden, ob es sich nun um eine einfache Induktivität, gekoppelte Induktivitäten oder Transformatoren handelt, viele verschiedene Möglichkeiten beschrieben, die dazu beitragen, das Lernerlebnis für den Leser zu verbessern.

Simulationen werden heutzutage schnell als Lernwerkzeug übernommen, und dieses Buch nutzt Simulationen in hohem Maße. In diesem Buch wechseln wir ständig zwischen Simulationen und Theorie. Wir simulieren mehrere verschiedene Variationen eines Szenarios und verwenden unsere Theorie, um die Ergebnisse zu interpretieren. Darüber hinaus können wir durch das Erstellen unserer eigenen Simulationsmodelle Modifikationen vornehmen und versuchen, spezielle Bedingungen zu simulieren. Dieses „Herumstochern" ist für einen Studenten sehr vorteilhaft, insbesondere da eine Simulation kein Risiko birgt, dass eine Schaltung physisch beschädigt wird.

Schließlich richtet sich dieses Buch nicht nur an Studenten der Elektrotechnik, sondern auch an praktizierende Ingenieure, die reguläre Jobs in der Energieindustrie haben. Daher hat dieses Buch versucht, das Thema Magnetismus in der Elektrotechnik so zu zerlegen, dass es von jemandem gelesen und verstanden werden kann, der kein Vollzeitstudent ist. Mit der minimalen Verwendung von Gleichungen und Simulationen und Diskussionen zur Beschreibung von Konzepten versucht dieses Buch, Magnetismus auf eine leicht verständliche Weise für ein vielfältiges Publikum darzustellen.

6.4 Möglichkeiten für zukünftige Arbeiten

Um dieses Buch abzuschließen, möchte ich in diesem letzten Abschnitt des letzten Kapitels über den Weg nach vorne sprechen. Dies wird mein drittes Buch sein, seit ich mich entschieden habe, Lehrer/Autor zu werden. Als Lehrer und Autor schöpfe ich aus meinen eigenen Erfahrungen, als ich noch Student im Grundstudium, Student im Hauptstudium und Forscher in einem Unternehmen war. Ich unterrichte und schreibe über Themen, die ich lernen musste und die ich schwer zu verstehen fand. In den Worten des großen Richard Feynman: „Wenn du etwas beherrschen willst, unterrichte es!"

Lehrer zu werden hat mich gezwungen, wieder Schüler zu werden. Das Schreiben dieses Buches hat mich dazu gebracht, Konzepte, die ich entweder längst vergessen hatte oder für selbstverständlich hielt, neu zu lernen. Das immer wiederholte Schreiben einer Gleichung hat mich aufhören lassen zu denken – warum ist diese Gleichung so, wie sie ist? Könnte sie nicht anders sein? Und wenn nicht, warum nicht? In diesem Buch habe ich beim Versuch, Magnetismus zu erklären, diesen fragenden Ansatz verwendet – verschiedene Szenarien zu untersuchen und potenzielle Widersprüche aufzudecken. In den meisten Fällen ist es immer möglich, durch einen Prozess des Fragens und Suchens nach Antworten, grundlegende Gesetze anzuwenden und zu den endgültigen Ergebnissen zu gelangen.

Für den Leser würde ich vorschlagen, dass Sie, wenn Sie den Inhalt dieses Buches interessant finden, sich die Homepage des Projekts Python Power Electronics ansehen:

https://www.pythonpowerelectronics.com/

Ein Leser kann umfangreiche Ressourcen zu verschiedenen Themen in der Leistungselektronik finden. Dieses Projekt ist laufend und kontinuierlich, und ich füge fast jede Woche neues Material hinzu. Am wichtigsten ist, dass der größte Teil des Inhalts im Zusammenhang mit diesem Projekt kostenlos und Open Source ist, um die Beteiligung und Unterstützung der Gemeinschaft zu fördern. Das Ziel ist es, das Niveau der Zusammenarbeit und des Wachstums zu erreichen, das in der Software Community durch Open-Source-Inhalte und gute Dokumentation vorhanden ist.

Literatur

1. V. Valkenburgh, V. Valkenburgh, and Nooger & Neville, *Basic Electricity*. Prompt Publications, 1992, no. Bd. 1–5. [Online]. Available: https://books.google.de/books?id=vmg1UK-sTntAC.
2. C. R. Paul, *Fundamentals of Circuit Analysis*, 1st ed. John Wiley, 2000.
3. S. J. Chapman, *Electric Machinery Fundamentals*, 5th ed. McGraw-Hill Education, 2011.
4. A. E. Fitzgerald, C. Kingsley, and S. D. Umans, *Electric Machinery*, 6th ed. McGraw-Hill, 2005.
5. D. A. Lowther and P. P. Silvester, *Computer-Aided Design in Magnetics*, 1st ed. Springer-Verlag Berlin Heidelberg, 1986.
6. P. Smith and D. Pollard, "The role of computer simulations in engineering education," *Computers & Education*, vol. 10, no. 3, pp. 335–340, 1986. [Online]. Available: https://www.sciencedirect.com/science/article/pii/0360131586900023.
7. A. Azemi and E. Yaz, "Pspice and matlab in undergraduate and graduate electrical engineering courses," in *Proceedings of 1994 IEEE Frontiers in Education Conference – FIE '94*, 1994, pp. 456–459.
8. C. Canizares and Z. Faur, "Advantages and disadvantages of using various computer tools in electrical engineering courses," *IEEE Transactions on Education*, vol. 40, no. 3, pp. 166–171, 1997.
9. D. Pederson, "A historical review of circuit simulation," *IEEE Transactions on Circuits and Systems*, vol. 31, no. 1, pp. 103–111, 1984.
10. W. Hurley and W. Wölfe, *Transformers and Inductors for Power Electronics: Theory, Design and Applications*, 1st ed. Wiley, 2013.
11. A. Witulski, "Introduction to modeling of transformers and coupled inductors," *IEEE Transactions on Power Electronics*, vol. 10, no. 3, pp. 349–357, 1995.
12. G. Zhu, B. A. McDonald, and K. Wang, "Modeling and analysis of coupled inductors in power converters," *IEEE Transactions on Power Electronics*, vol. 26, no. 5, pp. 1355–1363, 2011.
13. J. Winders, *Power Transformers: Principles and Applications*, 1st ed. CRC Press, 2002.
14. E. I. Amoiralis, M. A. Tsili, and A. G. Kladas, "Transformer design and optimization: A literature survey," *IEEE Transactions on Power Delivery*, vol. 24, no. 4, pp. 1999–2024, 2009.
15. R. Petkov, "Optimum design of a high-power, high-frequency transformer," *IEEE Transactions on Power Electronics*, vol. 11, no. 1, pp. 33–42, 1996.
16. M. F. Barnothy, *Biological Effects of Magnetic Fields*, 1st ed. Springer US, 1964.

S. Iyer, *Modellierung und Python-Simulation von Magneten für Anwendungen in der Leistungselektronik,* https://doi.org/10.1007/978-3-031-58989-8

17. L. Anderson, "Biological effects of magnetic fields: laboratory studies," in *Proceedings of the 20th Annual International Conference of the IEEE Engineering in Medicine and Biology Society*, vol. 6, 1998, pp. 2791–2797.
18. C. R. Paul, *Introduction to Electromagnetic Compatibility*, 2nd ed. John Wiley, 2005.
19. R. Erickson, M. Madigan, and S. Singer, "Design of a simple high-power-factor rectifier based on the flyback converter," in *Fifth Annual Proceedings on Applied Power Electronics Conference and Exposition*, 1990, pp. 792–801.
20. K.-W. Ma and Y.-S. Lee, "An integrated flyback converter for dc uninterruptible power supply," *IEEE Transactions on Power Electronics*, vol. 11, no. 2, pp. 318–327, 1996.
21. D. Kothari and I. Nagrath, *Power System Engineering*, ser. McGraw Hill Education. Tata McGraw-Hill, 2008. [Online]. Available: https://books.google.de/books?id=yPPYG-D88UR0C.
22. R. A. Serway, J. W. Jewett, and V. Peroomian, *Physics for Scientists and Engineers*, 9th ed. Brooks and Cole, 2012.
23. A. Cunningham and N. Jardine, *Romanticism and the Sciences*. Cambridge University Press, 1990.
24. R. Becker, *Electromagnetic Fields and Interactions*. Dover Publications, 1982.
25. H. A. Rowland, "On the general equations of electro-magnetic action, with application to a new theory of magnetic attractions, and to the theory of the magnetic rotation of the plane of polarization of light," *American Journal of Mathematics*, vol. 3, no. 1, pp. 89–96, 1880.
26. V. C. Valchev and A. V. den Bossche, *Inductors and Transformers for Power Electronics*, 1st ed. CRC Press, 2005.
27. B.-K. Chen and B.-S. Guo, "Three phase models of specially connected transformers," *IEEE Transactions on Power Delivery*, vol. 11, no. 1, pp. 323–330, 1996.
28. A. D. Theocharis, J. Milias-Argitis, and T. Zacharias, "Three-phase transformer model including magnetic hysteresis and eddy currents effects," *IEEE Transactions on Power Delivery*, vol. 24, no. 3, pp. 1284–1294, 2009.
29. D. Dolinar, J. Pihler, and B. Grcar, "Dynamic model of a three-phase power transformer," *IEEE Transactions on Power Delivery*, vol. 8, no. 4, pp. 1811–1819, 1993.
30. S. Chimklai and J. Marti, "Simplified three-phase transformer model for electromagnetic transient studies," *IEEE Transactions on Power Delivery*, vol. 10, no. 3, pp. 1316–1325, 1995.
31. J. Pedra, L. Sainz, F. Corcoles, R. Lopez, and M. Salichs, "Pspice computer model of a nonlinear three-phase three-legged transformer," *IEEE Transactions on Power Delivery*, vol. 19, no. 1, pp. 200–207, 2004.
32. J. Grainger and W. Stevenson, *Power Systems Analysis*, 1st ed. McGraw-Hill Education, 1994.
33. A. I. Zverev, *Handbook of Filter Synthesis*. Wiley-Interscience, 2005.
34. F. J. Taylor and A. Williams, *Electronic Filter Design Handbook*, 4th ed. McGraw-Hill Education, 2006.
35. N. Mohan, T. M. Undeland, and W. P. Robbins, *Power Electronics: Converters, Applications, and Design*, 3rd ed. Wiley, 2002.
36. K. Atkinson, *An Introduction to Numerical Analysis*, 2nd ed. Wiley, 1991.
37. M. Brkovic and S. Cuk, "Input current shaper using cuk converter," in *[Proceedings] Fourteenth International Telecommunications Energy Conference – INTELEC '92*, 1992, pp. 532–539.
38. E. Santi and S. Cuk, "Comparison and design of three coupled inductor structures," in *Proceedings of IECON'94 – 20th Annual Conference of IEEE Industrial Electronics*, vol. 1, 1994, pp. 262–267 vol. 1.
39. S. Axler, *Linear Algebra Done Right*, 3rd ed. Springer International Publishing, 2015.
40. A. Morched, L. Marti, and J. Ottevangers, "A high frequency transformer model for the emtp," *IEEE Transactions on Power Delivery*, vol. 8, no. 3, pp. 1615–1626, 1993.
41. E. Dallago, G. Sassone, and G. Venchi, "High-frequency power transformer model for circuit simulation," *IEEE Transactions on Power Electronics*, vol. 12, no. 4, pp. 664–670, 1997.

MIX
Papier aus verantwortungsvollen Quellen
Paper from responsible sources
FSC® C105338

If you have any concerns about our products, you can contact us on
ProductSafety@springernature.com

In case Publisher is established outside the EU, the EU authorized representative is:
Springer Nature Customer Service Center GmbH
Europaplatz 3, 69115 Heidelberg, Germany

Printed by Libri Plureos GmbH
in Hamburg, Germany